Um preço muito alto

Carl Hart

Um preço muito alto

A jornada de um neurocientista que desafia nossa visão sobre as drogas

Tradução:
Clóvis Marques

5ª reimpressão

Para Damon e Malakai.

Tradução autorizada da primeira edição americana, publicada em 2013
por Harper Collins, de Nova York, Estados Unidos

Grafia atualizada segundo o Acordo Ortográfico da Língua Portuguesa de 1990, que entrou em vigor no Brasil em 2009.

Título original
High Price: A Neuroscientist's Journey of Self-Discovery that Challenges Everything You Know about Drugs and Society

Capa
Estúdio Insólito

Foto da capa
© James Day

Preparação
Angela Ramalho Vianna

Revisão
Eduardo Monteiro
Eduardo Farias

Todas as imagens aqui incluídas são cortesia do autor

CIP-Brasil. Catalogação na publicação
Sindicato Nacional dos Editores de Livros, RJ

Hart, Carl

H262p Um preço muito alto: a jornada de um neurocientista que desafia nossa visão sobre as drogas / Carl Hart; tradução Clóvis Marques. – 1ª ed. – Rio de Janeiro: Zahar, 2014.

il.

Tradução de: High Price.
ISBN 978-85-378-1264-8

1. Neurociências. 2. Drogas. 3. Políticas públicas. I. Título.

CDD: 612.82
14-11106 CDU: 612.82

[2021]

EDITORA SCHWARCZ S.A.
Praça Floriano, 19, sala 3001 – Cinelândia
20031-050 – Rio de Janeiro – RJ
Telefone: (21) 3993-7510
www.companhiadasletras.com.br
www.blogdacompanhia.com.br
facebook.com/editorazahar
instagram.com/editorazahar
twitter.com/editorazahar

"Os intelectuais ... que tiveram a coragem de expressar sua discordância muitas vezes pagaram um preço muito alto."

TAHAR BEN JELLOUN

"Aquilo que o torna excepcional, se esse é o caso, inevitavelmente é também o que o torna solitário."

LORRAINE HANSBERRY

Sumário

Advertência 9
Prefácio 11

1. De onde venho 19
2. Antes e depois 30
3. Big Mama 51
4. Educação sexual 72
5. Rap e recompensas 89
6. Drogas e armas 106
7. Escolhas e oportunidades 128
8. Treinamento básico 144
9. "Nosso lar é onde está o ódio" 168
10. O labirinto 193
11. Wyoming 214
12. Ainda e sempre um neguinho 231
13. O comportamento dos sujeitos humanos 245
14. De volta para casa 266
15. O novo crack 276
16. Em busca da salvação 299
17. Uma política de drogas baseada em fatos, não em ficção 307

Notas 317
Agradecimentos 325

Advertência

Muitas vezes me perguntam por que escrevi *este* livro, que revela detalhes íntimos e pessoais de minha vida. Afinal, sou professor de neuropsicofarmacologia, treinado para fazer pesquisas e ensinar um seleto grupo de alunos a respeito de drogas, comportamento e cérebro. E há poucas coisas tão importantes para mim quanto minha privacidade. Assim, decerto não escrevi o livro porque achasse que as pessoas deviam saber mais sobre minha vida privada – a grande quantidade de informações de caráter pessoal reveladas nestas páginas me causa muita ansiedade. Tampouco o escrevi para preconizar o uso de drogas ilegais – o que seria um enorme desperdício de minha formação, de meu talento e capacidade. Hoje, mais de 20 milhões de americanos consomem drogas ilegais regularmente. Parece bastante claro que não precisam do meu estímulo.

O principal motivo para escrever este livro é mostrar ao público de que maneira a histeria emocional decorrente da péssima informação a respeito das drogas ilegais encobre os verdadeiros problemas enfrentados pelas pessoas marginalizadas, o que também contribui para graves equívocos na utilização de recursos públicos já bastante limitados. Para esclarecer as questões relevantes – entre elas, comportamentos humanos inadequados e políticas públicas equivocadas –, recorro a casos da vida real, em particular de minha própria vida. Espero que isso ajude o leitor a aprender pelo exemplo e a passar depois às generalizações. Mas também reconheço que é fácil formular ideias inexatas quando se recorre apenas a casos de caráter pessoal. Assim, além dos exemplos extraídos da vida real, vali-me, ao longo do livro, do conhecimento científico a respeito da mente, do cérebro e do comportamento humanos, na tentativa de diminuir a probabilidade de que o leitor tire conclusões precipitadas.

Para ser o mais rigoroso possível, visitei parentes e amigos, gravei o que tinham a dizer. Os nomes de algumas dessas pessoas foram alterados para proteger sua privacidade. Depois de absorver as informações obtidas nessas entrevistas, eu me encontrava com a escritora Maia Szalavitz, que me ajudou a montar uma narrativa interessante e digerível para o público em geral. Sou muito grato por sua ajuda em explicar descobertas científicas e princípios complexos para um público leigo, mas assumo plenamente a responsabilidade por qualquer vagueza que tenha resultado dessa simplificação de materiais tão complicados.

Espero que depois de ler este livro você não pense a respeito das drogas em termos de magia ou demonização, sem qualquer fundamento em fatos comprovados. Como poderá ver nas páginas que se seguem, essa ideia errônea levou a uma situação na qual prevalece o objetivo absurdo de eliminar o uso de drogas ilegais a qualquer custo, independentemente do preço que isso representa para os grupos marginalizados. Espero que, pelo contrário, você, leitor, se torne capaz de refletir de maneira mais objetiva e crítica sobre a infinidade de questões relacionadas ao uso de drogas ilegais, entendendo que, se pusermos em prática o que já aprendemos a partir dos comportamentos humanos, seremos capazes de mudá-los.

Prefácio

> "O paradoxo da educação é exatamente este: à medida que alguém começa a se tornar consciente, passa também a examinar a sociedade em que está sendo educado."
>
> JAMES BALDWIN

O ESTREITO TUBO DE VIDRO ficou cheio de uma etérea fumaça branca. Era espessa o bastante para dar uma boa onda, mas ainda assim tinha aquele aspecto transparente que distingue a fumaça do crack da fumaça de cigarro ou de um baseado de maconha. O fumante tinha 39 anos, um homem negro que trabalhava como vendedor de livros numa banca de rua. Fechou os olhos e recostou-se no surrado couro da cadeira de escritório, prendendo a respiração para manter a droga nos pulmões pelo maior tempo possível. Por fim, expirou, com um sorriso de serenidade no rosto, os olhos fechados para saborear o êxtase.

Cerca de quinze minutos depois, o computador informou que outra dose estava disponível.

– Não, obrigado, doutor – disse ele, erguendo ligeiramente a mão esquerda. Pressionou então a barra de espaço no Mac, exatamente como fora treinado a fazer para comunicar sua escolha.

Embora eu não soubesse ao certo se ele estava ingerindo cocaína ou placebo, sabia que a experiência corria bem. Lá estava aquele *brother** de meia-idade, que muita gente etiquetaria como "cracudo", um sujeito que

---

* *Brother*: na gíria americana, denota "irmão de raça". (N.T.)

fumava sua pedrinha pelo menos quatro ou cinco vezes por semana, dizendo não para uma dose perfeitamente legal de algo que muito provavelmente era cocaína farmacêutica 100% pura. Na versão cinematográfica, ele já estaria pedindo outra dose segundos depois da primeira, com os olhos esbugalhados, ameaçando – ou implorando –, desesperado.

Mas o fato é que o homem simplesmente recusara com toda a calma, pois preferia receber US$ 5 em dinheiro. Ele tinha examinado a dose de cocaína antes, durante a sessão. Sabia o que iria receber em lugar do dinheiro. Comparando os US$ 5 a algo que, segundo vim a saber depois, era apenas uma dose baixa de autêntica cocaína crack, ele preferiu a grana.

Enquanto isso, lá estava eu, outro negro, criado num dos bairros mais problemáticos de Miami, e que, com a mesma facilidade, podia ter acabado vendendo cocaína nas ruas. Em vez disso, eu usava um jaleco branco e recebia verbas do governo federal para fornecer cocaína no contexto de minha pesquisa, realizada com a finalidade de entender os verdadeiros efeitos das drogas sobre o comportamento e a fisiologia do usuário. O ano era 1999.

Nessa experiência específica, eu tentava compreender de que maneira os usuários de crack reagem diante da possibilidade de escolher entre a droga e um "estímulo alternativo", outro tipo de recompensa – no caso, dinheiro vivo. Será que alguma outra coisa lhes seria igualmente valiosa? No tranquilo ambiente de um laboratório, onde os participantes viviam numa ala fechada, com a oportunidade de ganhar mais do que costumavam receber na rua, qualquer dose de crack seria aceita, ainda que fossem mínimas? Ou será que eles se mostrariam seletivos na hora de curtir algum barato? A oferta de vales para a aquisição de mercadorias seria tão eficaz quanto a oferta de dinheiro para alterar seu comportamento? O que iria influir em suas escolhas?

Antes de me tornar pesquisador, essas não eram perguntas que passavam pela minha cabeça. Estamos lidando com viciados em drogas, diria eu. Qualquer que fosse a situação, eles fariam o que estivesse ao alcance para consumir tantas drogas quanto possível, sempre que possível. Eu pensava neles nos mesmos termos depreciativos com que eram apresentados em filmes que eu havia visto, como *New Jack City* e *Febre da selva*, e em canções como "Night of the living baseheads", do Public Enemy. Vira alguns dos meus primos se transformarem em meras sombras do que tinham sido, e botava a culpa no crack. Nessa época, eu achava que os usuários de drogas não eram capazes de tomar decisões racionais, especialmente a respeito do consumo dessas drogas, pois seu cérebro tinha sido alterado ou danificado por elas.

Os participantes da pesquisa que eu realizava deviam ter um impulso muito forte para usar drogas. Eram consumidores de crack experientes e contumazes, gastavam nisso entre US$ 100 e US$ 500 por semana. Recrutamos deliberadamente pessoas que não buscavam tratamento, pois achávamos que não seria ético dar cocaína a alguém que tivesse manifestado o desejo de parar.

O vendedor de livros estava sentado num pequeno quarto vazio do Columbia-Presbyterian Hospital (atualmente New York-Presbyterian), no *upper* Manhattan; o cachimbo de cocaína fora aceso por uma enfermeira que também ajudava a verificar seus sinais vitais durante a pesquisa. Eu o observava e a vários outros, em quartos semelhantes, por um vidro espelhado atrás do qual eu não era visto. Eles sabiam que eram observados. E muitas vezes seguidas esses consumidores de drogas continuavam a desmontar as expectativas convencionais.

Nenhum deles rastejava pelo chão, raspando partículas brancas para tentar cheirá-las. Ninguém falava descontroladamente nem se mostrava muito agitado. Nenhum deles tampouco implorava por mais, – e absolutamente nenhum dos usuários de cocaína que estudei tornou-se alguma vez violento. Os resultados eram semelhantes para os usuários de metanfetamina. Eles desmentiam os estereótipos. A equipe da ala onde os participantes do meu estudo sobre drogas viveram por várias semanas de testes nem sequer conseguia distingui-los de outras pessoas que lá se encontravam para estudos de condições muito menos estigmatizadas, como doenças cardíacas e diabetes.

Àquela altura de minha carreira, esse comportamento demolidor de mitos não era mais uma surpresa – por mais estranho e improvável que pareça para muitos americanos acostumados com informações sobre programas antidrogas, como o Drug Abuse Resistance Education (Dare), e anúncios de televisão do tipo "Eis o que as drogas causam ao seu cérebro". As reações dos participantes do meu estudo – assim como as das dezenas de participantes de outras pesquisas feitas por nós e por outros pesquisadores em todo o país – começavam a trazer à tona verdades importantes. Não só sobre a cocaína crack e o vício, mas sobre como o cérebro funciona e a maneira como o prazer afeta o comportamento humano. Não apenas sobre drogas, mas sobre os modos de funcionamento da ciência e do que podemos aprender quando empregamos métodos científicos rigorosos. A pesquisa começava a revelar o que está por trás das escolhas e dos processos decisórios em geral, e como essas escolhas também são fortemente influenciadas por outros fatores, mesmo que as pessoas estejam sob o efeito de drogas.

Essas experiências, claro, eram potencialmente polêmicas. Eu podia ser apresentado nos tabloides como "um traficante financiado pelos contribuintes, fornecendo aos 'cracudos' e aos 'zumbis da metanfetamina' o que eles querem".

Em minhas publicações acadêmicas, contudo, eu tentava manter os elementos sensacionais ocultos sob o manto e a linguagem fria da ciência. Já publicara dezenas de artigos em periódicos importantes, recebera prestigiosas bolsas e recursos muito visados para realizar pesquisas e fora convidado a participar de influentes comissões científicas. Sou coautor de um conceituado manual que se transformou no principal texto sobre drogas adotado no ensino universitário; e fui premiado pelos meus cursos na Universidade Columbia. No entanto, ao longo de minha carreira, sempre tentei evitar polêmicas, temendo que elas pudessem me desviar do trabalho que eu tanto amava.

Mas afinal me conscientizei de que não podia me manter calado. Boa parte do que temos feito em termos de educação, tratamento e políticas públicas no terreno das drogas está em desacordo com os dados científicos. Levando em conta o que tenho visto no laboratório e lido na bibliografia científica, não posso deixar de me pronunciar. Valendo-me de dados empíricos, e não apenas de casos pessoais ou especulações, preciso debater os reflexos de meu trabalho fora do contexto isolado e cauteloso das publicações científicas, meu ofício habitual. No fundo, boa parte do que achamos que sabemos a respeito de drogas, vício e escolhas possíveis está errada. E o meu trabalho – assim como a minha vida – mostra por quê.

Enquanto acompanhava os participantes do estudo, comecei a pensar no que levara cada um de nós a lugares tão diferentes. Por que era eu que estava de jaleco branco, e não o consumidor de crack no cubículo? O que nos tornava diferentes? Como eu tinha escapado dos bairros problemáticos nos quais havia crescido e da vida adulta marcada por drogas, prisão, morte violenta e caos, enfrentada por tantos amigos de infância e membros de minha família? Por que eu me tornara professor de psicologia em Columbia, especializado em neuropsicofarmacologia? O que me levara a fazer escolhas tão diferentes?

Essas perguntas me assediavam de modo ainda mais insistente no fim do ano, enquanto eu continuava a realizar essas experiências. Às vezes, observando os usuários de drogas enquanto decidiam se tomavam mais uma dose, eu não podia me impedir de pensar em certas escolhas que tinha feito na juventude. A letra de "Trouble man", de Marvin Gaye, passava pela minha cabeça, especialmente os versos que falam de crescer em circunstâncias difíceis, para afinal virar a mesa e chegar lá. Em geral, eu tentava manter meu passado bem distante. Mas aquela parte de minha vida me fora trazida de volta de forma inevitável e chocante naquela primavera.

Numa manhã de março de 2000, fui despertado muito cedo por alguém batendo forte na porta de meu apartamento no Bronx. Eram cerca de 6h, e eu estava na cama com minha mulher. Tínhamos um filho pequeno, Damon, prestes a completar cinco anos. Vários meses antes, eu fora promovido a professor-assistente em Columbia. A vida corria bem. Como costumamos dizer lá em casa, eu estava na boa. Mas também sabia que a notícia do meu sucesso havia chegado às ruas do sul da Flórida. Na verdade, recebera havia pouco tempo uma carta que me pareceu absurda, de um tribunal da Flórida, alegando que eu era pai de um menino de dezesseis anos. As batidas na porta ficaram mais insistentes.

Quando abri, dei de cara com um sujeito branco, de pescoço largo, usando um terno apertado e um distintivo. Ele me entregou um documento oficial e disse que eu tinha de comparecer perante um juiz. Como vim a saber depois, a mãe do adolescente tinha tomado a decisão de entrar com um processo de reconhecimento de paternidade. É embaraçoso, mas eu nem sequer sabia o sobrenome da moça. No entanto, no outono de 1982, quando eu tinha quinze e ela dezesseis anos, passáramos uma noite juntos. Aos poucos comecei a me lembrar, e logo veio uma vaga imagem do momento em que ela deu o sinal para que eu entrasse pela janela, a fim de que a mãe não soubesse que eu estava lá.

Como ficou comprovado pelo teste de DNA, eu a engravidara naquela noite. Antes de entrar para a Força Aérea Americana, morei no bairro de Carol City, em Miami, e nas proximidades (locais cheios de armas e drogas, conhecidos pelos fãs de hip-hop como o lugar de origem do rapper Rick Ross e seu Carol City Cartel), mas ela nunca me falara da possibilidade de eu ser o pai de seu filho. Nem nunca me passara pela cabeça perguntar qualquer coisa a respeito, pois eu já havia adotado esse tipo de comportamento antes, sem consequências dignas de nota.

Mas foi dessa maneira abrupta que descobri que tinha um filho que nem conhecia – e que estava sendo criado no lugar do qual tanto me esforçara por fugir. Mais um filho negro de uma mãe solteira adolescente. No início, fiquei furioso, horrorizado e confuso. Achava que pelo menos aquele erro eu tinha conseguido evitar. Fazia o melhor possível para criar o filho que eu tinha, e conhecia, numa família de classe média perfeitamente constituída. Não acreditava naquilo. Nem sabia o que fazer. Superado o choque inicial, fiquei consternado só de imaginar como deve ter sido horrível para meu filho crescer sem conhecer o pai. E isso me levou a pensar em como eu tinha conseguido progredir.

Eu pretendia ensinar aos meus filhos tudo que eu mesmo não sabia ao crescer com uma mãe sozinha lutando arduamente pela vida, cercado de pessoas limitadas pela falta de conhecimento. Queria que eles frequentassem boas escolas, que soubessem negociar com as possíveis ciladas advindas do fato de serem negros nos Estados Unidos, que não tivessem de viver ou morrer para provar na rua que eram "machos". Também queria mostrar, pelo meu exemplo pessoal, que experiências ruins como aquelas pelas quais eu tinha passado na infância não definem se a pessoa é autenticamente negra.

E agora ficara sabendo que um de meus filhos – um menino cujo nome era Tobias – havia crescido durante dezesseis anos da mesma forma que eu, mas sem dispor das ferramentas de conhecimento duramente alcançadas, e que eu agora podia oferecer.

Eu também viria a descobrir depois que ele havia tomado exatamente o caminho que eu mais temia. Parou de estudar, teve vários filhos com mulheres diferentes, vendera drogas e supostamente havia atirado numa pessoa. O que eu poderia dizer a meus filhos sobre o jeito que dei para escapar das ruas? Minha experiência e meu conhecimento seriam capazes de ajudar a modificar a trajetória de Tobias? Como o garoto negro que eu era, numa turma especial para alunos com "dificuldades de aprendizado", na escola elementar, chegara a lecionar numa das melhores universidades do país?

Embora hoje eu lamente esse tipo de comportamento, tal como meu filho recém-descoberto, eu tinha vendido drogas e portara armas. Tinha me divertido bastante com as meninas. Bancara o DJ nos rinques de patinação e ginásios de Miami, apresentando-me com rappers como Run-DMC e Luther Campbell, então no começo de carreira, e me abaixando quando começavam os tiros. Vira de perto, pela primeira vez, as consequências do que a polícia chama de homicídio "envolvendo drogas" quando tinha apenas doze anos. Perdi meu primeiro amigo para a violência armada depois desses acontecimentos. Na verdade, meus primos Michael e Anthony haviam roubado da própria mãe, e eu achava que eles tinham um comportamento condenável assim porque eram "viciados em crack".

Pude ver o que aconteceu quando o crack se implantou pela primeira vez nas comunidades negras pobres de Miami. Dando crédito às interpretações da mídia e aos mitos das ruas sobre todas essas experiências, eu adotara uma visão equivocada das coisas. Ironicamente, tudo isso pode ter me ajudado em certos momentos, como veremos. O mais das vezes, contudo, essas eram ilusões que me impediam, e a tantos outros na minha comunidade, de aprender a pensar de maneira crítica.

Como é que eu, agora, em plena consciência, podia estudar o flagelo que é essa droga e até oferecê-la aos meus próprios pesquisados num laboratório? Na ordem geral das coisas, o que podia ser tão diferente entre o que eu fazia em minha pesquisa e aquilo que podia levar Tobias a ser preso?

As respostas estão na minha história e na ciência, revelando a verdade oculta sobre os efeitos reais das drogas e das escolhas que nossa sociedade faz nesse terreno. Ao investigar de que maneira esses mitos e forças sociais moldaram minha infância e minha carreira, podemos gradualmente reduzir a desinformação, que estimula as chamadas epidemias de drogas e nos leva a tomar iniciativas que prejudicam as pessoas e as comunidades às quais supostamente deveríamos ajudar.

1. De onde venho

"Nosso país sempre lutou para saber como deveria lidar com as pessoas pobres e de cor. ... Tivemos uma guerra à pobreza que nunca chegou realmente a lutar contra a pobreza."

MAXINE WATERS

O QUE CHEGOU A MIM foram os sons: meu pai gritando "Vou te matar, piranha", minha mãe se esgoelando, o horrível barulho surdo de carne batendo em carne, com força. Eu estava jogando alguma coisa num tabuleiro – provavelmente Operation ou algo parecido – com três de minhas irmãs no quarto que compartilhava com meu irmão menor, Ray. Ele tinha três anos, era muito pequeno para jogar, mas eu estava de olho nele, para não haver problemas. O inclemente sol de Miami se punha, e dava para perceber que a briga estava ficando feia, porque meus pais tinham passado do quarto, onde tentavam manter as coisas numa esfera privada, para a sala, onde valia tudo.

Era uma noite de sexta-feira ou sábado, e eu tinha seis anos.

Logo passamos a ouvir objetos grandes jogados contra a parede, vidros quebrados, longos gritos lancinantes. Eu percebi que a noite ia ser daquelas quando minha irmã mais velha, Jackie, saiu e voltou para casa. Então com treze anos, Jackie era filha do companheiro anterior de minha mãe, nascida quando ela tinha dezoito anos, antes de meus pais se conhecerem e se casarem. Morava com Vovó, nossa avó materna, mas em suas frequentes visitas a nossa casa Jackie às vezes conseguia impedir que meus pais se digladiassem.

Mas não dessa vez. Talvez ela tivesse percebido o que estava para acontecer. A coisa foi pior do que nunca, pior até que nas vezes em que os vizinhos tinham chamado a polícia. Em 1972 – muito antes de *The Burning Bed*, com Farrah Fawcett, muito antes de O.J. Simpson e Nicole* –, os tribunais relutavam em julgar casos de violência doméstica, em parte porque não queriam encarcerar a principal fonte de renda da família, o que deixaria as mulheres e os filhos ao relento. Por conseguinte, esse tipo de violência era um comportamento tolerado, e não se limitava às famílias negras. A polícia chegava e conversava com meu pai. Às vezes mandava que ele saísse por um tempo para esfriar a cabeça, mas nunca o detinha. Os policiais encaravam aquilo como uma questão particular, algo a ser resolvido entre marido e mulher. Eu ficava aliviado quando eles acabavam com o berreiro, mas não entendia por que as brigas não paravam.

Minhas irmãs cochicharam umas com as outras por uma fração de segundo, pegaram os menores pela mão e foram nos empurrando pela sala de estar até o quintal. Patricia, então com nove anos, ficou para trás. Ela sempre tentava bancar a pacificadora, assim como a irmã maior, Jackie. Os gritos e barulhos terríveis continuavam. Beverly, de dez anos, e Joyce, de sete, tentaram me tirar dali o mais rápido possível, mas eu ainda pude ver meu pai batendo em minha mãe com um martelo. A mesa de centro de vidro, que ficava em frente ao sofá, foi estilhaçada. Cacos por toda parte. O leão de cerâmica da porta da frente, que certa vez me rendera uma bronca por tê-lo deixado cair, exibia suas garras numa ameaça vazia.

Fiquei paralisado, mas minhas irmãs me arrastaram. Martin Luther King e JFK, nas fotos penduradas na parede da sala de estar, pareciam mortos nas molduras. Enquanto corríamos, olhei para trás e vi minha mãe caindo, ensanguentada, junto à porta que dava da sala de estar para o quintal. O que se fixou na lembrança foi o horror daquele momento. Todo o resto é desconexo, como que refletido nos estilhaços de vidro.

---

* *The Burning Bed*: filme sobre violência doméstica, com Farrah Fawcett, feito para a TV, em 1984; O.J. Simpson: jogador de futebol americano que assassinou a mulher, Nicole, e o amigo Richard Goldman, em 1994, num caso que ocupou grande espaço na mídia. (N.T.)

– Mamãe está morta! – gritou uma das meninas. – Mamãe está morta!

– Carl matou mamãe – disse outra irmã. Na minha família, nunca chamávamos nosso pai de papai, usando apenas seu prenome, por motivos hoje perdidos na história da família.

– Carl bateu na cabeça dela com o martelo! – berrava Beverly, a terceira das irmãs em ordem cronológica.

Alguém telefonou para a emergência, provavelmente o vizinho do lado, que em outras ocasiões já tinha feito esse tipo de chamada. Chegou uma ambulância, e minha mãe foi levada para o hospital. Lá pelas tantas, o pai dela, que chamávamos de Pop, veio nos buscar e nos levou para a casa de nossa avó materna. Mas ninguém me disse o que minha mãe tinha nem fez qualquer comentário sobre o que estava acontecendo. Tampouco me ocorreu perguntar. Na nossa família, ninguém fazia esse tipo de pergunta. Só fiquei sabendo que estava viva quando ela apareceu alguns dias depois, com uma rosca negra ao redor dos olhos e um dos braços enfaixado.

Não havia crack na vida da nossa família. Essa droga só surgiria na década de 1980, e eu nasci em 1966. Tampouco havia cocaína em pó ou heroína. Mas o álcool decididamente fazia parte daquele caos. Meu pai nunca bebia durante a semana. Mas nos fins de semana se soltava, para compensar o isolamento social e cultural do trabalho como gerente de um depósito. Na época, ele era um dos dois empregados negros da empresa, e o único em cargo administrativo. O uísque com Coca-Cola era a recompensa, e as noites de sexta-feira, o momento de curtir na esquina com os amigos. As piores brigas dos meus pais ocorriam nos fins de semana. Em sua maioria, na sexta-feira ou no sábado à noite, quando ele estava bêbado, ou no domingo, quando estava de ressaca. Por conseguinte, ao contrário do que acontecia em geral com as crianças em idade escolar, meus irmãos e

Meu irmão Ray (à direita) e eu no domingo de Páscoa de 1972.

eu detestávamos os fins de semana. Minha mãe, Mary, bebia quando havia gente bebendo, mas no seu caso o álcool não era uma fuga, como para meu pai. Ela bebia socialmente, enquanto ele bebia para se drogar e desfrutar o efeito desinibidor do álcool.

No entanto, apesar da presença do álcool, eu hoje sei que ele não era a verdadeira origem dos nossos problemas. Como cientista, aprendi a desconfiar das causas atribuídas às dificuldades enfrentadas pela minha família, vivendo inicialmente numa comunidade operária e mais tarde numa comunidade pobre. Fatores simples como bebida e drogas poucas vezes contam a história toda. Na verdade, como sabemos pela experiência com o álcool, o hábito de beber, em si mesmo, não é um problema para a maioria das pessoas. Como veremos, o mesmo se aplica às drogas ilegais, inclusive as que aprendemos a temer, como o crack e a heroína.

Embora eu pudesse contar minha história sem destacar o que vim a aprender sobre essas questões, isso serviria apenas para perpetuar as interpretações equivocadas que ainda prevalecem em nossa maneira de encarar a questão. Para entender realmente de onde eu venho, é necessário compreender onde eu fui parar – e de que maneira as ideias equivocadas sobre drogas, vício e raça distorcem nossa visão de vidas como a minha e, portanto, o tratamento que tais questões merecem por parte de nossa sociedade.

Em primeiro lugar, para entender a natureza de influências como o álcool e as drogas ilegais, precisamos definir muito bem a verdadeira natureza dos problemas a eles relacionados. O fato de alguém fazer uso de drogas, ainda que regularmente, não significa que seja "viciado". Não significa sequer que essa pessoa tenha um problema com as drogas.

Para atender à definição mais amplamente aceita de vício – a que se encontra no manual psiquiátrico *Diagnostic and Statistical Manual of Mental Disorders*, ou *DSM* –, a utilização que uma pessoa faz das drogas deve interferir em funções vitais importantes, como os cuidados com os filhos, o trabalho e as relações íntimas. O uso deve prosseguir, apesar das consequências negativas, de ocupar muito tempo e energia mental, e persistir, não obstante renovadas tentativas de parar ou diminuir. Também pode incluir a experiência de precisar mais da mesma droga para conseguir o mesmo efeito (tolerância) e sofrer sintomas de crise de abstinência com a súbita suspensão do uso.

Entretanto, mais de 75% dos usuários de drogas – façam eles uso de álcool, remédios ou drogas ilegais – não enfrentam esse problema.[1] Na verdade, as pesquisas demonstram reiteradamente que essas questões afetam apenas entre 10 e 25% daqueles que experimentam até as drogas mais estigmatizadas, como heroína e crack. Neste livro, quando falo de vício, refiro-me sempre a esse tipo de uso problemático, que interfere com o desempenho das atividades da pessoa – e não apenas à ingestão de uma substância com regularidade.

Por que, então, nossa imagem do usuário de drogas ilegais é tão negativa? Por que achamos que o uso de drogas significa vício e que o principal resultado do consumo de drogas é a degradação? Por que estamos sempre prontos para culpar as drogas ilícitas por problemas sociais como criminalidade e violência doméstica?

Uma das coisas que pretendo aqui é examinar de modo crítico a visão que temos das drogas e de seus usuários; o papel que a política racial tem desempenhado nessa percepção; e de que maneira isso levou a táticas de combate às drogas que se revelaram particularmente contraproducentes nas comunidades pobres. Quero examinar a maneira como atribuímos causas aos atos das pessoas e deixamos de reconhecer a complexidade das influências que nos conduzem pelos caminhos que tomamos na vida. Busco explorar os dados de pesquisas em geral usados para apoiar argumentos sobre drogas, vício e racismo, revelando o que eles podem e não podem nos dizer sobre essas questões. Analisando como esses problemas afetaram minha própria vida, espero ajudar o leitor a entender de que maneira certas ideias equivocadas atrapalham as tentativas de melhorar a educação e as políticas relacionadas às drogas.

Mas antes de prosseguir preciso também definir com clareza outro conceito: *racismo*. A palavra tem sido tão mal-empregada e diluída que se perde de vista seu caráter pernicioso. O racismo é a crença de que diferenças sociais e culturais entre grupos são herdadas e imutáveis, tornando certos grupos inalteravelmente superiores a outros. Se tais ideias já são nocivas o bastante na mente dos indivíduos, dano maior é causado quando influenciam o comportamento institucional, por exemplo, nas escolas, no sistema judicial e nos meios de comunicação. O racismo institucionalizado muitas vezes é mais insidioso e de difícil abordagem que o racismo de indivíduos isolados, pois não há um vilão específico para se culpar, e os líderes institucionais podem recorrer a respostas prontas ou adiar indefinidamente uma intervenção decisiva. Espero contribuir aqui para esclarecer como isso funciona – mas nem de longe quero dar a impressão de que estou enfatizando demais sua força ou exagerando quando recorro ao conceito. O que tenho em mente é exatamente o papel que a crença na inferioridade racial inata desempenha na determinação dos comportamentos de grupo.

Examinando de perto todos esses fatores, espero entender que forças me tolhiam em minhas primeiras experiências educacionais e o que me compelia para adiante; quais exigências precoces eram positivas e quais eram negativas; o que aconteceu por acaso e o que representou uma escolha; e o que ajuda ou prejudica as crianças que se defrontam com o mesmo tipo de caos em que eu vivia. O que me permitiu – mas não a muitos de meus parentes e amigos – escapar do desemprego crônico e da pobreza, evitando a prisão? Serei capaz de transmitir a meus filhos as ferramentas que funcionaram comigo? De que maneira as drogas e outras fontes de prazer interagem com fatores culturais e ambientais, como o racismo institucionalizado e a carência econômica?

Muito cedo se tornou claro para mim que as coisas com frequência são muito diferentes da maneira como se apresentam na superfície; que as pessoas mostram faces muito diversificadas no trabalho, na igreja, em casa e com aqueles que mais amam. Essa complexidade também é encontrada em certas interpretações dos dados de pesquisa. Para nós, cidadãos numa sociedade em que tantas pessoas com projetos diferentes tentam se acobertar sob o manto da ciência, é importante pensar de maneira crítica a respeito da informação que é apresentada como científica, pois às vezes até as pessoas mais bem-intencionadas podem se deixar enganar.

Quero explorar com você o que aprendi, em especial a importância das comprovações empíricas – vale dizer, das provas que decorrem diretamente de experiências ou observações mensuráveis –, para entender questões como as drogas e o vício. É importante notar que esse tipo de prova é confiável, e que as experiências são concebidas com o objetivo de evitar equívocos e distorções decorrentes do exame de um ou dois casos que talvez não sejam típicos. O contrário da prova empírica é a informação episódica, incapaz de nos dizer se as histórias ouvidas constituem discrepâncias ou casos comuns. Muitas pessoas recorrem a histórias pessoais envolvendo experiências com drogas para tentar entender que efeitos elas têm ou deixam de ter, como se fossem casos representativos ou dados científicos. Mas não são. É fácil se confundir quando não se dispõe de ferramentas específicas de pensamento crítico, como a compreensão dos diferentes tipos de provas e argumentos. Vou compartilhar essas ferramentas ao longo deste livro.

Dito isso, o que posso afirmar como certo é que no meu bairro, muito antes da introdução do crack, diversas famílias já eram dilaceradas pelo racismo institucionalizado, a pobreza e outras forças. Em seu clássico livro *World of Our Fathers*, Irving Howe lembrou que a patologia constatada em bairros como o meu não é exclusividade de comunidades negras. Nos primeiros tempos da imigração, muitas famílias de origem judaica, chegadas da Europa Oriental, eram desestabilizadas ao enfrentar a hostilidade de outros grupos e a pobreza, que obrigavam seus integrantes a trabalhar em horários diferentes, impossibilitando-os de conviver em casa. Alguns eram obrigados a ocultar ou abandonar suas crenças religiosas e seus costumes até para conseguir empregos pouco valorizados. Não surpreende, assim, que muitas comunidades de imigrantes judeus, nos primeiros tempos, vivessem às voltas com questões como criminalidade, mulheres abandonadas pelos maridos, prostituição, delinquência juvenil etc. Quando coisas assim aconteciam no meu bairro, nas décadas de 1980 e 1990, a culpa era posta no crack. Por exemplo, embora muitas vezes se responsabilize o crack pelo tratamento negligente ou o abandono dos filhos, ou pelo fato de as avós serem obrigadas a criar uma segunda geração de crianças, todas essas coisas aconteciam na minha família muito antes de o crack chegar às ruas. Minha mãe, que nunca foi alcoólatra nem viciada em qualquer coisa, deixou que eu e seus outros filhos fôssemos criados pelos pais dela por mais de dois anos, durante minha primeira infância. Alguns dos meus irmãos nem chegaram a ser criados por minha mãe. Minhas tias maternas também recorriam frequentemente a minha avó para longos períodos de criação dos filhos. Mas nenhum desses parentes jamais tocou em cocaína nem teve qualquer outro vício.

Embora a política de guerra à pobreza promovida por Lyndon Johnson contribuísse para diminuir o percentual de famílias negras vivendo na pobreza de 55% para 34%, entre 1959 e 1969,[2] esse avanço começou a ser revertido durante minha infância. Na década de 1970, o desemprego dos homens negros em meio urbano aumentou, chegando a 20% em 1980.[3] O índice relativo aos negros sempre foi, pelo menos, o dobro do referente aos brancos – e constata-se nos diferentes estudos que essa proporção tende a persistir mesmo quando os negros são tão qualificados quanto os brancos ou mais.

E assim, agravando esse flagrante exemplo de racismo institucionalizado, o desemprego fomentado pela recessão industrial e os cortes nos serviços sociais durante o governo do presidente Ronald Reagan geraram comunidades vulneráveis. Os altos índices de desemprego eram relacionados ao aumento do uso de crack; mas em geral não se menciona que eles antecederam, e não sucederam, a utilização da droga. Embora o uso de crack seja responsabilizado por tantos problemas, a compreensão da verdadeira cadeia causal envolvida nesse processo tem sido profundamente equivocada.

Na verdade, boa parte do que não tem dado certo na maneira como lidamos com a questão das drogas tem a ver com o mau entendimento de causas e efeitos, responsabilizando-se as drogas pelos efeitos das políticas relativas a drogas, da pobreza, do racismo institucionalizado e de muitos outros fatores não tão óbvios. Uma das lições mais fundamentais da ciência é que uma correlação ou vínculo entre fatores não significa necessariamente que um dos fatores é causa do outro. Infelizmente, esse importante princípio raras vezes tem informado as políticas relativas às drogas. Na verdade, provas empíricas muitas vezes são ignoradas na formulação das políticas.

É isso que veremos claramente ao examinar as penalidades adotadas nos casos de crack e cocaína em pó e ao explorar a falta de correlação entre gastos com ordem pública e prisões, uso de drogas e índices de vício. O crack, por exemplo, nunca chegou a ser usado por mais de 5% dos adolescentes, grupo que apresenta maior risco de se viciar. O risco de vício é muito maior quando o uso de drogas tem início no começo da adolescência do que na idade adulta. O uso diário de crack – padrão que evidencia maior risco de vício – nunca chegou a afetar mais de 0,2% dos universitários do último ano. O aumento de 3.500% nos gastos de combate às drogas entre 1970 e 2011 não teve efeito no uso diário de maconha, heroína ou qualquer tipo de cocaína. E embora o crack fosse considerado em grande parte um problema das comunidades negras, na verdade é maior a probabilidade de uso por brancos, segundo estatísticas nacionais.[4]

Quando fui informado pela primeira vez dos índices de utilização do crack e da raça da maioria de seus usuários – entre as muitas outras falsas alegações a respeito da droga –, senti-me completamente traído. Eu me percebia vítima de uma fraude colossal, cometida não só contra mim, mas contra todo o povo americano. Para entender a minha história, não precisamos apenas compreender os resultados de uma política, mas também analisar determinadas formas pelas quais as estratégias de combate ao uso de drogas vieram a ser usadas para fins políticos.

Como explica Michelle Alexander com brilhantismo no magistral *The New Jim Crow: Mass Incarceration in the Age of Colorblindness*, as políticas americanas de combate ao uso de drogas muitas vezes encobrem deliberadamente certos objetivos políticos. A utilização das políticas relativas às drogas para "mandar uma mensagem" a respeito da questão racial era um elemento básico da famigerada "estratégia sulista" republicana adotada por Richard Nixon. A estratégia buscava conquistar o Sul para os republicanos, explorando o medo dos brancos e o ódio aos negros na sequência da política de apoio dos democratas ao movimento pelos direitos civis. Ela transformou palavras como *crime*, *drogas* e *urbano* em códigos denotando "negros", aos olhos de muitos brancos. Por conseguinte, legitimou políticas que na superfície pareciam infensas ao preconceito de cor, mas na realidade resultavam em aumento dos casos de encarceramento de negros e na negação de seus direitos civis. Embora governos posteriores dessem prosseguimento à suposta guerra às drogas sem necessariamente compartilhar as mesmas metas, os resultados continuavam tendenciosos.

Na verdade, todos os resultados dessas políticas – o desperdício do potencial dos que estavam por trás das grades, o dilaceramento das famílias, a violência constatada no tráfico de drogas e até os altos índices de desemprego entre homens negros – logo eram atribuídos à própria natureza do crack. Eu mesmo cheguei a concordar com esse ponto de vista quando estava na faixa dos vinte anos, muito embora, como veremos, minha experiência me devesse ter levado a questioná-lo. Na verdade, esses problemas eram agravados ou criados por escolhas políticas na esfera econômica e da justiça criminal. As decisões políticas e os equívocos a respeito dos perigos das drogas devastaram minha geração, embora nós mesmos fôssemos culpados por esses resultados. Antes de me tornar cientista, eu mesmo estava nessa.

Enquanto isso, os verdadeiros problemas que haviam tornado nossas comunidades vulneráveis a muitas doenças sociais continuavam ausentes do debate público e ignorados. Eles são visíveis em histórias como a minha, mas só se você souber em que direção olhar e como pensar criteriosamente sobre o problema. Levei muitos anos para entendê-lo. Por infortúnio, muitas pessoas – sejam elas negras ou brancas – compraram a ideia de que o crack era *a* causa principal de nossos problemas, e que era possível contribuir para resolvê-los construindo novas prisões e impondo sentenças mais pesadas.

Hoje, embora o crack não seja mais uma preocupação central dos políticos ou dos meios de comunicação, ⅓ dos negros de sexo masculino nascidos depois de 2000 passará pela prisão se não mudarmos drasticamente de rumo.[5] Meu filho mais novo, Malakai, está nessa faixa etária, e eu remexo mundos e fundos para protegê-lo ao denunciar a injustiça dessa situação.

Naturalmente, as crianças não têm uma compreensão das forças mais amplas que determinam o rumo de suas vidas – e eu decerto não sabia o que estava acontecendo na passagem da década de 1970 para 1980, quando o tsunami das transformações econômicas, políticas e judiciárias começou a dilacerar a vida de todo mundo ao meu redor. Na verdade, eu estava sendo deseducado em relação a praticamente tudo que dizia respeito a drogas, criminalidade e causas dos conflitos nos bairros problemáticos, inclusive os atos de violência doméstica que logo viriam a desmontar minha família.

2. Antes e depois

> "They fuck you up, your mum and dad.
> They may not mean to, but they do.
> They fill you with the faults they had
> And add some extra, just for you."*
>
> PHILIP LARKIN

QUANDO VOLTOU DO HOSPITAL, depois da briga com meu pai, minha mãe parecia estar se recuperando depressa. Nós víamos as ataduras e sabíamos que não podíamos dizer nada. Esperávamos que aquilo tudo tivesse acabado. Mas embora a briga com o martelo não fosse a última, meus pais viriam a se separar e divorciar não muito tempo depois. Curiosamente, contudo, embora eu tivesse pensado que meu pai tinha matado minha mãe, antes de ela voltar do hospital, não me lembro de ter sentido sua falta ou de me preocupar com ela.

Talvez eu simplesmente tivesse reprimido o sentimento, por ser muito doloroso. Ou então a coisa se resolveu de outra maneira. Por exemplo, na minha família, depois da separação dos meus pais, aos poucos paramos de chamá-la de "mamãe" ou "mãe". Na minha adolescência, começamos a chamá-la de "MH", designação que eu lhe dera, influenciado pela maneira como o personagem de desenho animado George Jetson, dos *Jetsons*, se referia ao patrão, usando as iniciais.

---

* "Eles fodem com vocês, sua mãe e seu pai./ Podem não ter a intenção, mas é o que fazem./ Jogam pra vocês os erros que cometeram/ E acrescentam mais alguns, só pra vocês." (N.T.)

Olhando em retrospecto, acho que foi uma espécie de distanciamento, um desejo de lhe negar os nomes afetuosos que outras pessoas dão às suas mães. Pois o fato é que, sob muitos aspectos, durante boa parte da minha infância, apesar de seus melhores esforços, ela não estava presente. Após a separação dos meus pais, minha mãe passou dois anos e meio em Nova York, longe de todos os filhos. Hoje eu sei que ela partiu em busca de um salário maior, para nos proporcionar uma vida melhor. Mas na época sabia apenas que estávamos espalhados pela casa de vários parentes.

Sem dúvida eu devo ter sofrido com sua partida, mas não cheguei a verbalizar. Nós nunca sabíamos quando ela ia embora e quando voltaria. Minhas irmãs agora dizem que se sentiam órfãs. Eu me dou conta de que este também era o meu sentimento. Mas na época não compartilhávamos nossos sentimentos. Acho que durante anos alimentei rancor em relação a minha mãe, pois não podia admitir nem para mim mesmo o quanto me sentira magoado.

Já aos seis anos eu aprendera a esconder meus sentimentos, assim como toda vulnerabilidade ou carência. Achava então que era a única forma de me proteger de outras mágoas, de ser realmente o homem da casa. Tinha começado a compartimentalizar, o que viria a se revelar uma habilidade decisiva para minha sobrevivência emocional, para que a coisa funcionasse e nem para mim mesmo eu revelasse a maior parte dos meus sentimentos. Ainda hoje luto, nas relações que estabeleço, com os "efeitos colaterais" negativos dessa reação às condições da minha infância.

Às vezes me surpreendo achando que revelei informações pessoais demais a alguém de quem gosto, preocupando-me porque podem ser usadas contra mim. Com frequência reconheço que meus temores não têm base, mas os comportamentos arraigados são difíceis de mudar, quer envolvam o uso de drogas ou qualquer outro tipo de ferramenta emocional de adaptação.

E hoje, quando vejo meninos de seis anos, não consigo deixar de pensar o quanto as crianças dessa idade são vulneráveis. Percebo que devo ter ficado arrasado, mas na época eu achava que precisava ser durão. Era o único jeito que eu conhecia de enfrentar a situação.

MH e Carl numa reunião de família no verão de 1978, cerca de seis anos depois do divórcio.

Mas não quero culpar ou julgar meus pais: eles enfrentaram desafios muito sérios, de que eu consegui escapar no início da idade adulta. Antes de chegarem aos 29 anos, meus pais já tinham oito filhos. Deram muito duro, economizaram e tinham comprado uma bela casa. Sua capacidade de cuidar dos filhos era limitada pela própria educação que receberam. Meu pai, por exemplo, perdera o pai de câncer quando estava com dezessete anos, tendo recebido orientação masculina muito limitada na juventude. Apesar disso, meus pais eram muito trabalhadores e faziam o que consideravam ser melhor para nós. Durante anos minha mãe trabalhou no turno da noite como ajudante de enfermagem, se esforçando para sustentar os filhos. Infelizmente, os empregos que a aceitavam não costumavam pagar um salário decente.

Em contraste, ao chegar à mesma idade, eu possuía apenas um filho (que eu soubesse) e estava para receber meu título de doutorado, tinha à minha disposição recursos com os quais eles nem sequer podiam sonhar. Seria fácil dizer que meus pais fizeram escolhas erradas. Na realidade, é impossível entender sua experiência e o início da minha vida sem avaliar devidamente o contexto.

Assim, tentando deixar de lado a falta que sentia da minha mãe, concentrei minha atenção no desejo de ficar com meu pai, quando eles se separaram pela primeira vez. Ainda menino, quase desde o nascimento, meu comportamento era determinado pelo conceito de masculinidade que prevalecia na minha família. Por exemplo, quando ajudava meu pai a cortar grama ou a consertar o carro, eu ganhava afagos na cabeça ou recebia algum outro tipo de estímulo. Na psicologia comportamental, esse processo se chama reforço. Quanto mais imediata ao comportamento for a recompensa ou o reforço,* mais robusto e frequente esse comportamento se torna em situações semelhantes. Assim, logo aprendi que o que devia fazer era imitar meu pai.

Em contraste, eu era estimulado a brincar com minhas irmãs quando muito pequeno, mas esse comportamento já não era reforçado à medida que eu crescia. Isso não era visto como atividade masculina adequada para um menino em desenvolvimento. Aos poucos parei de brincar com elas, porque a atitude não era recompensada. Esse processo é conhecido como extinção. Os comportamentos reforçados, mas que deixam de gerar elogios ou recompensas, acabam interrompidos, e foi o que aconteceu com meu envolvimento nas atividades de minhas irmãs.

Da mesma forma, embora minhas irmãs fossem reconfortadas e acalmadas pelos adultos quando choravam ou expressavam tristeza na infância, meus irmãos e eu logo aprendemos, pelo exemplo e pela experiência, que demonstrar esse tipo de vulnerabilidade não era um comportamento masculino adequado. Quando minhas irmãs se mostravam emocionalmente expressivas, isso era reforçado. No entanto, na família, os meninos

* Para simplificar, uso as palavras "recompensa" e "reforço" indiferentemente ao longo do livro. Para os puristas, reconheço, como psicólogo, as sutis diferenciações de significado, mas justifico minha opção pela busca de facilitar a leitura do texto, sem comprometer a ideia expressa.

eram punidos quando adotavam esse tipo de comportamento, o que diminuía a probabilidade de que chorássemos em situações semelhantes. Como acontece com o reforço, a punição imediatamente após o comportamento é mais eficaz. Como se sabe, o castigo é o uso de experiências dissuasivas – como repreensões, palmadas e outras maneiras de infligir dor – para diminuir a incidência de certas atitudes.

Eu não sabia na época, mas estava sendo condicionado pelas consequências do meu comportamento. Pelos trabalhos de B.F. Skinner e outros, eu viria a saber depois como esses reforços e castigos sutis e nem tão sutis influenciam profundamente nossos atos. Na época, contudo, sabia apenas que o que eu tinha de fazer, e o que eu queria fazer, era me tornar um homem. E a melhor maneira de fazê-lo era observar e copiar meu xará, Carl. Eu queria passar todo tempo possível na companhia de meu pai, para receber aquelas recompensas e não ser punido, tentando tornar-me a pessoa que eu deveria ser. Ele me tratava como se eu fosse o centro de seu mundo. Ensinou-me a cortar grama, a lavar e consertar um carro, e quando eu quis o tão cobiçado revólver Daisy BB, ele o comprou. Com o amor incondicional de uma criança, eu não via contradição em idolatrar o homem que espancava minha mãe e a expulsara de casa.

Tampouco gostava de algumas das alternativas com que me defrontaria caso meus pais se separassem e eu não pudesse ficar com ele. Minha tia Louise – que chamávamos de Weezy – talvez não gostasse da ideia de receber um ou mais filhos da irmã. Quando de fato fomos para sua casa – e durante toda a infância eu acabaria ficando lá, esporadicamente, por períodos de várias semanas –, às vezes sentíamos como se ela descarregasse suas frustrações em nós. Por exemplo, seus filhos mereciam tratamento preferencial. Quando havia alguma briga ou desentendimento com os primos, nós raramente contávamos com o benefício da dúvida. Minha irmã Joyce dizia sentir-se como Cinderela, enquanto morávamos lá, com uma madrasta malvada e meias-irmãs traiçoeiras. Embora certas coisas no modo como Weezy nos tratava certamente decorressem da falta de dinheiro e da sobrecarga de trabalho, não eram algo que crianças pudessem entender. Nós percebíamos apenas que não éramos desejados ali.

E tinha também a casa da minha avó materna. Sempre havia pelo menos seis netos morando com Vovó em Hollywood, Flórida, dormindo sobre espessos cobertores no chão. Minha mãe não era a única das três irmãs que recorria à própria mãe para cuidar dos filhos por longos períodos – mas com certeza o fazia com frequência. Já mencionei que minha irmã mais velha, Jackie, vivia com minha avó. Meu irmão Gary, que era apenas dezessete meses mais moço que eu, também tinha ali residência permanente. Fui mandado para a casa de Vovó antes mesmo do divórcio dos meus pais. Embora estivesse habituado a compartilhar o espaço com meia dúzia de outras crianças, na casa dela eu não me sentia à vontade, não era bem-vindo. Na verdade, estava longe de ser seu neto favorito.

Pelo contrário, tive a experiência de alguns atos de nítida hostilidade da parte da minha avó materna. Ela era uma mulher rude do campo, criada numa fazenda em Eutawville, Carolina do Sul. Minha mãe também foi criada ali, numa das regiões mais rurais do Sul. Meus avós tinham se mudado com a família para a Flórida em 1957, pouco antes de minha mãe completar dezessete anos. Foi cinco anos depois de Willie-Lee, irmão da minha mãe, então com quinze anos, ser escoiceado até a morte por uma mula. Minha avó simplesmente não conseguia mais suportar a fazenda. Tinha passado praticamente a vida toda trabalhando no campo e enfrentando o preconceito de brancos e negros, por ter a pele já negra ainda mais escurecida pelo trabalho ao sol. Era uma mulher alta, de 1,80 metro, e usava sempre os cabelos longos e grisalhos partidos ao meio. Seu tom de pele natural era o mesmo marrom profundo que o meu.

Embora Vovó sempre nos garantisse lugar para ficar, uma de minhas lembranças mais vívidas é sua afirmação de que eu era exatamente igual a meu pai. Como ele, eu tinha maus modos, era teimoso, egoísta e grosseiro. Como ele, repetia Vovó, nunca ia prestar para nada. Pensando bem, não chega a surpreender que uma mãe encarasse o homem que espancava sua filha, e que acabou por abandoná-la com oito crianças pequenas, como um sujeito ruim. Na infância, contudo, eu não via isso. Sentia apenas rejeição. E, por mais que eu tentasse negar, ela doía.

Eu também percebia que Vovó – como quase toda a América branca e, infelizmente, alguns negros também – parecia associar o mau comportamento de meu pai à sua condição de negro. Um homem com a pele escura como ele nunca poderia ter sido realmente bom para sua filha, achava ela, embora sua própria pele também fosse escura. A sua Mary merecia coisa melhor. Como minha pele era negra como a de meu pai, isso foi algo que literalmente obscureceu nossa relação.

Muito se escreveu sobre o fato de o racismo com frequência transformar suas vítimas em criminosos, sobre como é difícil viver num mundo que odeia as pessoas que têm a cor de sua pele e não permitir que isso contamine suas relações com negros e brancos. Depois, quando li a afirmação de Nietzsche, de que "aquele que combate monstros deve tomar cuidado para não se transformar em monstro também", entendi perfeitamente o que ele queria dizer. O combate contra preconceitos e distorções também pode nos distorcer, não raro, sem que o percebamos. Na primeira infância, repetidas vezes eu constatava o quanto minha avó privilegiava as crianças com pele mais clara, elogiando-as e ao mesmo tempo punindo ou ignorando as de pele escura. O condicionamento era insidioso.

Não sei se minha avó tinha consciência desse comportamento, mas decerto ele refletia o modo como ela havia sido tratada. Todos nós éramos moldados por esses comportamentos e atitudes antes mesmo de saber que eles existiam. Eu não seria capaz de descrever – como tampouco minha avó – minhas primeiras experiências com o racismo. Ele é algo tão disseminado que seria como tentar lembrar como aprendemos a falar. Sabemos que houve uma época em que não dominávamos a linguagem, mas é impossível lembrar ou delinear incidentes específicos, ou recordar como era não saber.

Quando me sentei com minha irmã Beverly para recolher dados para este livro, porém, ela me mostrou como a coisa toda era profunda. Na minha família, Beverly e eu temos pele mais escura, e não havia nada de sutil na maneira como as crianças mais escuras eram tratadas na casa de minha avó. Nós éramos chamados de "neguinhos" ou "escurinhos". Às vezes "implicavam" com Beverly até em casa. Eu sempre deixava para lá, mas as lágrimas nos olhos de minha irmã, ao rememorar essas palavras, me fizeram perceber o quanto elas magoavam todo mundo. Nosso comportamento é moldado ao longo do tempo por sequências e padrões de reforço e castigo, não raro sem muita consciência da nossa parte quanto à maneira como somos afetados. Até os comportamentos racistas são aprendidos dessa forma.

Durante a maior parte da minha primeira infância, contudo, não tive muita experiência direta com pessoas brancas, pois crescia num bairro negro, onde raras vezes elas se aventuravam. Mas eu via as crianças das famílias para as quais minha mãe trabalhava chamarem-na informalmente pelo prenome – de um jeito que jamais teríamos a grosseria de empregar para nos dirigir a um adulto sem antes negociar com ele esse grau de intimidade. E também percebia como meus pais e outros adultos do bairro reagiam ao poder dos brancos e se mostravam cautelosos e submissos na presença deles.

Uma de minhas piores lembranças é a cena em que minha mãe perdeu o controle e começou a chorar, ao ser confrontada por uma intransigente burocrata branca a respeito do nosso vale-alimentação, quando eu tinha nove ou dez anos. Era evidente que precisávamos do auxílio. Eu via perfeitamente que os armários e a geladeira estavam vazios. Mas a mulher agia como se minha mãe estivesse tentando roubar dinheiro dela. Em casa, MH era durona. De vez em quando enfrentava meu pai, que era muito mais alto e forte. À parte a raiva, nunca deixava transparecer grande emoção. Mas simplesmente ficou arrasada com o autoritarismo inflexível daquela burocrata, a mesquinhez de seu ar de superioridade – e sua própria impotência diante da situação.

Na verdade, embora não tenha lembrança de ficar triste com a ausência de minha mãe, tenho certeza de que sentia sua falta e tinha raiva por ela não estar ali. Ficava assustado com as brigas dos meus pais, sentia-me impotente diante da maneira como era tratado, e furioso com coisas como as manifestações de preconceito que constatava no mundo ao meu redor e na casa da minha avó. Na minha família, um dos poucos sentimentos que os homens e meninos podiam manifestar era a raiva, e para fazê-lo direito era necessário ter algum poder, caso contrário, você era esmagado.

Quando pequeno, eu fui muito esmagado por minha mãe, tias, irmãs e primos. Foi, portanto, uma lição que também aprendi muito cedo.

Embora também me divertisse despreocupadamente, como toda criança, passei boa parte de minha infância tentando conquistar posição e poder, de todas as formas possíveis. Se alguma coisa não concedesse influência e poder, se não servisse para se sentir cool ou achar graça, não me interessava. Essa preocupação determinou minha juventude de uma forma muito complicada, não raro contraditória. Olhando em retrospecto, isso é algo doloroso, pois a luta pelo respeito acabaria comprometendo ou mesmo roubando a vida de muitos dos meus semelhantes. Hoje sei que a infância não deve ser dominada pela preocupação com o status. Mas em certa medida foi o que aconteceu na minha. Essa obsessão foi outra decisiva estratégia de sobrevivência que contribuiu para minha constituição.

O mesmo se pode dizer do flagrante contraste entre o meu mundo antes da separação dos meus pais e depois dela. Quando eles estavam juntos, as brigas eram terríveis, mas nós vivíamos num bairro decente, de jovens famílias da classe trabalhadora. Hoje, ele me lembra o subúrbio idealizado da série de televisão *Anos incríveis*,* só que com uma população negra. As casas tinham boa aparência, com gramados bem-conservados estendendo-se diante de construções térreas pintadas em cores pastel psicodélicas que parecem ser as favoritas no litoral. A nossa era de um azul-piscina particularmente chocante.

Ainda hoje, o cheiro de grama recém-cortada me transporta para esse local, onde meu pai se orgulhava do pomar cheio de árvores frutíferas: limão, lima, laranja, ameixa, algumas no nosso quintal, outras no dos vizinhos. Nosso gramado e nosso pomar estavam sempre muito bem-cuidados, embora, no caos de uma família com tantas crianças pequenas, às vezes houvesse brinquedos espalhados por todo lado. Meu pai gostava em especial da limeira, que dava frutas tão grandes que mais pareciam

* *The Wonder Years*: série da TV americana, transmitida no fim da década de 1980 e começo de 1990, apresentando questões sociais e eventos históricos dos anos 1960-70 pelos olhos de um adolescente reflexivo. (N.T.)

laranjas verdes. Ele adorava exibir aquelas limas enormes. As frutas cítricas frescas sempre me lembram aquela época – antes que tudo mudasse.

O Natal e os aniversários pré-divórcio significavam os carrinhos e robôs que nós, meninos, sempre cobiçávamos; depois do divórcio, sabíamos que nem dava para pedir esse tipo de presente. Antes os vizinhos eram quase todos famílias integrais, gente com emprego decente, adultos que acreditavam no sonho americano (ou pelo menos em sua versão negra) e tinham filhos com aspirações semelhantes. Nosso bairro era relativamente seguro. De vez em quando havia arrombamentos e furtos, mas nada de armas de fogo. Seus valores eram os da maioria, aquele amplo espectro de um Estados Unidos eminentemente branco e de classe média que os cientistas sociais e os políticos usam como referência e tentam transformar em pedra de toque cultural.

É verdade que um dos meus tios tinha sido morto a bala no vaso sanitário do banheiro de um clube, por estar no lugar errado na hora errada. Mas foi algo inusitado, e aconteceu bem longe de casa. Nosso bairro não era constantemente ameaçado por esse tipo de violência. Embora não vivêssemos na Miami das praias perfeitas de cartão-postal e dos hotéis art déco, nosso quarteirão era limpo e organizado. Era habitado por gente que trabalhava muito, daquele tipo que se preocupa, acima de tudo, em ser respeitável.

Depois, embora minha mãe nos mantivesse fora dos conjuntos habitacionais até 1980, quando eu estava no ensino médio, nós nos mudávamos mais ou menos uma vez por ano, e com frequência morávamos em bairros dominados pela profunda pobreza, com todo o emaranhado de problemas que a acompanham.

Claro que antes também havia brigas e medo, além do pedido de ajuda aos vizinhos para chamar a polícia, mas, para nós, o caos estava sobretudo em casa. Depois estava em toda parte. E ninguém se dava ao trabalho de nos explicar o que estava acontecendo. Não tinha essa história de sentar com as crianças e dizer: "Mamãe e papai continuam amando vocês, mas não podem mais morar juntos." Meus pais não eram de dar justificativas, de modo geral. Viviam num mundo em que se aprendia pelo exemplo, não por explicações. Nós éramos informados acerca do que devíamos fazer, não de por quê, ponto-final. Tínhamos de sacar as coisas, ou então pareceríamos bobo. Não havia tempo para perguntas infantis nem para ficar devaneando.

Portanto, depois, quando tomei conhecimento de pesquisas que comparavam a árida paisagem verbal da pobreza infantil americana com os ambientes linguísticos mais ricos, da classe média, realmente fiquei impressionado. O clássico estudo de Todd Risley e Betty Hart comparava o número de palavras ouvidas por filhos de famílias de profissionais liberais, da classe trabalhadora e de dependentes da assistência social, focalizando especificamente a maneira como os pais falavam com os filhos.

Esse era um estudo dos mais meticulosos: os pesquisadores acompanharam bebês de 42 famílias, com idades de sete meses a três anos. As famílias pertenciam a três classes socioeconômicas: profissionais de classe média, operários e pessoas dependentes do auxílio-desemprego. Os pesquisadores passaram pelo menos 36 horas acompanhando cada família, gravando sua fala e observando as interações entre pais e filhos. Contavam o número de palavras ditas às crianças e descreviam o conteúdo das conversas.

Os pesquisadores constataram que as famílias chefiadas por profissionais liberais – fossem brancos ou negros – passavam mais tempo estimulando os filhos, explicando-lhes o mundo, ouvindo suas perguntas e respondendo a elas. Para cada palavra de desencorajamento, ou para cada "Não!", havia cerca de cinco palavras de elogio ou estímulo. As interações verbais eram evidentemente agradáveis, prazerosas ou neutras. Nas casas de operários também havia mais palavras de estímulo e exortação que proibições, embora a proporção não fosse tão favorável. Mas nas famílias dependentes da ajuda do Estado as crianças ouviam dois "Não!" ou "Não faça isso!" para cada expressão positiva. Em termos globais, sua experiência verbal era muito mais punitiva.

Na minha primeira infância, minha família não recebia o que então era conhecido como "ajuda a famílias com crianças dependentes" (ou "assistência social", como era conhecida antes do presidente Bill Clinton). Mas passamos a recebê-la depois do divórcio. Além disso, minha mãe tinha largado o ensino fundamental na 8ª série, de modo que sua escolaridade fazia com que nossa família, em termos linguísticos, estivesse mais próxima do grupo dependente de assistência social. A família de MH – sua mãe e as irmãs, Dot, Eva e Louise, que também ajudaram a nos criar – tinha a mesma escolaridade falha e fragmentária. Depois do divórcio, quando voltou para a Flórida, minha mãe ficou muito sobrecarregada, com tantas crianças para criar. Trabalhava muitas horas, de modo que era praticamente impossível encontrar tempo para algo que não fosse apenas nos disciplinar, caso saíssemos da linha. Meu pai também desapareceu da minha vida quando fui chegando à adolescência.

Assim, ao contrário das crianças que cresciam em famílias mais abonadas, nós éramos mais disciplinados que elogiados. O que afinal pode ter me ajudado a progredir no mundo crítico e cético da ciência – mas de início não contribuiu muito para meu desenvolvimento linguístico.

Ainda mais espantosa era a diferença constatada por Hart e Risley no total de palavras dirigidas às crianças mais pobres. Em média, os filhos de profissionais liberais ouviam 2.153 palavras diferentes por hora, enquanto aos filhos de pais dependentes da assistência social eram endereçadas apenas 616 palavras. Antes mesmo de entrar pela primeira vez numa sala de aula, os filhos de profissionais liberais já tinham ouvido 30 milhões de palavras a mais que os filhos de famílias dependentes da ajuda do Estado, tendo se beneficiado muitas vezes mais de interações verbais positivas com os adultos. Vários outros estudos confirmam essas constatações no que diz respeito ao impacto da educação parental, ao estilo de comunicação com os filhos e ao vocabulário no aprendizado precoce da linguagem e na preparação para a escola.[1] Fatores menos óbvios, como a exposição das crianças a um vocabulário amplo ou restrito e a diferentes intensidades de estímulo ou desestímulo linguístico podem influenciar muito mais seu futuro que velhos e conhecidos bodes expiatórios, como as drogas.

Não resta muita dúvida de que eu fui afetado desde muito cedo pela carência de educação formal de minha mãe e pelo vocabulário limitado usado em minha casa e pela maioria das pessoas ao meu redor. Eles não podiam me ensinar o que não sabiam. Mas eu aprendi com eles muitas coisas importantes, entre elas a capacidade de ouvir, observar pacientemente e estar consciente de mim mesmo. Aprendi a ler as outras pessoas, a prestar atenção à linguagem corporal, à entonação da voz – todas essas formas de sinais não verbais. Dados de estudos recentes mostram que as crianças do meio operário, como o meu, têm maior empatia, revelando-se ao mesmo tempo mais capazes de ler as emoções das outras pessoas e de reagir a elas com gentileza.[2]

Como veremos ao longo deste livro, certas coisas que, de determinada perspectiva, parecem uma desvantagem, de outra podem ser uma vantagem – e as maneiras de entender e reagir podem ser vantajosas e maleáveis num ambiente e desvantajosas e conflituosas em outro. Eu passei boa parte da vida tentando negociar as diferentes reações e exigências do mundo do qual vim e daquele onde vivo hoje. Com o tempo, tive de ganhar fluência em várias línguas, entre elas o vernáculo muitas vezes não verbal da minha casa e da rua, o inglês dominante e a linguagem altamente técnica da neurociência.

Mas não demorou para que eu começasse a apreciar o que a linguagem dominante podia fazer por mim. A percepção do que eu estava perdendo foi aumentando aos poucos, da impressão inicial de que os professores quase chegavam a falar uma língua estrangeira, quando entrei para a escola, à vacilante conscientização acerca das possibilidades abertas, globalmente, por um vocabulário mais amplo e um vasto horizonte educacional. Um incidente destaca-se na minha lembrança. Embora, em sua maioria, minhas experiências na educação primária e secundária fossem lamentáveis, uma professora da 6ª série do ensino fundamental interessou-se por mim. Ela tinha cerca de 25 anos, longos cabelos lisos, uma tonalidade de pele caramelo e lábios carnudos – uma das poucas professoras negras da Henry D. Perry Middle School, uma mulher capaz de obter a atenção de qualquer menino de doze anos.

Recém-formada, ela assumira como missão pessoal inspirar os alunos negros, fazer com que entendêssemos a importância da formação acadêmica. Certos professores negros tentavam nos proteger, desenvolvendo nossa resistência e tratando de baixar nossas expectativas, para reduzir futuras decepções que consideravam inevitáveis. Mas ela via as coisas de outra maneira. Ensinou-me o significado de "sarcástico", e me lembro de que eu praticava a grafia da palavra e a usava em casa.

Antes disso, minha única maneira de expressar a ideia de sarcasmo era em frases como "Está querendo bancar o esperto?". Mas agora eu dispunha de uma palavra que captava uma ideia complexa e específica. Em breve a música rap viria adicionar expressões fluentes à minha vida, como "Tudo em cima". Mas só ao entrar para a Força Aérea e seguir uma formação universitária é que vim a reconhecer plenamente o poder da linguagem.

Na minha vizinhança, creio que nossas conversas eram limitadas sobretudo pelo vocabulário restrito e a incapacidade de pronunciar certas palavras. Lembro-me de ter ficado confuso ao ser informado por um colega branco do ensino médio que a pronúncia correta da palavra *whore* ("prostituta") não era "ho". Além disso, como quase toda a minha família, eu tinha grande dificuldade para pronunciar palavras que começavam com "str". Por exemplo, não pronunciava corretamente a palavra *straight* ("direto", "correto"...), mas dizia *scrate.*

A comunicação verbal no meu bairro, portanto, era minimizada. Uma pessoa podia não responder oralmente a um cumprimento ou a uma pergunta, limitando-se a levantar os olhos e fazer com a cabeça um sinal de assentimento respeitoso, em brevíssimo contato visual, ou a indicar negação com um pequeno e quase imperceptível movimento de cabeça. Todos esses sinais eram muito mais sutis que a linguagem, mas não eram apreciados nem sequer reconhecidos pelos americanos comuns.

Em vista disso, minha confiança aumentou quando comecei a me empenhar em ampliar meu vocabulário: eu podia assumir o controle quando sabia as palavras adequadas. Logo vim a perceber o poder de que me investia se eu tivesse uma linguagem precisa. Era algo libertador e até euforizante, em certas ocasiões. Mas na infância, claro, eu não sabia o que estava perdendo.

De fato, muito cedo aprendi a observar e a prestar atenção, antes mesmo de falar. Na fase de crescimento, a pior coisa era passar por bobo ou ficar por fora. Valia mais permanecer calado até ter certeza. Mostrar-se forte e calado significava não parecer burro. Ainda que na época eu não me preocupasse muito em ser considerado inteligente pelos professores, certamente não queria parecer burro, em especial diante dos amigos. Cabia sempre transmitir a impressão de uma pessoa legal e ligada.

Outro estudo também evidencia certas diferenças fundamentais entre minha família de origem e minha família atual. A socióloga Annette Lareau e sua equipe passaram dois anos estudando doze famílias, comparando negros e brancos de classe média com pessoas pobres de ambas as raças. As famílias foram visitadas vinte vezes em um mês, durante três horas por visita. Os pesquisadores constataram que os pais de classe média – mais uma vez, tanto negros quanto brancos – tinham sua atenção intensamente voltada para os filhos.

Num estilo de cuidados paternos identificado por Lareau como "cultivo coordenado", essas famílias organizavam e agendavam a vida em comum em torno de atividades voltadas para "enriquecer" a experiência dos filhos: esportes organizados, aulas de música, atividades extracurriculares ligadas à escola etc. Os pais falavam constantemente com os filhos e prestavam atenção a suas respostas, estimulando-os a fazer perguntas se achassem que alguma coisa não estava clara ou simplesmente se estivessem curiosos. A disciplina não envolvia castigos corporais, sendo quase exclusivamente conduzida por trocas verbais. A ideia principal era ensinar a argumentação moral, e não apenas obediência.

Na verdade, as crianças eram estimuladas a se considerar capazes de sustentar uma opinião em conversas com os adultos e a interagir com a autoridade, merecendo ser respeitadas como iguais (ou ao menos como futuros iguais). Eram exortadas a expressar suas opiniões e argumentar até em questões disciplinares – discussões nas quais podiam até levar a melhor, se apresentassem um argumento forte. Mas sua vida cotidiana também era muito ocupada e até exaustiva, em detrimento da possibilidade de passar mais tempo com parentes e amigos.

A vida nas famílias de trabalhadores, como a minha, era muito diferente. Lareau chamou esse estilo de cuidados paternos de "consecução do crescimento natural", com base em diferentes pressupostos a respeito dos filhos. A ideia não era "aperfeiçoar" os filhos e assegurar a descoberta e o cultivo de seus talentos. Considerava-se que as crianças cresciam naturalmente até chegar àquilo que viriam a ser, sem a constante necessidade de orientação adulta.

Por conseguinte, os filhos não eram o principal foco de atenção dos adultos. Como acontecia na minha família, esperava-se que as crianças aprendessem observando e fazendo; as explicações verbais não eram especialmente importantes. Uma das advertências preferidas de MH era "Não se meta em assunto de gente grande!". Ela não se considerava um guia incumbido de nos introduzir nesse mundo, ele era uma esfera à parte, na qual logo saberíamos por conta própria como entrar. Assim, quando merecíamos atenção, em geral era por ter feito alguma coisa errada. Nesses casos, com frequência distribuíam-se castigos físicos.

A aplicação de castigos corporais na minha infância começou depois do divórcio. Na época, éramos duramente disciplinados, com poucas chances de apelar ou de se justificar – e isso era visto como "desaforo" ou "teimosia", e não como argumentação moral, o que podia piorar ainda mais as coisas, se tentássemos recorrer a esses expedientes na hora da pancada. Nós éramos açoitados com cintos, galhos de árvores, o fio do ferro de passar. Isso acontecia com frequência, até eu chegar mais ou menos aos catorze anos e começar a ameaçar minha mãe de revide. Muito antes disso, contudo, deixava-se perfeitamente claro que no nosso mundo a obediência era a coisa mais importante e valiosa.

As crianças do ambiente no qual cresci e da amostragem das classes trabalhadoras, no estudo de Lareau, passavam a maior parte do tempo fora da escola, em atividades desestruturadas, em geral brincando com primos e irmãos na rua. As crianças maiores tinham de tomar conta das menores. E os adultos e outras autoridades eram considerados fontes de poder a serem respeitadas e temidas, jamais confrontadas. Quando se tratava de desobedecer, logo aprendemos a não deixar pistas.

Esses dois estilos de cuidados paternos têm suas vantagens, conforme constatou Lareau (embora eu deva observar que ela não se deteve nas famílias que recorriam a punições físicas severas como as usadas na minha família após a separação dos meus pais). O método da classe média não era superior em tudo, como poderíamos pensar. As crianças da classe trabalhadora muitas vezes eram mais felizes e se comportavam melhor. Tinham muito mais intimidade com os membros mais afastados da família e eram cheias de energia. Em geral obedeciam, sabiam se divertir e raramente ficavam entediadas. Eram mais desembaraçadas nos relacionamentos.

Os jovens da classe média, todavia, estavam muito mais bem-preparados para a escola e para lidar com adultos em posição de autoridade. Eram capazes de falar por si mesmos e de se valer de argumentos bem-estruturados para tirar conclusões de maneira mais habilidosa. Essa forma elaborada de pensar também os ajudava a fazer planos que exigem passos sucessivos. Em resumo, estavam mais preparados para o sucesso no estilo de vida dominante no país que os filhos da classe trabalhadora, independentemente do fato de serem negros ou brancos. Com seu estilo de cuidados paternos, os filhos da classe média estavam sendo treinados para liderar, fosse isso intencional ou não.

Enquanto isso, as crianças pobres e da classe trabalhadora eram treinadas para passar a vida "na base". Os filhos da classe média aprendiam de forma constante e explícita a se posicionar em defesa própria diante da autoridade, ao passo que os das classes inferiores aprendiam a se submeter sem questionamento. Ou então, em caso de opor resistência, os pobres aprendiam, pela experiência, a fazê-lo de maneira encoberta, não declaradamente.

Na verdade, a resistência encoberta permeou de tal maneira meus primeiros passos na vida que se tornou tão natural quanto respirar. Ainda hoje sinto-me desconfortável e desconectado quando tenho de pagar um preço absurdamente alto pela TV a cabo ou por um estacionamento. Uma parte minha continua acreditando que pagar o preço integral é para quem não tem um amigo que possa dar um jeito. Levei vários anos para aceitar com relutância que realmente não estou por dentro daquelas esferas outrora definidas como as que davam um jeito por baixo do pano.

A ideia por trás da estratégia de "consecução do crescimento natural" em muito me ajuda a entender de que maneira minha família encarava os filhos e qual o papel que minha mãe julgava dever assumir. Embora sofresse e ficasse estressada com a assoberbante tarefa sobre seus ombros, MH considerava que sua obrigação era sobretudo nos manter seguros, alimentados, vestidos, debaixo de um teto e longe de maiores problemas. À parte isso, ensinava a disciplina do trabalho duro, tratando de incutir a moral e o bom comportamento de maneira vigorosa e até intrusiva. A vida era dura, ela não achava que a tornaria mais fácil para nós se nos mimasse. Acima de tudo, queria que nos mantivéssemos rigorosamente limpos, educados e bem-comportados. Isso nos tornaria respeitáveis – seríamos até melhores que as crianças brancas malcomportadas que tantas vezes víamos quando ela trabalhava como faxineira –, não importando se tivéssemos muito ou pouco.

Mas quando eu ainda era pequeno, ficava furioso com essa ênfase no bom comportamento, nas aparências e no respeito pelos adultos. Não entendia por que os adultos eram em si mesmos merecedores de respeito, enquanto as crianças podiam ser arbitrariamente rejeitadas e humilhadas. Não parecia justo que uma criança não pudesse se pronunciar e ser ouvida quando havia alguma coisa errada, ao passo que qualquer manifestação ou ato de um adulto, por mais cruel ou equivocado, tinha de ser aceito sem questionamentos. Eu não entendia o quanto o desejo de respeitabilidade e alguma aparência de poder e controle determinava o comportamento dos adultos na pobreza.

Além disso, a ênfase na obediência até chegar à idade adulta nem sempre contribuía para desenvolver a capacidade de exercer os cuidados paternos. Ao menos no caso de alguns membros da minha família, chegar à idade adulta parecia representar apenas uma passagem da posição de aceitar ordens não raro irracionais para a de estar em condições de dá-las. Embora meus filhos me contestem muito mais do que eu contestava meus pais, isso é algo a que dou valor, pois sei muito bem que os adultos nem sempre estão certos. Naturalmente, também quero que eles indaguem e questionem o mundo, não aceitando as coisas sem pensar.

Assim, ainda que sob muitos aspectos meus pais certamente fossem negligentes, em outras frentes nossa criação proporcionou consideráveis vantagens. Para começo de conversa, muito cedo eu aprendi a ser independente e a cuidar de mim mesmo. Além disso, aprendi a assumir responsabilidades – tanto por mim mesmo quanto por meu irmão menor, que muitas vezes estava sob meus cuidados. Por fim, meus laços estreitos com os primos e irmãos foram outra consequência importante, embora essa influência tivesse efeitos tanto positivos quanto negativos na minha capacidade de me integrar às correntes dominantes da vida americana.

Ainda assim, na primeira infância, eu não enxergava prazer nenhum em muitas das palavras das correntes dominantes – nem era capaz de associar poder ou influência ao fato de me sair bem na escola. A busca de status foi um dos fatores que me deixaram em situação de grande risco no meu bairro, ao mesmo tempo desempenhando um papel ainda mais importante no sentido de me ajudar a escapar do perigo.

MINHA MÃE GOSTAVA de ouvir Al Green* no domingo de manhã, e a casa toda era tomada por sua voz arrebatadora, com as notas agudas num falsete de intenção sagrada, mas na verdade eroticamente carregado, enquanto o disco girava em 33 rotações por minuto na gigantesca vitrola. Com as luminosas harmonias da música gospel e os arabescos do órgão, canções melodiosas falando de amor e coração partido, como "Love and happiness" e "Let's stay together", tomavam conta do ambiente: "We oughta stay together. Loving you whether, whether times are good or bad, happy or sad…"** Era a nossa música, o tipo de música que não costuma ser tocada nas rádios FM, particularmente agradável e reconfortante.

Mas certo domingo, quando eu tinha sete anos, mamãe pegou a extensão e ouviu meu pai falando pelo telefone com uma mulher que, logo se descobriu, era sua amante. Quase sempre as brigas dos dois tinham a ver com casos reais ou imaginários de infidelidade. A relação dos dois era vo-

---

* Al Green (1946): famosíssimo cantor de gospel e soul music americano, recebeu inúmeros prêmios Grammy. (N.T.)

** "Precisamos ficar juntos. Vou te amar nos tempos bons ou ruins, alegres ou tristes." (N.T.)

lúvel, instável. E assim, movida pela raiva, MH encaminhou-se friamente para a cozinha, acendeu o fogão e começou a ferver uma panela cheia de xarope de bordo e água. A vingança chegaria bem quente.

Meu pai não demorou a desligar o telefone, e estava deitado na cama, de cueca e camiseta. Sem dizer uma palavra, minha mãe entrou no quarto e jogou nele a grudenta mistura, esperando que o xarope fervente aderisse à pele dele. Ela estava tomada pela raiva. Felizmente, a maior parte da gosma odorífera e perigosa não acertou o alvo. Meu pai chegou a se queimar um pouco na perna, mas quase toda a mistura foi parar nas paredes ou no chão. Só que agora ele é que estava furioso.

Aterrorizada, minha mãe saiu correndo de casa, com meu pai em seu encalço – ainda em roupas de baixo. Quando meus pais brigavam, havia sempre uma previsível escalada das vozes alteradas até os atos de violência. Daquela vez não houve prelúdio. Eu simplesmente me mantive a distância.

Felizmente para minha mãe, meu pai não conseguiu alcançá-la. Tinha chovido muito, uma daquelas fortes tempestades subtropicais, deixando tudo lá fora escorregadio. No auge da perseguição, meu pai deslizou no concreto ou na relva molhada, e deu a ela preciosos segundos para se distanciar. Até hoje minhas irmãs acham que ele a teria matado se a alcançasse. Mas, para variar, ela tinha planejado com antecedência. MH telefonara ao primo Bob pedindo que fosse buscá-la. E ele estava lá fora, esperando-a em seu carro. Ela pulou para dentro, e os dois se foram antes que meu pai tivesse tempo de chegar perto. Recobrando-se do susto, ele mandou que meus irmãos limpassem o xarope da parede e do chão. Mas aquele incidente pôs fim ao casamento dos meus pais.

MH em Nova York pouco depois de se separar de Carl, em 1972.

No começo, cada um tomou um rumo diferente. Meus irmãos e eu fomos separados, passando a viver com diferentes avós e tias. MH foi para Nova York. Meu pai ficou em nossa casa e, depois de eu ter passado apenas uma noite com Vovó, levou-me para morar com ele.

Eu fiquei muito feliz de voltar para casa. Ele não pegou nenhuma de minhas irmãs nem meu irmão menor, só a mim, seu xará, nascido no dia do seu aniversário. Parecia que tinha de ser assim mesmo. Eu era o filho mais velho. Era o menino mais velho. E não tinha medo dele. Nunca achei que a violência entre ele e minha mãe tinha alguma coisa a ver comigo.

Carl nunca bateu em mim. Quando me disciplinava, era me passando um sermão ou me botando de castigo. Minha mãe e minhas tias é que nos infligiam castigos físicos. Na época, além disso, eu achava que os dois tinham participação igual naquelas brigas. Como qualquer outro menino, eu admirava meu pai e o idolatrava com aquele tipo de amor infantil cego que não reconhece erros nem contradições. No entanto, no lugar onde cresci, acontecimentos imprevistos muitas vezes ocasionam grandes mudanças na vida.

3. Big Mama

"Se quiser entrar no jogo direito, é melhor conhecer as regras."

BARBARA JORDAN

EU ESTAVA MAIS OU MENOS no meio do ensino médio quando fui morar com Big Mama, cuja casa não ficava longe do lugar onde eu tinha vivido até meus pais se divorciarem. Eu ficara com meu pai por algumas semanas depois da separação. Embora eu tentasse ao máximo não incomodar e me comportar direito, pois queria muito ficar com ele, meu pai logo perceberia que não tinha condições de cuidar de uma criança pequena. Minha mãe também queria que ele vendesse a casa, para receber a metade do valor. Eu teria de morar com a mãe dele.

Embora a chamássemos de Big Mama, minha avó paterna era bem baixa, por volta de 1,57 metro, mas era gorda e avantajada. Orgulhosa imigrante das Bahamas que chegara ainda jovem aos Estados Unidos, Big Mama usava longos vestidos coloridos e enormes óculos de gatinho. Embora tivesse os cabelos sempre presos num coque, eu nunca a vi alisá-los nem usar qualquer tipo de tintura. Seu cabelo era preto, ligeiramente encanecido. Eu amava Big Mama, e ela me defendia, enfatizando antes de mais nada minha autossuficiência e a escolarização. "Um negro sem educação não tem a menor chance", dizia ela.

O debate entre as filosofias que costumam estar associadas a Booker T. Washington e W.E.B. Du Bois* era representado em minha família pelas

* Booker T. Washington (1856-1915): escritor e educador americano, não frequentou a escola, tendo de trabalhar para sobreviver; conseguiu se graduar e passou a defender

divergências entre minhas avós paterna e materna. Big Mama se alinhava a Du Bois: a educação, mais que tudo, contribuiria para o progresso da raça, e o mais importante era ficar na escola e se sair bem. Ela havia consolidado essas ideias em sua infância nas Bahamas, onde a educação podia levar ao menos alguns negros à elite.

Em contraste, Vovó e minha mãe achavam que era mais importante ter uma profissão. Vindas de uma família rural da Carolina do Sul, elas, como Washington, atribuíam mais importância ao trabalho árduo para alcançar o sucesso. Minha avó materna, minha mãe e minhas tias desse ramo da família consideravam que a independência econômica era a principal meta, antes mesmo que o aprendizado escolar – e de fato constatavam que era essa a única possibilidade de promoção econômica de pessoas negras, na medida do possível, no panorama segregacionista do Sul. Elas davam ênfase ao trabalho manual duro, com resultados imediatos, e não ao trabalho intelectual, que podia não render frutos naquele ambiente ingrato e imprevisível.

Naturalmente o contexto era um elemento importante tanto para Du Bois quanto para Washington: ambos reconheciam que nenhuma das duas estratégias podia ser promovida com exclusividade, e que em certas situações havia limites para o que se podia alcançar só com a educação ou só com o sucesso empresarial. Minhas avós também refletiam essa complexidade.

Embora atribuísse ênfase à educação, Big Mama não pôde constatar que ela era capaz de promover o progresso de sua família nos Estados Unidos, na época da minha infância, e reconhecia seus limites em lugares onde o racismo limitava radicalmente as oportunidades. Já Vovó pudera comprovar suas opiniões a vida toda, e por isso considerava que a busca da

---

a ideia de que a cultura e a qualificação profissional eram mais importantes que a luta pelos direitos civis dos negros; elaborou o Compromisso de Atlanta, segundo o qual os afro-americanos se submeteriam à segregação em troca de educação básica e oportunidades econômicas. W.E.B. Du Bois (1868-1963): sociólogo e ativista americano, líder do Movimento Niágara, que lutava pela igualdade de direitos civis para os negros; foi contrário ao Compromisso de Atlanta, julgando que os afro-americanos precisavam ter chances de educação para desenvolver lideranças próprias. (N.T.)

máxima independência econômica era mais produtiva do que desperdiçar tempo com o desempenho escolar.

No fim das contas, eu me posicionaria ao lado de Du Bois quanto ao primado da educação. Mas levou muito tempo para que isso ficasse evidente para mim, e até para que eu me conscientizasse de que se tratava de uma linha de demarcação complexa para os negros, com heróis intelectuais de ambos os lados. Considero que boa parte do crédito por meu sucesso atual deve ir para Big Mama e o importante papel que desempenhou em minha criação.

Big Mama manifestou especial interesse por mim e por minha segunda irmã mais velha, Brenda. Acolheu-me quando meus pais se separaram, mas Brenda fora para sua casa ainda bebê. Na época, minha mãe não conseguia criar tantos filhos em idades tão próximas. Beverly nascera apenas dez meses depois de Brenda, o que deixava nas mãos de MH uma criança de dois anos e meio, outra de dez meses e uma recém-nascida. O que era apenas um arranjo temporário após o nascimento de Beverly, em abril de 1962, acabou se transformando em algo permanente para Brenda.

Devo notar que esse tipo de transferência informal da custódia de uma criança era comum no ambiente da minha família extensa e das famílias dos meus amigos, quando eu era pequeno. Muitos dos meus primos e amigos não moravam com as mães, mas com avós ou tias. Embora a prática da criação dos filhos de parentes por tias e avós tenha sido atribuída aos efeitos do crack sobre as mães, mais uma vez devo assinalar que a intensificação desse tipo de acerto antecedeu a comercialização da droga e é um fenômeno muito mais complexo.

Na minha família, eu diria que a desconfiança em relação aos métodos de contracepção ou seu uso errado desempenhou um papel muito mais importante. Minha mãe, por exemplo, não tomava "a pílula", dizendo não saber o que ela continha. Achava que podia esterilizá-la de maneira permanente ou ser instrumento de alguma conspiração para destruir as famílias negras. Todos nós tínhamos ouvido falar das experiências de Tuskegee com a sífilis, nas quais se permitira que homens negros continuassem sofrendo de uma doença perfeitamente curável só para que cientistas brancos constatassem a progressiva destruição de seus corpos e cérebros.*

Embora não soubéssemos de muitos detalhes – ou, na verdade, conhecêssemos uma versão equivocada –, nossos temores não deixavam de ter um terrível e genuíno fundamento. E ele sempre servia de cenário para nossas interações com a medicina e a ciência. Embora não tivéssemos ouvido falar de Henrietta Lacks, uma paciente negra com câncer, cujas células foram usadas por médicos brancos, sem sua permissão, para criar uma indústria de biotecnologia multimilionária, essa história já estava rolando enquanto eu crescia. As células de Henrietta Lacks permitiram muitos avanços importantes – mas nenhum deles serviu para ajudar a família cujos genes eram explorados, que continuou pobre e sem condições de pagar por suas necessidades básicas, como um seguro de saúde, por exemplo. Só recentemente essa história foi trazida à luz por Rebecca Skloot, no livro *A vida imortal de Henrietta Lacks*.

Minha mãe tinha motivos para suspeitar do establishment médico branco, mas nesse caso a desconfiança tornou sua vida mais difícil. Como continuava sexualmente ativa com o marido, ela teve um filho quase uma vez por ano entre 1961 e 1969. E não apenas ela, mas também sua mãe, suas irmãs e seus filhos tiveram de conviver com as consequências disso.

No caso de Brenda, a coisa provavelmente funcionou em seu benefício. Talvez porque a visse como uma menina sem mãe, Big Mama mimava Brenda. Sempre tentou fazer com que a neta por ela criada se sentisse especial e querida. Assim, Big Mama apoiava o interesse de Brenda pelo atletismo na escola e suas realizações acadêmicas. Brenda participava das paradas e da banda, pois adorava se exibir. Cercada de brancos bem-inten-

---

* Estudo da sífilis não tratada de Tuskegee: pesquisa realizada pelo Serviço de Saúde Pública dos Estados Unidos, em Tuskegee, Alabama, entre 1932-72, na qual 399 negros com sífilis e mais 201 indivíduos saudáveis, para comparação, foram usados como cobaias na observação da progressão da doença sem medicamento; os envolvidos não conheciam seu diagnóstico, nem lhes foi pedido consentimento para a pesquisa; em 1972, um membro da equipe denunciou o estudo à imprensa, e o projeto foi encerrado em meio a grande escândalo. (N.T.)

cionados, que esperavam que ela entrasse para a universidade – e também estimulada por Big Mama –, Brenda logo estaria projetando e buscando esse futuro para si mesma.

Na verdade, Brenda tornou-se a mais séria e empenhada das minhas irmãs em matéria de vida acadêmica. Mais tarde, seria a única das meninas a concluir um curso de nível universitário, com uma licenciatura em educação no Miami-Dade Junior College. Foi a única das minhas irmãs que não teve filhos na adolescência nem fora do casamento. Faria uma longa e bem-sucedida carreira no departamento de reservas da Delta Air Lines. Para mim, Brenda corroborava e potencializava as afirmações de Big Mama sobre a importância de concluir meus estudos. Minhas outras irmãs e meus irmãos não recebiam esse tipo de estímulo dos adultos. Brenda e eu também aprendemos muitas coisas práticas com Big Mama, por exemplo, a cozinhar e andar de ônibus pela cidade.

Nossa avó também tentou fazer com que tivéssemos aulas de piano. Mas não deu certo, porque nunca praticávamos. O piano da sala só tinha algum uso quando a própria Big Mama tocava hinos ou cantava com o irmão Curtis. Os dois eram tesoureiros na igreja onde ela tocava órgão. Não sei ao certo se tinham algum envolvimento romântico, mas ele aparecia muitas vezes para tocar e debater problemas da paróquia. O ramo da minha família proveniente das Bahamas era de adventistas do sétimo dia que frequentavam a igreja todo sábado.

Embora Big Mama não aprovasse, sempre que podia eu passava ao largo da igreja e de atividades correlatas. Aquilo era tedioso ou assustador para mim. Na infância, quando acreditava em Deus, eu O via como um ser irado e implacável, que sabia que eu não prestava para nada e não tinha qualquer tolerância ou compreensão acerca de minhas circunstâncias. Ele não parecia ajudar muito aqueles que oravam. Quando ficou evidente para mim o contraste entre o comportamento das pessoas na igreja, no fim de semana, e durante o resto da semana – e à medida que minha infância continuava a me mostrar o quanto a vida era realmente injusta –, eu praticamente parei de crer, ou, pelo menos, de pensar muito no assunto. Depois, na adolescência, eu às vezes chegava até a usar a ideia de Deus para convencer os amigos a furtar lojas, dizendo que Ele entenderia que tirávamos daqueles que tinham mais. Mas a fé profunda e genuína fortalecia Big Mama.

Ela também se preocupava comigo e me defendia do meu pai como ninguém. Quando eu fui morar com Big Mama, esperava-se que Carl seguisse a rotina das visitas paternas nos fins de semana. Toda sexta-feira à noite, eu ficava sentado esperando, na janela da frente, à espreita de seu Gran Torino verde, modelo 1972. Contava as horas até o momento em que ele devia chegar. Mas às vezes meu pai não aparecia. Ou então, quando aparecia, já era sábado à noite, e não sexta, e ele estava bêbado. Pelo menos uma vez estava tão embriagado quando me levou à sua casa que tivemos de parar no acostamento da estrada, pois ele tinha alucinações e sabia que não podia continuar dirigindo. Ficamos sentados ali, esperando que passasse.

Eu não me importava quando ele estava bêbado. Queria apenas vê-lo, ainda que ficasse esperando, em casa, enquanto ele dormia para curar a ressaca. Quando ele aparecia, o fato de ter bebido não o tornava abusivo nem grosseiro comigo. Eu nunca atribuí qualquer efeito específico ao álcool. Mas me lembro nitidamente de que às vezes Big Mama o chamava às falas, contava-lhe que eu ficava esperando, cheio de expectativas, quando ele se atrasava ou não aparecia. Dizia-lhe que era um absurdo tratar uma criança daquela maneira, me desapontando daquele jeito. Não era comum ver um adulto tomar a minha defesa. Aquilo ficou marcado em mim.

Embora fosse inteligente e voluntariosa, Big Mama também tinha suas esquisitices. Como Vovó, tinha seus favoritos. Sempre sentiu um intenso amor por Brenda e por mim, mas mal dirigia a palavra aos nossos outros irmãos. Na verdade, simplesmente os ignorava. Assim como eu provocava em Vovó a lembrança de nosso pai, acho que minhas outras irmãs lembravam a Big Mama a nossa mãe, o que não era nada bom: assim como Vovó considerava Carl abusivo e inadequado para sua filha, Big Mama considerava MH irresponsável e infiel.

Em vista disso, mostrava-se fria e até indiferente com minhas outras irmãs. Quando elas apareciam, eu sabia, como todas as crianças, que cumprimentariam os adultos ao chegar. Era um sinal de respeito obrigatório. Mas às vezes Big Mama não levantava os olhos, nem ao menos respondia gentilmente ou lhes dava boas-vindas. O único motivo que levava minhas irmãs a procurá-la era que, na adolescência, pretendiam ficar na rua até tarde sem enfrentar um verdadeiro inferno com MH. Sabiam perfeitamente que Big Mama não ia se preocupar com o horário.

A casa de Big Mama também era das mais inusitadas. Ela tinha uma das maiores residências de Carver Ranches, bairro negro de Hollywood, Flórida, ao norte de Miami. A casa enorme, de quase trezentos metros quadrados, tinha pelo menos seis quartos. Fora construída para ela por seu marido, meu avô Gus. Na verdade, foi uma das primeiras casas construídas na comunidade. Mas em vez de causar inveja, como era de esperar, tratando-se de residência tão boa e espaçosa, ela inspirava medo.

A casa de Big Mama era conhecida como "a casa assombrada" do pedaço. Boa parte dessa fama meio sinistra decorria do fato de ninguém nunca ter feito nela qualquer serviço de manutenção – fosse interna ou externa – desde a morte de vovô Gus, de tumor cerebral, em 1958. Corriam na família histórias de que ele tivera uma morte lenta e dolorosa, de que algo também se perdera em sua mulher quando ele finalmente partiu.

Quando me mudei para lá, só muito raramente alguém levantava um dedo para limpar a casa ou fazer a manutenção do quintal, embora três filhos adultos morassem com Big Mama – Ben, Norman e Millicent. Ben tinha uma desculpa: ele era lento e talvez não soubesse o que fazer.

Do lado de fora, a grama era marrom e ressecada. O sol da Flórida queima e destrói tudo que não seja muito bem-cuidado. Numa das laterais, o quintal era muito maior que o gramado fronteiro, o que aumentava ainda mais o aspecto descuidado e sinistro da casa. Bem no centro desse quintal havia um enorme sapotizeiro jamais podado. (Seu fruto, o sapoti, é macio como pêssego, mas o gosto parece o da pera.)

A casa não era muito melhor por dentro. Estava sempre infestada de escorpiões, aranhas e roedores – de tal modo que, por mais que alguém estivesse apertado para ir ao banheiro no meio da noite, preferia se segurar, pois nunca sabia que criaturas assustadoras encontraria pelo caminho. Para piorar as coisas, entre o quarto onde eu dormia e o banheiro havia um longo e escuro corredor. Depois do anoitecer, parecia haver seres assustadores por toda parte.

Meu primo Louie, cerca de um ano mais velho que eu, também morava com Big Mama. Estava lá porque não se dava bem com o padrasto. Nós dois compartilhávamos com minha avó um quarto com duas camas de solteiro. Ela dormia numa das camas, nós dois na outra. Os filhos adultos de Big Mama ocupavam os outros quartos, enquanto Brenda dormia no quarto da frente, onde meu avô tinha morrido. Desde sua morte, Big Mama não conseguia mais dormir ali.

À noite, Big Mama adormecia ouvindo algum programa de rádio em volume alto. Louie e eu ficávamos lá deitados, naquele quarto superaquecido com ela, e acabávamos por apagar de pura exaustão. Mas as mensagens do rádio continuavam a chegar: o que ouvíamos sem parar era um desfile de brancos prevendo tragédias, antecipando catástrofes totais. Sempre havia alguma crise política, econômica ou ambiental ameaçando o mundo.

Na época, boa parte do noticiário girava em torno dos horrores do Vietnã, da crise do escândalo de Watergate na Casa Branca e do embargo árabe de petróleo. No começo eu ficava assustado. Passei a me angustiar com as coisas que eles previam, temendo alguma catástrofe avassaladora. Perguntava-me como poderíamos sobreviver. Mas logo eu ficaria imune. Percebi que nada estava mudando de fato, que o apocalipse iminente não se materializava. Nosso bairro passava por um processo lento de declínio, mas não era o caso de imaginar que estivéssemos sendo bombardeados por armas nucleares nem massacrados por comunistas. Comecei a descartar esse tipo de pensamento. Curiosamente, esse mergulho forçado nas notícias ruins e no catastrofismo contribuiu, em última análise, para me deixar mais otimista, além de fomentar meu ceticismo.

Sob muitos aspectos, Louie também foi uma boa influência. Ele era um gênio na matemática, o único garoto do bairro que frequentava as turmas mais adiantadas. Eu não gostava quando algum garoto sabia mais do que eu ou era melhor em alguma coisa, de modo que ficava de olho no que Louie estava estudando, e de vez em quando até lhe fazia perguntas sobre matemática. Espiava as capas de seus manuais, obtinha o nome dos professores de que ele gostava. Eu queria estar preparado.

Tudo ao meu redor parecia destinado a premiar a concorrência e a competitividade – dos esportes organizados aos jogos na rua, e até os de tabuleiro. De alto a baixo, o que eu via era uma cultura da competição, não só na escola e em termos de trabalho, mas também nos relacionamentos românticos e entre membros da família. Vencer é o que importa, nada pior que ser derrotado. Praticamente em toda parte era esta a mensagem que me chegava. Ela impregnava os costumes tanto da sociedade dominante quanto do nosso bairro.

Por isso, eu queria me certificar de que sairia vencedor, de todas as formas possíveis. Por exemplo, apesar de eu quase sempre jogar em times que perdiam, também era com toda a evidência a estrela do meu time – então, as derrotas não me importavam tanto. Em matemática, eu queria estar pronto para aprender, quando chegasse à classe de Louie, no ano seguinte, o que ele já aprendera, pois queria ser pelo menos tão bom quanto ele. Se havia uma maneira de vencer – ou mesmo só de mostrar que eu era capaz de vencer –, eu queria encontrá-la.

Garoto magricela, baixo como eu, Louie não se saía bem no futebol americano e no basquete, os esportes que eu preferia, mas sabia jogar beisebol. Era arremessador, e bastante bom, desde que estivesse de óculos. O treinador o obrigava a usá-los, porque Louie não gostava dos óculos. Não queria parecer um nerd. Mas essa preocupação não tinha a origem imaginável. Garotos como nós não desistiam automaticamente de competir pela excelência acadêmica, embora, de fora, fosse possível pensar assim

No lugar onde eu cresci, nerds, cê-dê-efes e outros garotos considerados "inteligentes" na escola não se tornavam automaticamente alvo de maus-tratos dos outros por "agir como brancos", como se costuma dar a entender nos estereótipos sobre os bairros negros pobres. Nós não perseguíamos os nerds nem mais nem menos que os garotos brancos. Decididamente, não os tomávamos como bodes expiatórios pelos motivos que certos "especialistas" costumam invocar para explicar a defasagem no desempenho escolar segundo as raças. Não éramos mais anti-intelectuais que o resto dos Estados Unidos.

Não era o desempenho escolar em si mesmo que considerávamos "agir como brancos". Era algo muito mais sutil. Entender essa complexidade é importante para compreender minha história e identificar o que realmente acontece nos bairros pobres. O que estava sendo reforçado e o que estava sendo punido não tinham nada a ver com educação.

Claro que havia algumas crianças negras perseguidas pelos colegas por "agir como brancos", no bairro onde eu cresci. E com certeza algumas delas eram alunos de excelente desempenho na escola. Mas outras não eram. Não era o êxito na escolaridade em si mesmo que transformava alguém em alvo. Nós não desprezávamos o desempenho acadêmico por si mesmo e não encarávamos com desprezo quem tivesse boas notas. "Agir como brancos" era uma história completamente diferente, algo que muitas vezes tinha a ver com o desempenho escolar, mas não definido por ele.

O que realmente levava certos garotos a serem tachados de cê-dê-efes ou traidores e provocados por causa do seu desempenho escolar eram suas atitudes em relação a outros negros. Era a maneira como usavam a linguagem para ostentar o que julgavam ser sua própria superioridade moral e social. Os garotos tomados como alvo não falavam no vernáculo de rua usado por todos nós nem mesmo na rua ou em outras situações informais. Na verdade, nem se dignavam a nos dirigir a palavra, se pudessem evitá-lo. De nariz empinado, olhavam para nós com desprezo. Era o esnobismo, e não o desempenho escolar, que significava "branco" para nós.

Os cê-dê-efes e os caretas não reconheciam valor em coisas que eram importantes para nós, encarando-nos como um gueto, exatamente como faziam os brancos. Isso é que significava "agir como brancos". Esses garotos não eram capazes de reconhecer que os esportes, para nós, muitas vezes eram a única maneira de mostrar algum predomínio. Não viam que a liderança – ainda que à frente dos "maus elementos" – era importante. Não respeitavam a lealdade, que nós havíamos aprendido a colocar acima de tudo. Eles só davam valor ao que era destacado pelas correntes dominantes da sociedade. Achavam que por isso eram melhores que nós. Ficavam do lado dos brancos nas competições que todos nós vivíamos. Achavam que por isso eram vencedores e nós, perdedores. Embora também pudessem idolatrar heróis dos esportes, como fazem os brancos, decerto não queriam vê-los saindo com suas irmãs. Um atleta de sucesso, como eu mesmo viria a me tornar, podia ser aceitável marcando um *touchdown* em campo ou para um rápido cumprimento depois do jogo, para eles mostrarem que também conheciam gente legal. Mas nunca seria alguém que eles considerassem um amigo, muito menos um possível parceiro romântico para as mulheres de suas famílias. Este era um dos principais motivos pelos quais os garotos considerados cê-dê-efes ou traidores podiam ser perseguidos.

Em contraste, um garoto que se saísse bem na escola, demonstrando respeito por todos, não seria perseguido por "agir como branco". Seria apoiado, isto sim, com o tipo de provocação amistosa que qualquer criança – seja negra ou branca – costuma endereçar a alguém que se destaca de alguma forma. Na verdade, os valentões e brutamontes muitas vezes tentavam proteger qualquer um que estivesse se saindo bem, fosse na escola ou nos esportes, dos perigos ou dos problemas com a polícia, ou de qualquer outra coisa que pudesse comprometer seu futuro.

Com efeito, foi exatamente esse tipo de intervenção e cuidado – por parte de gente que em certos casos acabou na prisão, viciada em drogas ou assassinada nas ruas – que me salvou mais de uma vez, impedindo-me de fazer coisas bem condenáveis. Nem só os atletas eram aplaudidos por encontrarem uma saída. Queríamos que todo mundo de quem gostávamos se desse bem, muito embora, claro, como acontece com qualquer ser humano, também se manifestassem as habituais ciumeiras e rivalidades.

Mas ai daquele que pensasse que tirar nota A o tornava melhor que os outros, que não tratasse com o devido respeito os garotos do bairro, fosse por falta de habilidade social, fosse por puro esnobismo. Isso podia ser o fim. Embora certas manifestações que considerávamos esnobismo pudessem denotar falta de habilidade social, o fato é que não demonstrávamos grande tolerância. Nós conhecíamos o código social e o seguíamos. Precisávamos de todo o respeito possível. O desprezo por parte de outros negros era difícil de se engolir.

Nosso mundo exigia a mais apurada atenção a expressões faciais e à linguagem corporal, a regras não escritas sobre status e sinais de desrespeito. Entender esses sinais e reagir do modo apropriado muitas vezes significava, literalmente, a diferença entre viver e morrer. Na maioria das vezes, contudo, era "apenas" toda a nossa vida social que estava em questão. Para crianças de qualquer lugar, as questões envolvendo a vida social parecem de vida ou morte. Mas na nossa região a coisa fica ainda mais exagerada, por serem tão raras as outras fontes disponíveis de status, dignidade e respeito.

Minhas frequentes mudanças da casa de um parente para outro e meu permanente contato com primos, irmãos, tias e tios me ajudaram a entender rapidamente os "pode" e "não pode" do nosso código social. Meu desejo de status levou-me a prestar especial atenção, sensibilizando-me, aos menores sinais sobre quem estava por cima e quem estava por baixo, e a como isso era decidido. Eu observava tudo bem de perto. E essa habilidade social era importantíssima para o meu sucesso.

Os negros inteligentes dizem aos filhos que precisam ser duas vezes melhores que os brancos para chegar à metade do caminho deles. Embora isso, infelizmente, ainda seja verdade no que diz respeito ao sucesso acadêmico e empresarial, creio que também é aplicável, se não mais, à habilidade social. Um garoto branco podia perfeitamente deixar de enfrentar maiores consequências por se apresentar como um nerd esnobe e socialmente sem noção, mas um garoto negro que se comportasse assim seria ridicularizado e arrasado. Em especial entre os pobres, a habilidade social representa uma contribuição decisiva para o sucesso, sendo muitas vezes indevidamente ignorada.

Louie e eu levávamos em conta essas regras informais, o que haveria de lhe custar muito mais caro do que para mim. Eu gostava de estar com ele, jogando beisebol sem bastão e subindo no sapotizeiro do quintal de Big Mama. Mas, se nossas mães e avós tivessem entendido melhor o que significa educação, talvez também tivéssemos resolvido problemas de matemática. Teríamos encarado o dever de casa como uma prática, tão necessária para a escola quanto para o atletismo.

Em vez disso, os adultos ao nosso redor viam a escola como a busca de um diploma, um carimbo de aprovação a ser exibido depois. Em vez de valorizar o processo de educação em si mesmo, e a importantíssima capacidade de pensamento crítico que dele pode decorrer, viam a escola como um meio para atingir um fim. Como suas oportunidades tinham sido limitadas, como seus conhecidos que haviam estudado não tinham conseguido progredir numa empresa nem obter algum emprego mais bem remunerado do que o de professor do ensino médio ou de enfermeira, eles consideravam que a realização acadêmica era um desperdício, mais propiciadora de decepção e amargura do que de um autêntico sucesso.

Eles nunca tinham visto o sucesso acadêmico verdadeiramente recompensado. E, como eu viria a descobrir na psicologia comportamental, quando alguém não tem experiência em determinado reforço, é improvável que este venha a determinar seu comportamento. Se a pessoa nunca provou chocolate, provavelmente não sentirá o particular impulso de obtê-lo, pois nem sabe se vai gostar. Da mesma maneira, dizer "Você tem de obter essa forma de educação" quando a pessoa não tem experiência (ainda que indireta) de seus efeitos benéficos não se traduzirá em convicção acentuada. Decerto não será nem de longe tão convincente quanto dizer aos amigos como o chocolate é bom depois de ver alguém saboreá-lo – nem quanto apregoar as virtudes do produto depois de se tornar um conhecedor de quitutes de chocolate da mais alta qualidade. Em consequência de sua falta de experiência com autênticas histórias de sucesso educacional, a maioria dos meus parentes considerava uma perda de tempo fazer qualquer coisa além do mínimo exigido na escola.

Eu sei que poderia ter me saído muito melhor em matemática – matéria que depois seria decisiva em meu trabalho de cientista – se tivesse sido estimulado em casa. A matemática era uma das poucas matérias de que eu gostava. Ela não dependia de palavras que eu não conhecia nem de expressões que pudessem ser desvirtuadas. Não me obrigava a me expor a correções do professor por falar a língua das ruas ou pronunciar as palavras errado, como acontecia com a leitura em voz alta ou a resposta a perguntas de inglês ou história. A gente podia simplesmente lançar os problemas no papel e mostrar no quadro-negro como conseguira resolvê-los. Melhor ainda, as respostas sempre eram claramente consideradas certas ou erradas. Eu gostava disso, e meus professores logo perceberam que eu era bom na coisa. Minha habilidade em matemática se robusteceu.

Na verdade, minhas primeiras experiências escolares foram bastante positivas. Embora, durante décadas, os responsáveis pelo sistema de escolas públicas de Miami-Dade tivessem lutado muito para manter a segregação escolar, e nossas escolas fossem das últimas nos Estados Unidos a entrar para os programas de integração racial, a não segregação compulsória no transporte escolar afinal foi instituída em 1972, ano em que eu entrei para o ensino fundamental. Minhas irmãs e eu passamos a usar o ônibus escolar.

Minha escola ficava num bairro operário de brancos não muito diferente do meu, quando meus pais estavam juntos, com palmeiras balançando ao vento e gramados bem-cuidados. Quando comecei o ensino fundamental na Sabal Palm Elementary School, não havia uma resistência declarada à integração. Os quatro ou cinco garotos negros da minha turma de 25 alunos não tinham de enfrentar manifestantes, cães e jatos de água, tampouco olhares assassinos. Mas o fato é que logo teve início certo grau de segregação.

Nosso dia começava com a senhorita Rose – uma jovem branca extremamente protetora, com cabelos ruivos, de quem eu gostava muito –, mas, na maioria das vezes, os garotos negros da minha turma eram mandados para o "portátil", um anexo pequeno e supostamente temporário nos fundos do prédio principal. Ele parecia um playground, com blocos, trens e outros brinquedos. No entanto, passávamos a maior parte do tempo em pequenos grupos, recebendo treinamento com cartões, em matérias básicas como letras e números. Em tese, ficávamos ali porque tínhamos "dificuldades de aprendizado".

Logo, logo eu estava morrendo de tédio. Apesar de meus pais nunca lerem para mim quando eu era criança, eu já sabia meu abecê e o meu um-dois-três. Minhas irmãs mais velhas tinham me ensinado. Eu também fora mandado para o jardim de infância e a pré-escola no porão de uma igreja, quando tinha quatro, cinco anos. Por tudo isso – e por ser um ávido espectador de programas da televisão pública como *Vila Sésamo* e *The*

*Electric Company** –, eu já conhecia o alfabeto e sabia contar. Mas a escola partia do princípio de que, sendo negro, eu devia estar atrasado. E assim, lá ia eu para o anexo.

Um dia, contudo, a senhorita Rose me chamou para dizer que não precisava mais acompanhar os outros meninos negros. Ela me ofereceu uma alternativa, dizendo que, se eu quisesse, poderia ficar com o resto da turma. Aparentemente, alguém tinha percebido que eu não precisava de ajuda especial. Como todos os meus amigos estavam no anexo, fiquei na dúvida. Não seria esta a última vez em que eu teria de fazer uma escolha entre os amigos e algo que poderia contribuir para meu sucesso na escola.

Como viria a fazer repetidas vezes na infância, de início optei pelos amigos. Acompanhava-os alegremente até o anexo, sempre na expectativa de que afinal fôssemos usar aqueles brinquedos maravilhosos. Mas isso não aconteceu. Era sempre aula, aula, aula. Não demorou, e o tédio tornou-se insuportável. No começo, disse à senhorita Rose que eu continuaria no anexo. Depois, um dia, chegando ao corredor, percebi que não conseguia me forçar àquilo. Não aguentaria mais nem um segundo daquela horrível repetição, se pudesse evitá-la. Então comecei a vagar pelos corredores, tomando cuidado para não ser pego.

Descobri que a sala de aula ao lado da turma da senhorita Rose ficava vazia, e me refugiei ali. Ficava olhando para as paredes. Contava as telhas do telhado. Olhava pela janela e dava busca nas carteiras. Mas logo isso também perdeu o interesse. Quando me apanhei ouvindo a senhorita Rose através da parede, resolvi que podia perfeitamente ficar na sala de aula. E foi o que fiz no dia seguinte – e continuei a fazer. Minhas notas eram boas ou ótimas. Eu nunca tirava notas baixas.

Meu aproveitamento iria cair ao longo dos anos, sobretudo porque eu não fazia o dever de casa. Infelizmente, na minha família e na maioria dos bairros onde cresci, a escola era considerada um fardo a ser supor-

---

* *Electric Company*: programa educativo transmitido pela TV americana entre 1971-77, apresentando esquetes divertidos que auxiliavam as crianças das primeiras séries do ensino fudamental na prática de leitura e na gramática. (N.T.)

tado, exatamente como o trabalho para meus pais. Em casa, não éramos estimulados a fazer o dever. O empenho acadêmico e estudar com livros não eram vistos como uma fonte de significado, propósito e futuro crescimento. A escola não passava de um conjunto de tarefas tediosas que tínhamos de suportar, contornar ou superar, de preferência com o menor esforço possível. Era um palco de velada resistência.

Hoje, claro, como outros professores universitários, eu levo trabalho para casa porque o desafio me agrada e quero estar sempre em dia – e o mesmo fazem meus filhos. Eles sabem que precisam fazer o dever de casa para agradar aos pais e se sair bem na escola. São recompensados por isso e punidos quando tentam se esquivar. Exatamente como eu, na infância, eles encaram a escola como o seu trabalho – só que para eles não é um fardo sem significado, e sim o caminho para um futuro desejável.

Naturalmente eles também sabem que continuam a enfrentar desafios muito maiores que seus colegas brancos. E conhecem as desvantagens de trazer muito trabalho para casa e não poder participar da vida em família. Apesar disso, constatam que a educação deu bons resultados para os pais. Não vivem num mundo em que todos os adultos que conhecem e se parecem com eles foram completamente derrotados por um universo que não os deseja.

Apesar de tudo isso, havia um terreno em que os negros podiam sobressair – no qual até se esperava que o fizessem. Era o atletismo. No meu bairro, muitas vezes improvisávamos corridas pelas ruas ou nos quintais. Desde muito cedo, eu deixava para trás os garotos da minha idade e às vezes também alguns dos mais velhos. Quando comecei a participar de esportes organizados, o que mais me agradava era o futebol americano. Pela primeira vez na vida eu tinha uma sensação de domínio e hegemonia. Era capaz de me sair melhor que os colegas em praticamente todos os treinos, especialmente os de velocidade. Eu sabia que ia me destacar, com aquela certeza convencida que toca para adiante milhões de garotos negros nos Estados Unidos, mesmo enfrentando as mais absurdas dificuldades.

Às vezes, como era de esperar, encontrava garotos melhores que eu. Mas mesmo quando eu não conseguia superá-los no começo, sabia que em algum momento poderia fazê-lo. Estava escrito no meu nome: eu tinha um coração.* Além disso, mais ou menos até o fim do ensino fundamental, a dessegregação me dava a vantagem de ser apenas um dos dois ou três alunos negros nos times. E quase sempre eu era o mais determinado.

O futebol americano foi o meu primeiro amor. Ele é uma religião na Flórida, provavelmente mais ainda na época em que eu era menino, no maravilhoso campeonato dos Miami Dolphins, em 1972. Lembro-me de ter me tornado torcedor dos Dolphins no ano anterior, ouvindo os jogos pelo rádio, com meu pai. Depois, eu os assistia pela televisão, com irmãos, primos e tios. Todo mundo se reunia em torno do gigantesco aparelho de TV Magnavox em cores, à medida que a empolgação aumentava, a cada vitória, e a emocionante perspectiva de eles chegarem invictos ao Super Bowl estava perto de se concretizar.

Meu ídolo era Eugene "Mercury" Morris. Ele era o "corredor"** que percorrera mil milhas naquele ano. Acabou participando de três Super Bowls e foi selecionado para o mesmo número de Pro Bowls. Mercury era rápido e direto – exatamente como eu queria ser, ágil como a substância que lhe dava nome. Infelizmente, acabaria se tornando usuário de cocaína, e em 1982 recebeu uma sentença por tráfico (depois revogada) que o levou à prisão para cumprir pena de quinze anos. Ficou três anos na cadeia.

Para mim, contudo, vê-lo em ação já era ao mesmo tempo agradável e doloroso muito antes de isso acontecer. Eu percebia claramente em sua experiência a maneira como a raça tinha um efeito até sobre a carreira dos atletas mais talentosos. Embora os esportes sejam o campo de ação mais meritocrático que eu já conheci – infelizmente, a ciência ainda é um pouco mais impregnada de racismo[1] –, nem mesmo um homem profundamente empenhado, talentoso e experiente como Morris podia sair ileso.

---

* *Heart*, "coração", e Hart têm pronúncias muito semelhantes. (N.T.)

** *Running back*: jogador que recebe a bola do "lançador" (*quarterback*) e parte para a corrida em direção à "linha de fundo" (*end zone*). (N.T.)

Já em 1971, por exemplo, era evidente que ele era o melhor linha média de Miami e superava seu companheiro de time, o branco Jim Kiick. Mas foi Kiick o designado para a linha média no início do campeonato. Ele e Larry Csonka, também branco e zagueiro titular do Miami, eram não só colegas de time, como também amigos íntimos e companheiros de quarto. Eram conhecidos por suas saídas juntos para pegar mulheres. As farras e bebedeiras ficaram tão famosas que eles logo passariam a ser chamados pelos jornalistas esportivos de "Butch Cassidy e Sundance Kid" (Kiick era Butch). Não surpreende, assim, que no campeonato seguinte quisessem dar prosseguimento a essa parceria em campo, embora o desempenho de Morris deixasse perfeitamente claro que ele seria melhor para o time.

A rivalidade e a evidente conotação racial da escolha do titular foram constante tema de discussão e debate entre meus parentes e amigos naquele ano. Morris teria liderado, na National Football League (NFL), a média de jardas por percurso, com seus escores de 6,8 e 5,5 jardas em 1970 e 1971, respectivamente, mas não jogou o bastante para alcançar um número suficiente de corridas com bola para ser classificado. No entanto, seu desempenho nos treinos era tão extraordinário que o técnico Don Shula acabou por escalá-lo como um dos dois jogadores da linha média, no início das partidas de 1972. Nesse ano, ele e Csonka tornaram-se os dois primeiros jogadores de um mesmo time a percorrer mil jardas num só campeonato. Morris foi aclamado por todos os *brothers*. Sua persistência no sentido de se manter o melhor e o reconhecimento que acabou tendo em campo (o que de fato lhe importava) tiveram enorme impacto sobre mim.

Eu sabia que nunca seria o maior de todos, mas, como Mercury, podia tentar ser o mais rápido e o mais inteligente. Talvez nunca conseguisse superar a questão racial, porém, se trabalhasse com afinco, esses problemas podiam ser minimizados. Tinham me ensinado que prática e determinação eram o que importava acima de tudo, qualquer que fosse o esporte. Esta foi outra lição que, para mim, se traduziu em sucesso em outras áreas além do atletismo. Eu sempre me esforcei por obter mais. Ao contrário de fatores genéticos, como altura ou tamanho, a prática era algo sobre o que eu tinha controle total.

Eu tinha ouvido o jogador George "The Iceman" Gervin, da Galeria da Fama da National Basketball Association (NBA), dizer que tinha feito mais de quinhentas cestas em um dia – o que era pura questão de prática, nada tendo a ver com genética. Larry Bird também dizia treinar até completar, todo dia, mil arremessos livres, exatamente como queria, e só parava quando cada um deles se completava perfeitamente, e a bola voltava para Bird no ângulo desejado. Magic Johnson declarou que, quando ouviu dizer que Bird chegava a mil arremessos, fazia questão de fazer pelo menos 2 mil. Eu me dava conta de que, quanto mais praticasse, melhor ficaria, e quanto mais tempo dedicasse, mais capaz seria em campo, sob pressão.

Os dados atualmente confirmam que acreditar na importância da prática, e não em alguma habilidade inata, é que dá vantagem a alguém. Na verdade, constata-se que, em certa medida, os elogios dos pais aos filhos não são apenas agradáveis. Quando as crianças acreditam que "nasceram inteligentes", podem correr menos riscos ou enfrentar menos desafios intelectuais. Passam a ter medo do fracasso, pois isso provaria que não tinham sido elogiadas com razão. Por exemplo, a psicóloga Carol Dweck, da Universidade de Stanford, e seus colegas demonstraram reiteradas vezes que as crianças elogiadas por sua inteligência natural têm desempenho pior após um fracasso, mostram-se menos persistentes e optam por enfrentar menor número de desafios, em comparação com as que são elogiadas pela dedicação. Quando são ensinadas a valorizar a prática, contudo, essas diferenças desaparecem.[2] Não tenho dúvida de que um fator decisivo de meu sucesso foi minha convicção de que a prática é a coisa mais valiosa.

O atletismo também era uma das poucas áreas nas quais eu me permitia uma experiência plena e às vezes até demonstrava emoções que não a raiva. Em 1974, lembro-me inclusive de ter chorado quando os Dolphins perderam para os Oakland Raiders numa final, o que os impediu de defender seu título no Super Bowl. Não deixei que ninguém visse ou soubesse, claro, mas até hoje tenho vívida lembrança de cada detalhe da jogada final – a pegada de bola que ficou conhecida como "Mar de Mãos". Depois de atingido por um defensor dos Dolphins, o zagueiro Kenny Stabler, dos

Raiders, arremessou a bola na direção da linha de fundo e de Clarence Davis, que a pegou para um *touchdown* entre três Dolphins. Ainda hoje, só de pensar nisso, eu fico arrepiado. E toda vez que os Dolphins perdiam, o que, felizmente para mim, não era muito comum, eu ficava completamente arrasado.

Os esportes também representaram minha verdadeira introdução à matemática. Eu decorava as estatísticas do time dos Dolphins, tentando entender o que significavam e brincando com elas na cabeça. Aprendi a multiplicação praticando múltiplos de sete nos resultados de futebol e de dois nos de basquete. Nos jogos de rua, eu não estava apenas aprendendo matemática, mas vivenciando-a. E era divertido. Eu só queria que os meus professores de inglês e história vissem o prazer que eu sentia na matemática do futebol e promovessem em suas aulas alguma experiência parecida que me motivasse.

Meus professores de inglês em geral não eram muito estimulantes, mas o esporte de certa maneira também me ajudou nessa matéria. Ele era responsável por praticamente tudo o que eu li fora da escola. Embora tentasse me esquivar do dever de casa, eu consumia avidamente as biografias, escritas para crianças, de todas as estrelas dos esportes que eu admirava. Quando era lançado um livro sobre qualquer jogador dos Miami Dolphins, eu o lia e tentava aplicar as lições. Em minha visão, isso não era prática de leitura, era esporte.

Passei anos jogando em ruas e quintais, porém, só comecei a jogar futebol organizado aos nove anos. Jogava na Optimist League, na qual me destacava, não raro sendo um dos poucos negros do time. Éramos chamados de Driftwood Broncos. E eu adorava, mas havia uma coisa que me deixava incrivelmente estressado, só que não acontecia em campo. Meu maior motivo de tensão era ter de pedir à minha mãe os US$ 20 necessários para participar dos jogos. Eu sabia que o dinheiro era apertado em casa, e detestava insistir com ela. Embora nunca dissesse não, ela acabava me enrolando. Comecei a temer ser pressionado pelo treinador e ter de atazanar minha mãe.

Esse conflito me fazia muito mal, por ela e por mim, porque eu tinha de pedir, considerando que possuíamos tão pouco. Eu me ressentia porque

O time de futebol americano Driftwood Broncos.
Eu sou o número 22.

ela ficava empurrando com a barriga. A raiva que disso resultava entre nós era apenas um minúsculo exemplo das muitas e muitas formas como a pobreza pode estressar os relacionamentos. Às vezes eu a culpava, embora soubesse que ela trabalhava muito. As crianças não são capazes de entender o motivo das escolhas dos pais, podem apenas vivenciar os resultados. Lembro-me de que achava essa questão particularmente dolorosa. Mas uma coisa eu posso dizer: minha mãe nunca interferiu em minhas atividades atléticas, e como os esportes eram o principal motivo para eu permanecer na escola, isso fazia uma grande diferença.

Desde o início, embora fosse um dos meninos mais novos do time, eu era o que corria mais rápido. Como Mercury, jogava como "corredor" e fazia muitos *touchdowns*. Orgulhava-me de ter na camisa o número dele, 22. Poucas experiências na minha vida foram melhores que o minuto de nos juntarmos em círculo para traçar a estratégia, quando eu sabia que sairia correndo com a bola. Aquela expectativa, o momento da empolgante possibilidade, eu diria que era quase tão bom quanto a euforia sentida quando conseguia chegar à linha de fundo. Eu vivia para aqueles instantes.

4. Educação sexual

"Desista da necessidade de simplificar tudo... Reconheça que a vida é complexa."

M. SCOTT PECK

EU ESTAVA CONVENCIDO de ter contraído alguma doença vergonhosa e nojenta – e aterrorizado com a possibilidade de ter engravidado uma garota. Aos doze anos, eu apenas começava a entender os mistérios do sexo, mal me iniciava no entendimento da razão de todo aquele drama. Não que eu fosse inexperiente com as garotas. Na verdade, era o contrário. Afinal, eu tinha cinco irmãs mais velhas, não me faltava tempo para observar de perto o comportamento e os desejos do sexo oposto. No lugar onde eu crescia, as garotas começavam a correr atrás de nós e a nos querer até na 1ª e na 2ª séries, de modo que da 1ª à 7ª eu sempre tinha uma "namorada". Por estranho que pareça, essas meninas tiveram o papel crucial de me manter *longe* dos problemas.

Paulette Brown, uma garota de cabelos compridos que morava algumas casas adiante, foi meu xodó da 1ª série. Nós trocávamos beijinhos e nos abraçávamos, nada além disso. No meu bairro, quem ditava o ritmo eram as garotas, o menino acompanhava o fluxo. Ninguém queria parecer ansioso ou insistente. Um homem de verdade deixava que as moças ficassem desesperadas por ele, não implorava nem tomava liberdades. Era assim que se comportavam os homens que me serviam de modelo.

Quando eu tinha onze anos, lembro-me claramente de estar andando pela rua e ouvir de longe duas garotas mais velhas falando a meu respeito.

Uma delas dizia "Esse garoto um dia ainda vai partir muitos corações", enquanto a outra sorria, assentindo. Isso atiçou meu orgulho e despertou meu interesse, claro, mas fiquei nervoso demais para chegar perto delas. Não queria comprometer minha imagem legal, cool.

Na 6ª série, contudo, eu já tinha brincado com uma garota, que aqui chamaremos de Vanessa, no armário da escola. Ela era um ano mais velha que eu. Disse-me que abaixasse as calças e mostrou o que deixaria eu fazer, ao mesmo tempo que ficava de ouvido alerta para uma eventual aproximação de professores ou merendeiras. Mas só na 7ª série eu entendi realmente do que se tratava.

Foi no verão de 1979. Cinco dias por semana, eu participava de um programa de acampamento de verão no parque, para crianças de famílias carentes, uma das muitas iniciativas desse tipo que logo seriam derrubadas pelos cortes orçamentários de Ronald Reagan. Tinham contratado alguns adolescentes mais velhos do bairro para organizar tudo, designaram alguns jovens adultos para supervisionar e ofereciam esportes e atividades destinadas a nos tirar da rua. E foi o que conseguiram, em grande medida.

Mas naquele dia eu tinha outros planos. Uma garota muito atraente, que vou chamar de Monica, me convidara a visitá-la: sua mãe não estaria em casa. Nós conversávamos pelo telefone, e ela me disse que aparecesse quando fosse para o parque. Naquele verão, todo mundo estava ouvindo "Ring my bell", de Anita Ward, em seus aparelhos de som JVC. Para meu enorme desconsolo, minha mãe tinha me obrigado a cortar meu cabelo afro, um agravo à minha autoimagem que me deixou fortemente ressentido com ela. Mas eu usava short jeans, uma camiseta de futebol e tênis Chuck Taylor, bem no estilo anos 70.

Monica era uma beldade atlética de pele morena. Seus seios começavam a aparecer. As pernas, musculosas, eram ligeiramente arqueadas, conferindo-lhe uma atitude e um andar sensuais, ressaltando seus quadris. Os olhos castanhos eram ligeiramente mais claros que os meus. Ela tinha o nariz pequeno e delicado, usava o cabelo curto e arrumado. Monica não fazia parte de nenhuma equipe esportiva, mas como corria! Eu a vira voar na frente de muitos garotos na pista de corrida de educação física. Eu a conhecia da escola. Ela morava num pequeno bangalô na 18th Street, perto do parque. Nós começamos no sofá da sala e depois fomos para o banheiro.

Não demorou e estávamos na cama dela. Eram amassos e beijos, toques por toda parte. Estávamos ambos vestidos. Como era verão, ela devia estar de short. Decididamente, eu não me arrependia nada de estar perdendo o treino de basquete daquele dia, pois de repente tive a sensação mais incrível que jamais sentira. Fui completamente tomado por ela, fiquei fora de controle. Nenhuma das emoções no campo de futebol jamais chegara perto daquilo. De repente, vi aquela coisa gosmenta no meu short. Na hora, fiquei apavorado. Não tinha a menor ideia do que era. Mas tratei de manter a pose, não queria que Monica percebesse. Aparentemente, eu tinha molhado as calças. Qual é o babaca que vai molhar as calças quando está sozinho com uma garota? Eu fiquei arrasado.

Até que comecei a imaginar todos os tipos de possibilidades ainda piores. Tentando ocultar meu embaraço, levantei-me depressa e com certeza de forma bem abrupta, na esperança de que Monica não tivesse notado o que já se transformara numa mancha no meu jeans. Balbuciei algo, dizendo que precisava encontrar os amigos no parque. Com crescente ansiedade, saí em busca de meu primo Anthony, que tinha dezesseis anos. Ele saberia o que fazer.

Enquanto o procurava, quanto mais eu pensava no assunto, mais preocupado ficava. Quando afinal encontrei meu primo mais velho, estava convencido de ter contraído alguma doença venérea terrível e provavelmente incurável – era a expressão que eu conhecia para esse tipo de problema. E se eu tivesse engravidado a garota? Eu simplesmente não sabia nada.

"E aí, Amp", fui dizendo, usando o nome pelo qual Anthony era conhecido na rua. Comecei a explicar ansiosamente o que tinha acontecido com Monica. Não queria parecer bobo. Ele me deixou falar. Olhei para ele, e desconfio que minha ansiedade era visível, apesar dos meus esforços. E então, com um grande sorriso estampado no rosto, Amp decretou: "Você não pegou porra de doença nenhuma." E começou a rir descontroladamente. "Você não fez merda nenhuma", disse ele, e passou a me instruir caridosamente sobre os fatos da vida.

Como a masturbação não era considerada muito viril no nosso círculo, e meus pais não tinham me instruído sobre a puberdade e o que deveria acontecer, eu tivera meu primeiro orgasmo na companhia de uma garota. Não estava absolutamente preparado para aquilo. Minha primeira experiência de prazer e desejo tinha ocorrido na total ignorância, sem expectativa nenhuma, até mesmo sem a linguagem própria. Mas assim que tomei conhecimento do que rolava, logo entrei na rota para me transformar no estraçalhador de corações que aquelas garotas tinham previsto. E embora muitas delas não viessem a sabê-lo, minhas namoradas desempenharam um papel decisivo no meu sucesso, mantendo-me longe do perigo e me estimulando quando eu realmente precisava de ajuda.

Havia poucas pessoas convencionais, homens ou mulheres, que eu pudesse tomar como modelo, para me mostrar como ter uma relação de comprometimento amoroso. A separação dos meus pais e as brigas que levaram a isso em grande medida tinham sido motivadas pela infidelidade. Até hoje não sei o que a causou, mas sem dúvida eu pressentia isso. A maioria dos homens que eu conhecia tinha amantes. Eu não sabia de ninguém que praticasse o que era pregado na igreja e ignorava como abrir caminho nesse traiçoeiro terreno emocional. Às vezes fico achando que ninguém sabe de verdade.

Só quando eu já era adulto soube que meu avô materno, durante muito tempo, tinha uma amante com quem passava o início da noite, voltando para casa e para sua esposa depois de certa hora. Vários anos depois da separação, minha mãe também se envolveu com um homem casado. Não digo isso para julgar minha família. Se examinarmos de perto a história de qualquer família, sempre há relacionamentos complexos e intrincados, segredos que todo mundo quer manter à sombra.

Mas no mundo em que cresci, as pessoas tinham vários parceiros, e os relacionamentos eram motivo tanto de conflito quanto de conforto. No meu caso, as relações sexuais me mantinham ocupado, e ficar perambulando com meus amigos homens talvez tivesse me envolvido em atividades mais arriscadas. Como todas as minhas irmãs e primas enfatizavam a importância de usar camisinha (claro que eu podia ter sido mais claramente instruído; da primeira vez que tentei usar, não deixei o espaço vazio na ponta), ficar com as garotas era uma situação muito mais segura.

O namorado de minha mãe na época era um sujeito chamado Johnson. A partir dos dez ou onze anos, comecei a trabalhar em sua empresa de instalação de telhados. Armar e consertar telhados no verão implacavelmente úmido do sul da Flórida era algo brutal. Mas pior que isso era ficar ouvindo os caras com quem eu trabalhava dizerem merda sobre o patrão. Estavam todos na casa dos vinte anos, e falavam que, se Johnson estivesse de mau humor, era porque não conseguia decidir com quem passar a noite. Não paravam de falar das mulheres com quem ele saía em termos que hoje reconheço como extremamente misóginos. Embora eu soubesse que minha mãe era apenas uma das opções de Johnson, não podia dizer nem fazer nada a respeito. Era de enlouquecer.

Com isso, boa parte do que eu aprendi sobre relacionamentos me chegou da mesma maneira que aquilo que aprendi sobre sexo: observando os outros, copiando o comportamento dos homens que me serviam de modelo, com muito pouca instrução explícita, muito pouco debate ou alguma reflexão. Desde o início, uma coisa ficou bem clara: você não deve se apegar às mulheres – mas, se os sentimentos vierem, você não pode deixar ninguém saber deles.

O sexo era um esporte, o amor, coisa de otário. Você podia manifestar amor se fosse para obter sexo, e podia até fazer coisas que as garotas queriam que você fizesse, por representarem para elas um comprometimento, como dar-lhe um ursinho de pelúcia de presente ou seu anel de formatura. Mas devia manter os sentimentos sob controle em qualquer circunstância, e a melhor maneira de fazer isso era ter sempre mais de uma namorada. Os caras cool não se apaixonavam nem se limitavam a uma garota. E não se masturbavam, tinham as meninas para cuidar de suas necessidades sexuais. Quanto mais cool você fosse, mais garotas haveria no lance. Grande estrela do atletismo, prestes a me tornar um popular DJ, eu estava mesmo a caminho de ser um cara cool. Na verdade, meu nome como DJ seria Cool Carl.

Eu perdi a virgindade para valer quando tinha catorze anos. Um amigo me disse que uma amiga dele chamada Kim gostava de mim, e que a mãe dela não estaria em casa naquela tarde, de modo que eu podia passar por lá. Kim não era o meu tipo, mas achei que podia ser interessante.

Era evidente que ela já tinha experiência. Naquele dia, assumiu a liderança. O sexo não foi nada especial. O chato foi depois, quando Kim disse a todo mundo no colégio o que tínhamos feito. Fiquei encabulado, porque ela não era o tipo de garota com quem eu quisesse aparecer.

Havia na nossa área uma distinção clara, mas complicada, entre garotas legais e "vadias", o que deixava aborrecidas as indevidamente classificadas. Por infortúnio, Kim já se encaminhava na direção errada. Aos catorze já era conhecida como o tipo de garota com quem você podia se encontrar secretamente, mas com a qual não devia ser visto em público. O cara podia dormir com as vadias, mas sua reputação ficaria abalada se uma delas se tornasse sua namorada declarada, e não apenas uma "amiga mulher". Naturalmente, as consequências eram muito piores para as garotas que recebiam esse rótulo. Em sua maioria, os garotos – inclusive eu – não tinham a menor ideia de como isso podia acabar com a vida de uma menina, deixando algumas delas mais arrasadas do que se tivessem engravidado. Hoje me envergonho do meu envolvimento nesse ciclo, e o lamento, mas essa era a realidade que eu enfrentava enquanto garoto.

Marcia Billings, por outro lado, era uma boa garota – mas não boa *demais*. Era a garota que eu queria, com um perfeito corpo violão. Era bonita e bem-proporcionada. Marcia tinha cerca de 1,60 metro de altura e pesava mais ou menos 55 quilos. Eu a vi pela primeira vez no McDonald's, depois de um jogo de basquete, quando eu tinha catorze anos, algumas semanas depois de ficar com Kim. Abordei-a muito sem jeito, e ela não quis saber. Mal se deu ao trabalho de olhar e talvez soltar algum comentário depreciativo do tipo "Continue tentando" ou "Me poupe, neguinho".

Fiquei chocado. Como eu era bom na leitura dos sinais emitidos pelas garotas, esse tipo de coisa quase nunca acontecia comigo. Alguns meses depois, contudo, meu primo James estava saindo com uma amiga dela e voltou a nos apresentar. Ela não se lembrava do incidente anterior, e ficou feliz de conhecer o jovem DJ que fazia parte da equipe que começara a sacudir os ginásios e rinques de patinação do sul da Flórida. Tornou-se então minha principal namorada durante a maior parte do ensino médio. Dei a Marcia meu anel e fui com ela ao baile de formatura. Na medida em que era capaz disso na época, eu a amava.

Quanto mais tempo passávamos juntos, mais sua ternura e sua vivacidade me inspiravam. Logo eu estaria passando a maior parte das noites em sua casa. Assistimos juntos ao filme *Amor sem fim*, com Brooke Shields, e tenho certeza de que nos imaginamos vivendo a perigosa paixão do jovem casal da história. Eu sabia que podia contar com ela, e ela ocupava a maior parte do meu tempo.

No começo, minha mãe mostrou-se desconfiada e até desagradável com Marcia. Tentou até nos separar, chamando-a de vadia e tentando me levar a questionar a lealdade dela. Mas quando MH finalmente se deu conta de que era uma batalha perdida – e que podia descobrir onde eu estava telefonando para Marcia –, mudou de atitude e aceitou nosso namoro. Ainda assim, Marcia nunca chegou a ser a única menina com quem eu saía. Não demorou muito e, numa irônica inversão, ela às vezes telefonava para MH a fim de tentar me localizar, quando eu estava à solta.

Marcia e eu no baile de formatura do ensino médio, em maio de 1984.

No nosso mundo, as garotas sabiam das coisas e também competiam abertamente pelos melhores homens. Ficava implícito que os caras mais populares tinham outras mulheres. Decerto isso não era algo aceito cegamente, nem desejável, e não raro se transformava em motivo de atrito, mas a não monogamia era vista como uma realidade inegável. Muitas garotas também praticavam o esporte. Era outra coisa que ninguém questionava.

Naomi era outra garota com quem eu saía durante o ensino médio – nesse caso, contudo, quase tive sérios problemas. De pele clara, com uma personalidade divertida, mas pragmática, Naomi era conhecida como Sweet Red. Tinha 21 anos, mas aparentava muito menos e se comportava como tal. Comecei a me encontrar com ela quando eu tinha dezesseis anos. Certa noite, estávamos no quarto principal da casa onde minha prima Betty morava com o marido e os dois filhos. Betty e Ernest estavam se divorciando. Como a disputa pelos bens do casal fazia com que ninguém estivesse em casa a maior parte do tempo, meu primo James e eu muitas vezes levávamos garotas para lá. Tínhamos até as chaves.

Só que Ernest chegou inesperadamente e nos encontrou em sua cama. Então eu tive de demonstrar que Naomi não era Betty e que eu não era seu rival na disputa pela atenção da ex-mulher. Ele já estava a ponto de soltar fogo pelas ventas, achando que Betty tivera o desplante de levar outro homem para casa. Felizmente, consegui acalmá-lo antes de ele sacar o revólver, mas o fato é que realmente tive sorte de não me transformar numa vítima de identidade trocada no meu desejo por Naomi.

Essas são apenas algumas das garotas que mais prontamente me vêm à lembrança. Houve muitas outras. Algumas foram apenas encontros de uma noite, outras, "amigas mulheres" por mais tempo. Como disse antes, a mãe de meu filho Tobias era uma garota com quem eu tinha saído apenas uma vez.

Em termos sexuais, então, minha adolescência não foi de privação. Não digo isso para me gabar. A fidelidade e a infidelidade sexuais são motivo de conflito em todas as sociedades. Quero apenas deixar claro aqui que meus relacionamentos com mulheres me deram sustentação emocional e me estimularam quando eu não recebia a atenção e o encorajamento de que precisava em minha própria casa.

Quero também registrar, entre parênteses, que minha experiência mostra que é possível tornar-se cientista sem ter sido socialmente incapaz na infância. Ao contrário de muitos de meus companheiros de laboratório, eu não ficava em casa fantasiando sobre garotas inacessíveis vestidas em jeans apertados, que ignoravam minha existência. Eu não era aquele nerd sozinho com meus livros, nem o cê-dê-efe incapaz até de dirigir a palavra a uma mulher. Não passava horas com a cara enfiada em pornografia. Na verdade, era tão ativo sexualmente que certos "especialistas" em comunicação poderiam me chamar de "viciado em sexo".

Mas não era exatamente isso o que acontecia. Pelo contrário, minha experiência exemplifica bem os problemas de se reduzir o complexo comportamento humano a termos simplistas como *vício*, e de se tentar botar a culpa dos atos das pessoas em determinados processos químicos do cérebro. Com isso, deixa-se de levar em consideração o contexto em que o comportamento se manifesta. E também se dá desmedida ênfase à necessidade de haver sempre uma explicação cerebral, quando a atenta compreensão do comportamento e seu contexto seria muito mais útil para explicá-lo e alterá-lo.

Meu comportamento com as garotas não refletia apenas a biologia, mas o contexto e a experiência. Não era puro impulso sexual (embora ele estivesse presente), mas um impulso sexual modulado por meu contexto social, inclusive as expectativas da família e as normas da vizinhança. Tinha a ver com meu desejo de ser um cara legal, ou cool, os conceitos locais de cool e a maneira como eu os interpretava. Referia-se às regras que eu internalizava – como a ideia de que a masturbação não era coisa de homem – e também às que eu não internalizava. E, para falar francamente, também tinha a ver com a necessidade de conforto e de contato. Embora a ciência precise reduzir a complexidade para realizar seus estudos, a interpretação desses dados não pode simplesmente ser então extrapolada de volta sem o reconhecimento dessas e de outras importantes ressalvas.

Como neurocientista, contudo, eu não fiz logo esse reconhecimento, e acho que muitos colegas ainda têm dificuldade para fazê-lo. Quando iniciei minha carreira, era grande o entusiasmo em torno de um neurotransmissor chamado dopamina, no qual se julgava estar a explicação de por que as pessoas se viciam em drogas. Achava-se até que ele representava a mola por trás de comportamentos como a tendência à variação de parceiros sexuais. Havia quem achasse que a dopamina era responsável por todas as formas de desejo e prazer. No começo, também julguei que ela podia responder a esse tipo de questão. O reconhecimento dos motivos pelos quais ela não pode ser a única resposta representa uma parte importante do desenvolvimento de uma forma mais sofisticada e produtiva de compreender como as drogas afetam o comportamento – e, portanto, de se criarem melhores métodos para tratar o vício.

As luzes verdes no osciloscópio piscavam furiosamente. *Pop-pop-pop-pop-pop* era o som que acompanhava as imagens, geradas pelo disparo de neurônios numa região do cérebro do rato conhecida como nucleus accumbens. Eu estava acompanhando a experiência, estudando os efeitos da morfina ou da nicotina nessas células cerebrais. Antes eu operara o rato, implantando eletrodos no nucleus accumbens para medir a maneira como seus neurônios reagiriam às drogas. Embora não fosse possível uma verificação direta com essa técnica, julgávamos estudar as células que usavam a dopamina como neurotransmissor, já que era o tipo de célula mais comum nessa área do cérebro.

Corria o ano de 1990. Eu era um jovem e ambicioso estudante da Universidade da Carolina do Norte, em Wilmington. O presidente George H.W. Bush tinha declarado que naquele ano tinha início "a década do cérebro". A dopamina estava no centro dos estudos sobre vício. Pesquisadores como Roy Wise e George Koob tinham proposto a teoria de que todas as drogas psicoativas de que as pessoas gostam – do álcool à heroína, passando pela cocaína – aumentam a atividade dos neurônios da dopamina numa região do cérebro.[1] Achava-se que isso causava intenso prazer, que por sua vez produzia o desejo de nova ingestão.

No caso do uso de drogas, considerava-se que esse desejo era tão avassalador que chegava a "sequestrar" o "centro de prazer" do cérebro, boa parte do qual é conhecida como nucleus accumbens. Segundo a teoria, esse centro seria ativado por recompensas "naturais", como sexo ou comida, coisas que ajudariam um animal a competir na corrida evolutiva pela sobrevivência. Mas as drogas podem aumentar muito mais a atividade dos neurônios da dopamina que esses prazeres comuns. Portanto, tendo seus cérebros como reféns dessas experiências artificiais, os viciados estariam fadados a perder o controle do próprio comportamento. A necessidade de correr atrás de mais dopamina os levaria a implorar, roubar, traficar e até matar para obter drogas. Dizia-se que a dopamina tornava o crack irresistível e o comportamento dos viciados, incontrolável.

Essa "hipótese dopamina do vício" começou com uma observação acidental de James Olds e Peter Milner, na McGill University, em Montreal, lá pelo início da década de 1950. Eles tinham ouvido numa conferência que uma rede cerebral então conhecida como sistema de ativação reticular (RAS, na sigla em inglês para *reticular activating system*), caso estimulada eletricamente, era capaz de motivar ratos a aprender a se deslocar melhor em labirintos. Ao que tudo indicava, o aumento da atividade das células nessa rede deixava os ratos mais alertas e permitia que eles se lembrassem melhor dos caminhos do labirinto. Ansiosos por observar eles próprios o fenômeno, Olds e Milner conectaram eletrodos a cérebros de ratos (de maneira semelhante à que eu adotaria depois, embora eu estivesse medindo a atividade, e não carreando eletricidade para estimular o cérebro dos ratos). Eles tentaram posicionar os eletrodos para estimular o RAS.

Uma vez implantados os eletrodos e os ratos recuperados da cirurgia, os pesquisadores colocaram os animais numa caixa, um de cada vez. Cada canto recebeu uma identificação, A, B, C, D. Sempre que o rato se encaminhava para o canto A, os cientistas apertavam um botão para estimular seu cérebro eletricamente. Na maioria das vezes os ratos vagavam sem rumo. Mas determinado rato voltava repetidamente ao canto A, em especial durante o estímulo, como se este tornasse aquele canto muito atraente.

Olds e Milner começaram a se perguntar se tinham posicionado mal o eletrodo nesse rato. Decidiram então examinar seu cérebro de perto, para ver em que dera a experiência. Ao dissecar o cérebro, os pesquisadores constataram que de fato tinham posto o eletrodo no lugar errado, atingindo por acidente uma região conhecida como feixe medial do prosencéfalo (MFB, de *medial forebrain bundle*).

De início os pesquisadores acharam que tinham descoberto que o MFB tornava os ratos curiosos ou interessados. E provavelmente era o que acontecia. No entanto, para saber exatamente o que ocorria, eles deliberadamente implantaram eletrodos nessa região, em outros ratos. Em vez de estimular seus cérebros manualmente, contudo, Olds e Milner puseram alavancas nas jaulas, para que os próprios ratos se estimulassem. Uma vez que os cientistas permitiram que os roedores pressionassem a alavanca, alguns deles começaram a pressioná-la até setecentas vezes por hora.[2]

Essas descobertas foram supervalorizadas – tanto na bibliografia científica quanto na imprensa popular –, levando a crer que nenhum rato jamais poderia "dizer não" àquele tipo de estímulo. Mas muitos ratos não aprenderam a se estimular nem eram capazes de receber treinamento nesse sentido. Tal como no caso do vício em drogas, esse não é um fenômeno que possa ser entendido isoladamente do resto do ambiente, nem mesmo quando se trata de ratos. E também como no caso do vício em drogas, o comportamento realmente compulsivo só era constatado em condições específicas.

Mas Olds e Milner logo se deram conta de que talvez tivessem deparado com algo muito mais importante que apenas uma maneira de aprimorar o aprendizado. Eles descobriram uma espécie de ponto da alegria – na verdade, essa área logo ficaria conhecida como centro de "recompensa" ou "prazer" do cérebro. Depois, na década de 1960, outros pesquisadores descobririam que o mais abundante neurotransmissor nessa região era a dopamina, e que o MFB carregava sinais entre regiões que hoje consideramos envolvidas no prazer e no desejo, como o nucleus accumbens.

O comportamento dos ratos com a alavanca aparentemente era um modelo para a recompensa que podia ser usado para estudar o vício. Tudo indicava que restava apenas descobrir como diferentes drogas interagem com a dopamina e encontrar formas de bloquear a interação. O vício podia ser curado de uma vez por todas.

Com o tempo, contudo, como provavelmente você já adivinhou a essa altura, a coisa se mostrou muito mais complicada. Quando começaram a falar do papel preeminente da dopamina na recompensa, havia apenas seis neurotransmissores conhecidos: dopamina, norepinefrina, serotonina, acetilcolina, glutamato e ácido gama-aminobutírico (Gaba, na sigla inglesa). Hoje eles são mais de cem. Além disso, sabemos agora que há receptores específicos – estruturas especializadas que reconhecem e reagem a determinado neurotransmissor – para cada neurotransmissor, e que a maioria dos neurotransmissores tem mais de um tipo de receptor. Por exemplo, a dopamina tem pelo menos cinco subtipos de receptores – D_1 ... D_5. Também sabemos que hormônios como a ocitocina e a testosterona podem agir como neurotransmissores.

Mas, apesar dessa crescente complexidade, nossa teoria sobre o papel da dopamina na recompensa não foi consideravelmente revista desde o enunciado original. E, como você irá ver adiante, cresce o número de provas que lançam dúvida sobre essa visão simplista da recompensa.

Quando comecei a estudar o vício, contudo, eu realmente acreditava na hipótese da dopamina. Achava que ela provavelmente induzia excessos sexuais e gustativos, que levava os viciados em crack à loucura quando privados da droga. Muitos dos pesquisadores com os quais eu trabalhava estavam convencidos disso. Meus heróis eram gente como Olds e Milner, Wise e Koob, que tinham feito descobertas importantíssimas, nas pesquisas com animais, sobre os mecanismos cerebrais envolvidos na recompensa. Eu achava que, se conseguíssemos entender de que maneira as drogas do vício interagiam com esse neurotransmissor, poderíamos facilmente desenvolver melhores tratamentos – e talvez até a cura – para o vício. As respostas estavam nessa substância química específica desse circuito do cérebro.

Logo, porém, certas descobertas começaram a me deixar cético em relação a essa ideia – incluindo algumas das minhas próprias descobertas. Por exemplo, minha pesquisa de mestrado envolvia o estudo de como a dopamina era removida do nucleus accumbens ligado ao prazer depois da administração de nicotina. Na época, certos pesquisadores alegavam que a cocaína e a nicotina agiam de maneira semelhante sobre a dopamina nessa área, muito embora os dados também indicassem que os ratos pressionavam as alavancas muitas vezes mais e disputavam muito mais para conseguir cocaína do que nicotina.

Na verdade, a tentativa de levar ratos a pressionar alavancas para conseguir nicotina foi uma das experiências mais difíceis que jamais tentei realizar. Não consegui, e não fui o único. Muitos pesquisadores também fracassaram. (Por sinal, fazer com que os ratos pressionem para obter THC, o princípio ativo da maconha, é ainda mais difícil.)

No meu trabalho de mestrado, examinei como a nicotina afetava a ação da dopamina no nucleus accumbens. Mas encontrei algo inesperado: a nicotina de modo algum agia como a cocaína. Certos efeitos comportamentais podiam ser semelhantes em determinadas situações, mas nessa região do cérebro as duas drogas tinham efeitos opostos.

O osciloscópio que eu utilizava mostrava uma linha representando a rapidez com que a atividade da dopamina aumentava ou diminuía após a administração de uma droga ou de uma solução salina. As linhas ficavam muito diferentes quando se comparava o que acontecia com a cocaína e o que era visto no caso da nicotina. Com a nicotina, a linha subia e em seguida descia mais depressa que no caso da solução salina.[3] Mas com a cocaína subia e ficava no alto por muito mais tempo do que com a solução salina.[4] Isso significava que a nicotina aumentava a velocidade com que essa região do cérebro "limpava" a dopamina – em outras palavras, a nicotina retirava a dopamina da conexão entre as células cerebrais (a sinapse) nas quais ela tem efeito mais veloz do que ocorreria de maneira natural. Mas a cocaína agia no sentido oposto: mantinha a dopamina ativa por mais tempo na sinapse.

Como essa descoberta ia de encontro ao senso comum e atrapalhava um pouco a linda história contada sobre a dopamina e as drogas, no início houve certa resistência. Charlie Ksir, meu orientador no doutorado, e eu publicamos as duas primeiras dissertações detalhando esse estudo em 1995 e 1996. Certos pesquisadores não queriam acreditar que estávamos certos. Os militantes antitabaco tampouco gostaram, pois a coisa emaranhava o caminho da habitual alegação de que a cocaína agia de maneira semelhante à nicotina no cérebro, o que lhes permitira ampliar a argumentação sobre o vício em nicotina, dando a entender que era igualzinha ao abominável crack.

Mas não tardou para que nossas descobertas fossem replicadas e expandidas por outros pesquisadores.[5] Anos depois, eu fui procurado por fabricantes de cigarros, que me recusei a receber mais de uma vez. Naturalmente, eles queriam me arregimentar para sua tentativa de frisar as diferenças entre sua droga e a cocaína. Mas a distinção que constatamos não significava que a nicotina não fosse viciante, nem que, em última análise, não contribuísse para aumentar a atividade da dopamina.

Isso era uma indicação, contudo, de que a história da dopamina não era tão simples quanto parecia. Embora a nicotina e a cocaína tenham o efeito de aumentar a atividade da dopamina no cérebro, elas o fazem segundo mecanismos bem diferentes. A cocaína retarda o término da ação da dopamina, enquanto a nicotina leva os neurônios a liberar mais dopamina na sinapse. Além disso, cada droga também tem funções diferenciadas em toda uma série de outros neurotransmissores, ações que podem resultar em experiências subjetivas muito diversas. Afinal, fumar tabaco e fumar cocaína não causa a mesma sensação na maioria das pessoas.

Havia outros fatores de complicação. Os pesquisadores começaram a constatar que a dopamina não era liberada apenas em situações agradáveis, mas também em experiências estressantes ou repulsivas, que nada tinham de prazerosas. Por exemplo, alguns estudos mostram que os níveis de dopamina aumentam quando os animais são tensionados por choques elétricos ou sinais prevendo experiências dolorosas ou negativas. Além disso, embora os animais parem de se administrar drogas como a cocaína quando a dopamina é bloqueada, o mesmo não se aplica com a heroína.[6] Se a dopamina fosse a única fonte de prazer no cérebro, a administração de heroína – na verdade, a administração de qualquer droga agradável – também deveria cessar.

Por outro lado, as drogas que liberam dopamina, como a anfetamina (Adderall), a metanfetamina (Desoxyn) e o metilfenidato (Ritalina), são usadas para fins terapêuticos, e não apenas nas ruas. Essas medicações muitas vezes são prescritas para o Transtorno de Déficit de Atenção e Hiperatividade (TDAH), tanto em adultos quanto em crianças. Também são usadas no tratamento da obesidade e da narcolepsia. Apesar de haver certos casos de abuso, em sua grande maioria, os usuários terapêuticos não ficam viciados. Na verdade, existem indicações de que as crianças às quais essas drogas são administradas para o tratamento de problemas de atenção têm menor risco de se viciar mais tarde que aquelas cujo TDAH não é tratado com medicação.[7] Essas drogas sempre causam maior liberação de dopamina: se é só o prazer intensificado pela dopamina que causa vício, por que esses pacientes não se viciam, não se veem compelidos a obter mais?

O problema é que, ao estudar coisas como o vício, focalizamos os comportamentos patológicos e ignoramos o que acontece nas condições comuns e normais. O uso de drogas, na maioria dos casos, não leva ao vício. Pouquíssimas pesquisas foram divulgadas sobre usuários de drogas que não perderam o controle do próprio comportamento, ou sobre animais que não pressionam alavancas para obter nicotina ou THC. Menos ainda se entende a atividade do sistema de recompensa do cérebro quando as pessoas se entregam à mais natural das práticas retribuidoras: o sexo. Não sabemos grande coisa sobre a maneira como o comportamento sexual é codificado e regulado no cérebro, e é difícil dizer o que há de errado com um sistema cerebral se não se sabe o que acontece quando ele funciona bem.

Para mim, mesmo na adolescência, quando era tão movido pelo sexo quanto qualquer adolescente do sexo masculino, isso não era algo que me controlasse. Eu certamente queria sexo e me orgulhava de minha fama de conquistador. Mas era fundamental manter o controle. Isso era muito mais importante para mim do que qualquer garota ou experiência sexual. Lembro-me de que, um dia, fui para o treino de basquete imediatamente depois de fazer sexo com Monica, a garota com quem tivera aquele embaraçoso primeiro orgasmo. Eu passara a noite inteira fora de casa – e decididamente estava cansado ao chegar à quadra. Meu amigo Jimmy Lopez, que atuava na defesa de um time rival, ficou de olho.

"Mas você está lento, hein! Essa gatinha pegou você de jeito", disse ele. Fiquei horrorizado com a ideia de que ele podia ganhar confiança e achar que podia me dominar na quadra. De modo que nunca mais repeti a dose. A partir de então, tratei de me abster antes dos jogos, como um boxeador. Não queria correr o risco de que o sexo me deixasse menos ágil. Eu sem dúvida gostava de sexo e passava muito tempo correndo atrás dele, mas sempre me mantinha no controle.

Além disso, como a maioria dos meus amigos, eu jamais seria capaz de disputar uma garota. Nós não achávamos que isso fosse cool, significava apenas que você estava fissurado. Um garanhão não agia impulsivamente nem por ciúme. Não podia ser considerado dependente do amor de uma mulher. Naturalmente, você reagia se alguém insultasse sua garota ou o desrespeitasse, flertando com ela na sua frente. Mas nesses casos estava em questão sua própria reputação na rua, e não a menina. O desejo, a compulsão e o controle não podiam deixar de ser mais complicados. Parecia impossível que esse neurotransmissor específico, a dopamina – encontrada somente em cerca de 1% das células do cérebro –, pudesse sozinho produzir comportamentos incontroláveis quando seus níveis aumentassem e você se sentisse bem.

5. Rap e recompensas

> "O apoio social contribui para diminuir as consequências negativas do estresse."
>
> Elizabeth Gould

A cavernosa quadra fechada de basquete do Washington Park Gym ficava quase irreconhecível à noite. O piso escorregadio, parecendo concreto, que eu amaldiçoava quando ali jogava com o time do City Park, por machucar os joelhos, quase parecia pulsar com o baixo. A multidão balançava ao som da música, as garotas todas vestindo seus colantes jeans Jordache, Sassoon ou Gloria Vanderbilt, com tops que ressaltavam as curvas, a barriga de fora. Feixes de luz percorriam os corpos apertados uns contra os outros, revelando diferentes grupos e cenas à medida que as cores mudavam. Eu nunca tinha visto uma festa daquelas – nem nunca quisera tanto fazer parte de alguma coisa.

No centro de tudo ficavam os DJs, controlando o som por trás de uma plataforma de madeira coberta de fórmica. Um deles estava namorando minha irmã Brenda. Depois viria a se tornar marido dela – os dois estão casados até hoje. Brenda conheceu Kenneth Bowe quando eu estava na 7ª série. Kenneth, seus irmãos e alguns dos namorados de minhas outras irmãs são os homens que mais perto chegaram de se tornar algo parecido com um pai ativo em minha vida. Eles me levaram para os toca-discos, nos quais eu logo estava querendo brilhar como DJ com o mesmo espírito competitivo que tinha no atletismo. Nos nossos bailes semanais também me ensinaram a ser homem.

Brenda fez Kenneth me levar ao meu primeiro baile quando eu tinha onze ou doze anos. Como acontecia em boa parte de minha vida social, a frequência do baile era exclusivamente negra. Não havia arquibancadas no Washington Park Gym, só uma quadra de basquete regulamentar, cercada de um espaço aberto capaz de acolher milhares de pessoas. Quando a festa começava, aquilo parecia o centro do cosmo.

Eu me lembro da empolgação, da energia cintilante, do bate-estaca do baixo, da enorme alegria de estar numa multidão mergulhada em música e eletrizada por montes de hormônios adolescentes. Naquela primeira noite, eu ainda hesitava, pois tudo era completamente novo para mim. Na verdade, foi uma das raras vezes em que dancei em público, tentando não parecer um idiota completo e me mexer com a multidão. Ainda não sabia que o pessoal realmente cool ficava na área do DJ ou por trás da cabine, só sacando.

Dançar não era cool para quem tivesse uma forma melhor de se exibir – por exemplo, tocando música ou se envolvendo com quem tocava. No começo, me sentia inseguro, mas logo tomei conta da situação, entendi onde cada um se posicionava na hierarquia social e onde eu queria estar.

Antes de chegar ao ensino médio, eu ficava observando de trás da mesa do DJ. Acompanhando os movimentos do irmão de Kenneth, Richard, que na época provavelmente era o melhor DJ do sul da Flórida, aprendi a mixar e a rodar, a trabalhar com um microfone e toda a mecânica básica de operação do equipamento de som. Nós tínhamos toca-discos Technics e amplificadores QSC. Os alto-falantes JBL e Electro-Voice proporcionavam aquele baixo ressonante típico de Miami. Havia aparelhos eletrônicos suficientes para encher um quarto na casa da mãe de Kenneth, com milhares de discos acumulados nas prateleiras.

Não demorou muito, e eu já era capaz de ouvir o que realmente fluía, o que mantinha a galera se sacudindo e como fazer uma batida evoluir imperceptivelmente para outra. Com Richard – que, como DJ, era conhecido como Silky Slim –, aprendi a empolgar a multidão e a manter o pique de sua crescente energia. Sabia que ritmos sacudiam, quando tocar algo lento

Como DJ, num baile, por volta de 1983.

e como levar a noite a um clímax, jogando com ritmos e contrarritmos de forma crescente, até parecer que o salão ia explodir.

No início, claro, eu não entrava muito em cena: os caras mais velhos me deixavam tocar algumas músicas e dizer algumas palavras, só para ver se eu era capaz de fazer aquilo. Eu ainda era meio garoto para eles. Mas quando mostrei que não era apenas uma novidade engraçadinha, que realmente conseguia sacudir a galera, comecei a tocar por períodos mais longos. Aos catorze anos, já fazia parte do grupo para valer.

Nós éramos conhecidos como os Bionic DJs, nome tirado do personagem Steve Austin, interpretado por Lee Majors, na série *O homem de seis milhões de dólares*, de grande sucesso da TV. Kenneth tinha aparecido com esse nome, querendo ilustrar a ideia de que o nosso som seria tonitruante e poderoso. Como Steve Austin, nós queríamos que ele tivesse potência mil, fora de série. Nossos nomes eram nossos alter egos, nossas aspirações.

O meu era Cool Carl. Kenneth, musculoso e com mais ou menos 1,75 metro, era Mr. Magic. Ele era o cara mais sério, em termos de assumir a responsabilidade. Providenciava os locais e coordenava o transporte. Mas, de temperamento, era um piadista que podia causar impressão bem ruim quando perdia as estribeiras. Em contraste, seu irmão Richard era a estrela das apresentações. Ele tinha 1,85 metro. Com longos cílios em grandes olhos amendoados, deixava as garotas louquinhas. Silky Slim ficava com o microfone. Era tão tranquilo que todas as garotas queriam ficar com ele e todos os caras queriam ser ele.

O irmão mais velho, Cecil – que não assumia o comando no toca-discos, mas cuidava da logística e do dinheiro, com Kenneth –, era conhecido como Dr. Love. Tinha uns olhos castanho-claros brilhantes e um grande sorriso que as mulheres adoravam. O amigo Adolph era chamado de After Death por causa das iniciais de seu nome, e era o quarto homem do grupo, embora não atuasse como mestre de cerimônias. Outro Kenneth – primo de Kenneth Bowe, chamado Kenneth Good – adotou o pseudônimo de Captain Good. Fazia nossa iluminação, com estroboscópios, bolas espelhadas de discoteca e luzes de sirenes de polícia. Também havia meia dúzia de membros honorários, caras que usavam camisetas Adidas pretas com letras brancas identificando-os como parte da equipe. Em troca de nos ajudarem com a montagem e desmontagem do equipamento, ganhavam camisetas que diziam às garotas que eles estavam "com a banda", e ficavam com esse tipo de moeda de troca.

Logo, logo já apareciam 2.500 pessoas nas noites de sexta-feira, pagando US$ 2 de entrada num ginásio como o Washington Park ou num rinque de patinação que alugávamos. Quando chegava a minha vez de assumir o comando e bancar o mestre de cerimônias, eu me sentia o homem por trás do toca-discos Technics SL-1200. Eu sabia como manter a galera se mexendo. Sabia passar a conversa nas garotas e fazê-las tirar os jeans no fim da noite. Eu me achava o máximo.

Nós nos mantínhamos atualizados com os discos mais recentes num clube de discos. Por alguns dólares, toda semana as gravadoras nos mandavam os novos lançamentos, na esperança de gerar um sucesso com as execuções nas noitadas. Muitos eram puro lixo, mas depois de horas de audição a gente muitas vezes encontrava alguma coisa que tivesse aquele som, algo que nos servisse de trampolim. De início, quase só tocávamos R&B, soul e funk. Quando eu comecei, os grandes hits eram "Genius of love", do Tom Tom Club; "Super sporm", do Captain Sky; "Dance to the drummer's beat", de Herman Kelly; e "Get up and dance", do Freedom. "Trans-Europe Express", do Kraftwerk, também era muito tocado.

No fim da década de 1970, quando comecei a frequentar festas, o hip-hop (ou rap, como era então conhecido), ainda não ganhara muita força fora de Nova York. Lá é que a mãe do rap, uma cantora e produtora de meia-idade chamada Sylvia Robinson, tinha fundado a Sugar Hill Records, no início da década. Ela escolhera o nome em homenagem ao bairro mais abastado do Harlem. Sylvia foi uma das primeiras pessoas a enxergar o potencial da batida e das performances a que vinha assistindo nas apresentações de DJs em clubes e em festas de rua. Foi ela que montou a Sugar Hill Gang, escolhendo caras de aparência cool para se apresentar – exatamente como produtores do sexo masculino escolhiam mulheres sexy para montar as "bandas femininas".

"Rapper's delight", da Sugar Hill, foi a primeira gravação de rap a obter sucesso comercial. Sylvia Robinson também esteve por trás do Grandmaster Flash and The Furious Five, convencendo o grupo a gravar "The message", que foi seu grande sucesso e conferiu certa sensibilidade política ao rap dos primeiros tempos. Quando eu comecei, caras mais velhos como os da Grandmaster Flash estavam fazendo seus primeiros bicos em clubes e inovando com o uso do próprio toca-discos como instrumento musical, improvisando técnicas com as mãos. *Scratching*, *backspinning*, vários toca-discos, mixagem de gêneros musicais em diferentes discos – tudo isso era uma grande novidade naquela época, nos Estados Unidos, embora DJs jamaicanos já viessem experimentando essas táticas havia anos.

Praticamente uma festa sim, uma festa não, havia tiros, e todo mundo tinha de se abaixar, mas ninguém saía ferido. Candidatos a gângsteres estavam apenas esquentando as armas para praticar, para mostrar que ninguém podia mexer com eles. No sul da Flórida, nossos concorrentes eram grupos como Ghetto Style DJs, apresentando Luke Skyywalker. Seu verdadeiro nome era Luther Campbell, e hoje ele é mais conhecido como integrante do 2 Live Crew. No fim da década de 1980, quando se tornou famoso, George Lucas o processou por usar o nome do personagem de *Guerra nas estrelas*. Surgindo na mesma época que nós, havia grupos e artistas como Instrumental

Funk, com Super Westley J; Opa-Locka DJs, com Slick D; International DJs, estrelando Benjie the Bomber; South Miami DJs, com Tiny Head; e Party Down DJs, com Pretty Tony. Este último mais tarde produziu sucessos de *club-banging* como "When I hear music", de Debbie Deb.

Luther Campbell preparou o caminho para sucessos do 2 Live como "Me so horny", nas batalhas de DJs em que nos enfrentávamos, cerca de uma vez por mês. Eles tocavam de um lado do salão e nós do outro. Ninguém saía realmente vencedor, pois os dois grupos tinham muitos seguidores que iam ouvir seu favorito. O nosso som exemplificava o que viria a ficar conhecido como *"Miami bass"* ou *"booty bass"*, que influenciou muitos artistas de hip-hop dos primeiros tempos.

Desde o início, Cecil foi quem realmente me protegeu debaixo de suas asas. Depois das festas, todo mundo queria comemorar, faturando o próprio poder e o estrelato. Quando a noite era muito boa, havia dezenas de garotas esperando nos bastidores para tentar ver este ou aquele DJ. Nessa hora, os caras mais velhos geralmente me mandavam para casa, por ser muito jovem. Queriam ficar sozinhos com as meninas. Eu conhecia as regras: quem não tinha capacidade ou jogo de cintura para tirar a roupa das garotas podia atrapalhar e devia cair fora. E assim, no início, eu não podia zanzar com as feras mais velhas quando elas saíam à caça.

Mas Cecil me aceitava, mesmo nessa época. Eu saía com ele e suas tietes para comer alguma coisa ou simplesmente ia para a casa dele. Eu era o mascote, o bichinho de estimação. Observando Cecil, aprendi a conversar com as garotas de um jeito sutil, mas que deixava bem clara a intenção.

EMBORA, NA ÉPOCA, provavelmente eu não fosse capaz de entendê-las bem, relações como as que eu mantinha com Cecil e os meus cunhados, com minhas irmãs mais velhas, minhas namoradas e Big Mama provavelmente me protegeram de muitos danos. Os pesquisadores que estudam a resistência ao estresse constatam reiteradamente que o apoio social é um dos maiores fatores de proteção. E eu precisava dele. Meus pais tinham se mostrado ausentes em boa parte de minha infância. Mesmo quando estava fisicamente presente, minha mãe trabalhava tantas horas e tinha tantas outras coisas para cuidar que eu recebi muito pouco cuidado dela. Com cinco irmãs mais velhas, contudo – e pelo menos uma avó que me adorava –, eu tinha algumas possibilidades de receber boa atenção materna, embora minhas irmãs também fossem muito jovens.

As pessoas tendem a considerar os relacionamentos sociais apenas como forças negativas no uso de drogas. Mas deixam de entender a complexidade dos comportamentos grupais. Os seres humanos sempre encontraram maneiras de determinar quem é "nós" e quem é "eles", e o consumo de alimentos ou drogas específicos é uma das maneiras típicas de fazê-lo. Os adolescentes são particularmente sensíveis a esses sinais de vinculação, e se o uso de drogas é o preço a pagar para pertencer a um grupo, muitos se mostram dispostos a arcar com ele.

Certos grupos, contudo, marcam seu território evitando determinados tipos de droga – por exemplo, os atletas rejeitam o tabaco; os hippies da década de 1960 rejeitavam álcool destilado em favor da maconha e do LSD; e os negros evitam a metanfetamina por ser considerada uma droga de brancos. Dos pequenos grupos e galeras até o plano da cultura nacional, o comportamento relacionado às drogas não é apenas uma questão de ficar doidão. Muitas vezes ele é usado para delinear a filiação a um grupo e posição social.

Os aspectos sociais do uso de drogas também mudam com a idade. Por exemplo, ter filhos e se casar estão associados à redução do uso de drogas; um dos muitos estudos que fez descobertas semelhantes a essa constatou que pessoas casadas têm três vezes mais chance de parar de usar cocaína, e as que têm filhos, mais de duas vezes a probabilidade de parar.[1] Dados semelhantes evidenciam que pessoas com relacionamentos familiares estreitos ou românticos tendem a ter resultados melhores quando estão em tratamento.[2] E os sentimentos de acolhida social e vinculação à escola e aos pais por parte de estudantes estão ligados à redução dos problemas relacionados ao uso de drogas.[3]

O papel dos fatores sociais explica em grande medida por que as "hipóteses da dopamina" (ou qualquer outra explicação puramente biológica) aplicadas ao vício, como as que eu adotei nos meus primeiros trabalhos, ficam muito aquém da possibilidade de oferecer uma explicação significativa para esse tipo de problema. Sem dúvida muitas pessoas começam a usar drogas imitando outras, e o fato de viver num círculo social que gira em torno das drogas pode contribuir para o uso contínuo. Mas a grande maioria dos usuários de drogas não se vicia. Na verdade, o próprio apoio social funciona como fator de proteção contra muitos problemas de saúde e diferentes tipos de comportamentos de risco, inclusive o vício. Boa parte da utilização patológica de drogas é motivada por necessidades sociais não atendidas, pelo sentimento de alienação e de dificuldade em se ligar aos outros.

Em contraste, a maioria das pessoas que conseguem evitar problemas com drogas tende a ter fortes redes sociais de apoio. Famílias grandes e extensas, como a minha, nas quais dezenas de primos, tias, tios e avós vivem próximos uns dos outros, ajudam a impedir que o desgastante estresse diário de viver na pobreza se torne ainda pior. Essas redes podem ser protetoras, mesmo quando dela fazem parte usuários de drogas. Por exemplo, muitos dos DJs mais velhos de nosso grupo e seus amigos fumavam maconha, mas tratavam de me manter longe disso. Meus amigos e cunhados mais velhos queriam me proteger. Não tinham uma atitude moralista a esse respeito. Quando eu era menor, achavam que a maconha não era apropriada para um garoto de onze ou doze anos, e quando fiquei mais velho, sabiam que eu não queria que nada comprometesse meu desempenho como atleta.

O importante papel dos vínculos sociais na utilização patológica das drogas podia ser constatado nos primeiros trabalhos sobre a dopamina, bastando para isso que se soubesse procurar, e também foi previsto nos princípios comportamentais originalmente enunciados por B.F. Skinner. Na verdade, até nos modelos de vício utilizando ratos – que não passam de modelos, porque não podem refletir toda a complexidade do comportamento humano – fica claro que o consumo excessivo de drogas não é causado meramente pela exposição às substâncias.

Isso foi demonstrado de maneira dramática pelo psicólogo canadense Bruce Alexander e seus colegas.[4] Esses pesquisadores realizaram uma série importante de experiências que ficou conhecida como Parque dos Ratos. Alexander constatara que o ambiente em que é mantida a maioria dos ratos de laboratório não é natural para a espécie. Tal como as pessoas, os ratos são animais extremamente sociais e se estressam em isolamento – condição "normal" da maioria dos ratos usados em pesquisas sobre drogas. Alexander quis, assim, descobrir se a falta de alternativas recompensadoras – o que costumamos chamar de reforços alternativos –, como os contatos sociais, os exercícios e o sexo, poderia afetar as escolhas dos ratos no sentido de fazer uso de drogas ou não.

Para isso, os pesquisadores criaram um ambiente aprimorado para os roedores, mais diretamente inspirado em seu hábitat. Nesse compartimento delimitado havia muitos outros ratos, para contatos sociais e acasalamento, lugares interessantes a ser explorados, brinquedos para fazer exercícios e refúgios escuros para eles se aninharem (os ratos evitam espaços abertos e muito iluminados). O Parque dos Ratos também proporcionava outro conforto a seus habitantes: água com morfina, suficientemente adoçada para que os ratos a bebessem.

Os pesquisadores compararam então o uso de morfina por parte dos ratos do Parque ao praticado por ratos mantidos em gaiolas isoladas comuns. Constataram que, embora os ratos isolados logo passassem a beber água com morfina com regularidade, os do Parque não o faziam. Na verdade, mesmo quando a solução de morfina era tão doce que se tornava praticamente irresistível para os ratos, os habitantes do Parque dos Ratos ainda bebiam quantidade muito menor que os animais solitários. Em certas circunstâncias, os ratos isolados bebiam vinte vezes mais morfina que os semelhantes socializados. O mesmo tipo de resultado foi obtido posteriormente com cocaína e anfetamina. Por exemplo, os ratos criados em ambientes mais acolhedores tomam menos cocaína ou anfetamina que os criados em isolamento.[5]

Quando as recompensas naturais, como contatos sociais e sexuais e condições agradáveis de vida – também conhecidas como reforços alternativos – estão ao alcance de animais saudáveis, elas costumam ser as preferidas. Hoje há provas abundantes, testes realizados em animais e seres humanos, de que a disponibilidade de reforços alternativos que não sejam drogas diminui o uso das drogas em toda uma variedade de condições.

Muitos pesquisadores constataram que a disponibilidade de alimentos doces para os ratos reduz sua preferência pela cocaína, podendo até impedi-los de desenvolver essa predileção.[6] Um estudo bem característico dessa literatura constatou que 94% dos ratos preferiam água adoçada com sacarina a cocaína intravenosa.[7] Em outra série de experiências, nesse caso com macacos *Rhesus*, os pesquisadores constataram que a escolha dos animais por tomar cocaína é reduzida em proporção direta ao tamanho da recompensa alimentar que lhes é oferecida como alternativa.[8] Embora haja atualmente quem se valha desse tipo de dado para alegar que fast food é tão viciante quanto cocaína, essa lógica é circular: acreditava-se que a cocaína era particularmente viciante porque os animais lhe davam preferência sobre a comida quando estavam com fome. Pois agora a substituição da cocaína pela comida é usada como prova do contrário.

Contrariando as alegações de que a cocaína inevitavelmente leva a negligenciar os filhos, isso não se verifica nem nos modelos utilizando ratos. Como as mães humanas, os ratos tendem a mudar de estilo de vida quando engravidam, e os pesquisadores constataram que as ratazanas grávidas e cuidando de filhotes optam por tomar muito menos cocaína que as fêmeas virgens. Embora nem sempre pareça, os bebês são poderosas fontes de recompensa para os pais.

Descobertas semelhantes foram obtidas, no laboratório, em estudos com seres humanos nos quais se ofereciam aos usuários opções entre a droga e outros tipos de recompensa. (Um desses estudos, do qual participamos, foi relatado no Prefácio.) Em outro estudo, usuários de cocaína tinham a alternativa de cheirar coca em duas situações. Na primeira, deviam optar entre cocaína e placebo; na segunda, a escolha era entre cocaína e uma recompensa monetária de até US$ 5. Como era de esperar, os voluntários quase sempre preferiam a cocaína ao placebo. Entretanto, embora a alternativa monetária fosse pequena, eles escolhiam tomar menos cocaína quando podiam optar pelo dinheiro.[9]

A existência de alternativas faz uma enorme diferença, mesmo quando há drogas envolvidas. A cocaína nem sempre é a alternativa mais atraente, nem para pessoas cuja vida parece girar em torno dela. A droga pode ser extremamente agradável, claro, mas muitas vezes o prazer não é mais desejável que aquele extraído do sexo ou de outras recompensas naturais. A decisão de usar depende muito mais do contexto e da disponibilidade de alternativas do que nos levaram a crer.

Naturalmente você já ouviu falar de estudos nos quais ratos ou até primatas continuamente pressionavam alavancas para conseguir cocaína, heroína ou metanfetamina até morrer, optando antes pelas drogas que por comida e água. Mas o que você decerto não sabe é que esses animais eram mantidos, a maior parte da vida, em ambientes isolados e nada naturais, e costumavam se tornar estressados, sem contatos sociais e sem nada para fazer.

Por analogia, se você estivesse em confinamento solitário durante anos, apenas com um filme como entretenimento, é provável que visse esse filme várias e várias vezes. Mas isso não significaria necessariamente que o filme fosse especificamente "viciante", ou que merecesse ser visto de maneira compulsiva. Você continuaria a vê-lo ainda que fosse o pior filme do mundo, simplesmente para ter algo a fazer. Da mesma forma, dizer que o acesso ilimitado à cocaína "torna" os animais viciados a ponto de se matar, com base em pesquisas com roedores ou primatas isolados, não nos diz grande coisa a respeito da utilização de drogas no mundo real.

Naturalmente, se alguém passa 24 horas por dia, sete dias por semana sozinho e sem qualquer contato social, e muito menos afeto, certas drogas, nas doses adequadas, podem ser bem atraentes. Entretanto, estudar a droga sem proporcionar esses importantes reforços alternativos nos diz muito pouco sobre a maneira como a cocaína afeta as pessoas ou até os animais no mundo natural.

Essa maneira de proceder apresenta a droga como um prazer inigualável, e a pessoa viciada, como uma tola, presa de um estúpido hedonismo, passando por cima do fato de que, quando as pessoas dispõem de alternativas interessantes, em geral não optam por tomar drogas de maneira autodestrutiva. Mas demonstra que, na ausência de apoio social ou outras formas significativas de recompensa, a cocaína pode ser muito atraente. O que interessa é que constantemente nos diziam que drogas como o crack são tão irresistíveis que os usuários trocam qualquer coisa por elas. Mas as provas empíricas de que isso não é verdade são esmagadoras.

Minha rede social também era profundamente afetada pelas tensões da vizinhança, muito embora com frequência ajudasse a amainá-las. No início de minha adolescência, uma de minhas irmãs, aquela à qual eu era mais ligado, quase me foi tirada para sempre. Embora Brenda, o marido e os irmãos dele possam ter tido um impacto maior em minha vida, Joyce era a irmã de quem eu me sentia mais próximo, tanto na idade quanto emocionalmente. Ela tem apenas um ano a mais que eu. Externamente, parece durona: somos parecidos, no sentido de que ambos botamos de lado e compartimentalizamos nossas emoções. Joyce não leva desaforo para casa e também é muito sensível, mas acho que isso tornou nossa infância muito desafiadora para ela.

Ao contrário de mim e de minhas outras irmãs, Joyce não resistiu ao constante desgaste de crescer na pobreza e ser negra tentando se destacar. Não procurou sobressair no atletismo, como eu, nem seguiu estudos universitários, como Brenda. Não se saiu bem na escola como as outras irmãs, não foi líder de torcida no ensino médio, como Beverly e Patricia, nem se destacou cercando-se de amigos com status. Na verdade, acabamos nos afastando, pois ela passou a me considerar arrogante. "Você se acha melhor que eu", dizia ela.

A transformação de Joyce se intensificou quando MH mudou-se conosco para o conjunto habitacional de Crystal Lake, em 1980. Esses conjuntos, que ironicamente se transformaram em condomínios caros, ficavam em Dania, mais perto de Fort Lauderdale do que de Miami. Eram prédios de tijolos de dois andares, construídos rentes ao chão. Lá, pela primeira vez, o apartamento alugado por mamãe tinha mais quartos, e eu compartilhava o meu só com um irmão.

Mas o colégio que atendia aos conjuntos de Crystal Lake era diferente daquele no qual eu tinha começado a estudar. Como 1981 era o último ano de Patricia, MH não quis transferir nenhum de nós até o outono. Mas então preferiu que estudássemos no colégio local. Eu não queria ser transferido. Já estava acostumado com Miramar, me destacava nos esportes e tinha um grupo unido de amigos. Assim, mantive-me fiel à minha escola, dividindo meu tempo sobretudo entre a casa de minha namorada, Marcia, e a de Big Mama, que ficavam próximas. Só eventualmente ficava no novo apartamento de minha mãe. Joyce, contudo, concordou em ser transferida e começou a frequentar South Broward. E eu passei a vê-la menos.

Quando ela levou um tiro, num incidente de grande repercussão no nosso mundo social, apenas começávamos a nos distanciar. Joyce não fora a pessoa mirada: o alvo era Kenneth Good, que mais tarde se tornaria iluminador do nosso grupo de DJs. Nem sei qual o motivo da coisa toda, mas um sujeito que aqui chamarei de Wes – que tinha namorado minha irmã Patricia no início do ensino médio – tinha algum problema com Kenneth. Wes estava no colégio, talvez tivesse dezesseis ou dezessete anos, era baixo e corpulento. Qualquer que fosse a questão, era suficientemente séria para ele querer atirar em Kenneth. Ninguém sabia quando ia acontecer. Em geral percebíamos quando estava para acontecer um problema, mas daquela vez foi uma surpresa.

Nós todos tínhamos ido a um jogo de futebol entre turmas do ensino médio. Eu não estava jogando, e Beverly era uma das líderes de torcida. Também estavam presentes algumas de minhas primas. Era por volta de 1979, eu tinha doze ou treze anos, já começara a atuar como DJ, mas ainda não tinha muito espaço.

Depois dos jogos, todo mundo ia até um McDonald's próximo, em Hollywood, que ficava em frente ao principal centro comercial da cidade, o Hollywood Fashion Center. O enorme estacionamento era tomado por centenas de pessoas. Embaixo das palmeiras, a música zoava em volumes que ostentavam a potência máxima de um sistema de som devidamente escolhido e adulterado, instalado nos carros. "Do you wanna go party", do KC and the Sunshine Band, foi um dos maiores sucessos daquele ano, e tenho certeza de que o tocaram pelo menos uma vez naquela noite. Uma iluminação feérica, quase como se fossem holofotes, deixava o estacionamento bem claro.

Com tanta gente reunida, a fila para comer já chegava quase até a porta do shopping quando entrei no estacionamento com meu primo James. Joyce estava perto da entrada, provavelmente ao lado de Beverly e próxima de meu irmão Gary. Havia muita gente reunida ali, inclusive Kenneth, rindo e conversando, talvez tentando decidir se valia a pena entrar na fila ou esperar.

Nós acabávamos de estacionar quando se ouviram vários tiros. Eram talvez 10h30 ou 11h da noite, mas aquela iluminação fortíssima permitia ver tudo muito bem. Eu estava saindo do carro de James. De repente, ouvi um barulho muito familiar de tá-tá-tá. Todo mundo entendeu imediatamente que não eram fogos de artifício nem algum escapamento de carro. Nós nos jogamos no chão. Nem precisava falar. Não era nem de longe a primeira vez que eu assistia a um tiroteio.

Na verdade, não muito antes, eu vira um cara branco ser baleado e morrer em frente a um parque onde eu às vezes jogava basquete. Ele fora morto em retaliação pela morte a tiros de um rapaz negro de dezesseis anos, conhecido nas ruas como Flap, irmão mais velho de um garoto que eu sacava. Eu tinha visto como essa morte havia mudado a vida da família do cara. Minha mãe era chegada à mãe dele, embora eu não o conhecesse tão bem assim, nem ao seu irmão menor. Eu tentara manter impermeáveis meus sentimentos sobre aquilo tudo, dando a impressão de que não fora afetado ao ver o cara branco cair morto e depois saber o que acontecera a Flap. Era difícil acreditar que momentos assim pudessem pôr fim a uma vida.

Naturalmente, quando começa o tiroteio, é inevitável pensar que você pode ser atingido. Parece que tudo fica em câmera lenta, e nossos sentidos se aguçam, captando cada imagem e cada som. As lembranças se estilhaçam em instantâneos fotográficos. Quando dei conta de mim, ouvia Joyce gritar desesperadamente pela minha irmã Beverly, pois tinha sido atingida. Ela estava no chão, sangrando, e não parava de gritar. Beverly a segurava no colo.

Wes se projetava pela janela de um carro, com o enorme cano negro de uma escopeta apontado para a multidão na entrada do McDonald's. Minhas irmãs e meu irmão Gary ainda estavam vulneráveis. Eu vi Wes recolher a arma. O carro começou a se afastar.

Alguém chamou uma ambulância, que chegou quase de imediato, pois estávamos perto do Hollywood Memorial Hospital. Quando os paramédicos da emergência chegaram, já havia um pessoal do McDonald's com minha irmã, fazendo o possível para estancar o sangramento. Ela fora atingida na cabeça e tinha o rosto coberto de sangue. Fiquei com medo de que morresse. Pensei que tínhamos sido tão amigos, numa determinada época. Mas logo minha tristeza e a preocupação deram lugar à raiva e ao desejo de vingança.

Ninguém falava desses sentimentos. Ou, por outra, os que falavam de revidar logo se revelavam fanfarrões ou covardes, incapazes de fazer qualquer coisa. Nós não éramos burros de nos incriminar dessa maneira. O sujeito podia dizer algo do tipo "Esse filho da puta vai ter o troco", mas eram a atitude e a linguagem corporal que realmente falavam. Elas mostravam que você era um homem.

Parecia que só se tinham passado alguns segundos quando a polícia apareceu com Wes no banco de trás do carro. Pediram que eu apontasse o autor dos disparos. Olhei direto para ele. Wes tentava desesperadamente parecer durão, mas dava para perceber que estava aterrorizado, muito encolhido, pequeno. Algemado, parecia uma criança. Eu apontei o dedo acusador, reconhecendo para os policiais que era aquele o sujeito que eu tinha visto com a arma. Ninguém ia proteger da polícia o garoto que tinha atirado em sua irmã. Mas eu também queria que ele recebesse mais algum castigo além da cadeia e da condenação.

Enquanto isso, minha prima Wendy tinha entrado na ambulância com Joyce, segurando sua mão e tentando consolá-la. Beverly ficou para trás, ia encontrar minha mãe para lhe contar o que tinha acontecido. Eu ainda não sabia, mas o fato de Joyce ter permanecido consciente talvez significasse que a ferida não era tão grave. Soubemos depois que ela tinha sido atingida no olho direito e na língua. Escapou por muito pouco de ficar cega de um dos olhos, ou coisa pior. Mas os médicos não conseguiram remover a bala da língua, e lá está ela até hoje.

Mas Joyce ficou no hospital apenas por algumas horas, naquela noite, até que sua condição se estabilizasse. Voltou alguns dias depois para uma cirurgia plástica na ferida do olho.

Durante todo esse tempo, eu só pensava em vingança. Eu era jovem, mas sabia que os homens não toleravam esse tipo de ataque à sua família. Se não saísse em defesa de minha irmã, minha reputação ficaria comprometida. Não importava que ela não fosse o alvo pretendido, era a vítima real. Mas havia um aspecto complicador: a família de Wes e a minha tinham sido próximas. Minha irmã Patricia já namorara ele, e eu tinha namorado sua irmã Lisa na escola. Nossas mães eram amigas, e sempre que eu visitava a casa deles, a mãe de Wes se mostrava especialmente gentil e acolhedora comigo. Eu também gostava do irmão dele.

Ainda assim, enquanto esperava para saber se Joyce estava bem, fiquei imaginando como me vingar de Wes. Tentei conseguir uma arma, mas, aos doze ou treze anos, não tinha amigos da minha idade que tivessem revólveres, embora muitos dissessem que sim. Os caras que realmente tinham acesso a uma arma não me levariam a sério. Acho que tentavam impedir que eu fizesse alguma besteira. Ainda que tivesse conseguido comprar uma arma, não saberia como encontrar Wes. Ele fora imediatamente levado para uma prisão juvenil. Realmente não havia nada a fazer.

Quando voltei a ver Wes, todo mundo já estava em outra. Para a família, Joyce parecia bem. Incrivelmente, ela nem chegou a ficar desfigurada. Pensando em retrospecto, no rumo que sua vida tomaria, contudo, eu me pergunto o quanto aquilo não foi traumatizante para ela. Joyce voltou para o colégio poucos dias depois do tiroteio. Na época, ninguém tinha acompanhamento terapêutico para minimizar o possível sofrimento psicológico. Quando nos certificamos de que ela estava fisicamente bem, ninguém disse mais uma palavra sobre o assunto.

Joyce teve de enfrentar sozinha o fato de ter passado por uma experiência profundamente ameaçadora. Ninguém na família se deu conta de que ela precisava de uma dose extra de amor e apoio. Todo mundo achava que, uma vez curadas as feridas físicas, ela ficaria bem, e Joyce se comportava como tal, mas acabaria se envolvendo em outros incidentes violentos, dois dos quais se destacam. Certa vez, foi esfaqueada por uma mulher enfurecida porque ambas estavam saindo com o mesmo homem. De outra feita, esfaqueou uma mulher em disputa semelhante.

A vida de Joyce foi caótica e instável por quase toda a faixa dos vinte e trinta anos. Mas é interessante notar que, apesar de tudo isso, ela nunca enfrentou problemas com drogas. Suas questões tinham a ver com relacionamentos e talvez com a experiência daquele trauma. Por infortúnio, mais tarde ela iria me acusar de ter deixado a família para entrar na Força Aérea enquanto ela ficava sozinha para lidar com os problemas, dizendo que eu falhara como irmão por não ter permanecido a seu lado naquele período. Nenhum de nós sacou então que esse apoio devia partir dos pais e de outros adultos, e não dos irmãos, que também eram crianças. Até hoje a decepção de Joyce mexe comigo.

Wes, por sua vez, desmanchou-se em pedidos de perdão quando saiu do reformatório. Ficava repetindo sem parar que tinha sido um acidente. Ele não pretendera ferir Joyce. Nossas famílias se mantiveram unidas, e como Joyce parecia fisicamente bem, deixamos a coisa para trás. E eu não consegui botar as mãos num revólver até que a ideia de me vingar de Wes por atirar em Joyce já estivesse há muito descartada.

6. Drogas e armas

"Só aprendendo a viver em harmonia com suas contradições é que você poderá continuar levando a coisa."

Audre Lorde

Era a arma do avô de Richard, um enorme fuzil que parecia um M16, mas disparava .22s. Não era uma pistola que pudesse ser escondida na calça, então costumávamos guardá-lo na mala do meu carro, um Pontiac LeMans 1972 azul-noite, com capota branca de vinil e interior de couro creme. Eu pagara por ele US$ 400. Pretendia equipá-lo com aros Tru-Spoke e pneus Vogue, mas não consegui. Eu tinha dezesseis anos e começava a cursar o último ano do ensino médio. Estava na direção e Richard, que costumávamos chamar de RAP III, pois seu nome completo era Richard A. Ponte III, trazia a arma no colo, no banco do carona, enquanto íamos para casa.

Estávamos descendo Hallandale Beach Boulevard, saindo da I-95, uma estrada de quatro pistas que fazia fronteira entre Carver Ranches e um bairro branco. Provavelmente voltávamos de um Denny's local, que costumávamos frequentar com uma política nada correta de "comer e correr", às vezes deixando de pagar a conta. Estávamos entediados.

Foi então que notei alguém caminhando pela margem da estrada, o que já era estranho. Estávamos no sul da Flórida, e todo mundo circulava de carro, ninguém andava a pé. O mais estranho é que o cara era branco.

"Que diabos ele está fazendo aqui?", perguntou alguém.

No banco de trás do carro estavam os dois Derricks, meus amigões Derrick Abel e Derrick Brown. Ninguém jamais chamou Derrick Brown pelo nome. Desde o ensino fundamental, ele era "Melrose", nome da escola local para crianças com deficiência de desenvolvimento (que na época chamávamos de "retardadas"). Ele não era mais "retardado" que qualquer um de nós, mas tinha se dado mal nas provas, e o apelido pegou. Melrose era ligeiramente mais alto que eu, com cerca de 1,77 metro. Era forte e tinha a pele escura, de um negro-azulado. A maioria dos meus amigos adolescentes parecia imatura em comparação com as garotas amadurecidas ao nosso redor, mas Melrose tinha porte de homem, com peito e braços enormes.

Derrick Abel era uma espécie de filhinho da mamãe. Sua mãe era testemunha de Jeová e tentava mantê-lo sempre na linha. Nós o chamávamos de Super Slick, mas não era um apelido tão sonoro quanto Melrose. Às vezes ele parecia pretensioso ou quase irônico. Com uma mãe tão rigorosa, Super Slick sempre achava que precisava provar alguma coisa. Embora sua mãe nos considerasse uma influência perniciosa, nosso mau comportamento em grande parte era instigado por seu filho. Ele era alto e muito magro, com aquele cabelo rente que todos nós usávamos na época. Achávamos que os estilos de penteado mais chamativos da década de 1980 não eram cool. Como todos nós, Derrick usava calças justas, pescando siri, e camisas Izod de mangas curtas. Sempre queria mostrar como era fortão.

Mas nesse caso provavelmente foi ideia minha de provocar o cara branco. Como sempre, Slick aderiu, e ninguém foi contra. Não pensamos em qualquer consequência, nem chegamos a imaginar o que poderia acontecer se a coisa desse zebra. Simplesmente achamos que o cara estava no lugar errado. Andava pelo acostamento da nossa pista, e nós não tínhamos de tolerar semelhante intrusão da parte de um branco. Ali, o poder era nosso.

Quando começamos a nos aproximar dele por trás, eu passei para uma marcha bem lenta. A essa altura, Richard já posicionara a arma em atitude ameaçadora, abaixara o vidro da janela e se sentara como se estivesse mirando. "Mãos ao alto, seu filho da mãe!", gritou. O sujeito congelou.

Nunca esquecerei a expressão de absoluto terror na cara daquele homem. Parecia que seus olhos iam pular das órbitas. Ele parou, mas nitidamente tremia. Seu coração queria sair pela boca. Talvez estivesse apenas voltando do trabalho, um sujeito comum, na casa dos vinte anos, vestindo jeans e camiseta. Sem dúvida não esperava nada parecido. Pensando bem, eu me dou conta de como aquilo deve ter sido incrivelmente traumatizante.

Na época, contudo, achamos que era hilário. Nós quatro começamos a rir quando vimos a expressão do cara. Sem dúvida ele achou que queríamos roubá-lo ou matá-lo. Mas não era nossa intenção. Estávamos apenas curtindo. Nossas risadas devem ter soado cruéis. Agora, eu tenho até dificuldade de imaginar como pudemos fazer aquilo, considerando-se o terrível preço que já tínhamos pagado pela violência armada. Mas o fato é que não tínhamos nada específico em mente. Foi apenas um impulso que poderia ter terríveis consequências, o que felizmente não aconteceu. Richard ficou encarando o sujeito, com a arma apontada para ele. Depois de alguns segundos, o cara deve ter cedido aos instintos e começou a correr feito um louco. Aí, nós simplesmente fomos embora.

A coisa toda não durou mais de um minuto, mas a imagem do medo daquele homem e a sensação de poder que tivemos – e também, vejo agora, nossa irresponsabilidade – ficaram marcadas em mim. Hoje posso enxergar o mundo de outras perspectivas, como adulto, mas na época eu não era capaz disso. Tinha toda a atenção voltada para o respeito dos amigos e o que fosse necessário para manter meu status. Simplesmente não enxergava aquele sujeito branco como um ser humano. Ele não era um de nós, e continuamos a rir e a relembrar as partes engraçadas de sua reação.

– Viu só a cara do filho da mãe?

– Aposto que se cagou todo.

– Caraca!...

No meu processo de crescimento, sempre tive uma relação complicada com a rua. Acima de tudo, eu me via como um atleta. Os esportes e as garotas me mantinham ocupado em muitas ocasiões nas quais primos e amigos se metiam em incidentes complicados que não acabavam tão bem quanto aquele. Os esportes também me proporcionavam a típica perspectiva "atlética" de ceticismo a respeito de coisas como fumar, que podiam interferir no meu desempenho. De início o futebol e depois, durante a maior parte do ensino médio, o basquete eram os principais motivos que me levavam à escola. Embora eu praticasse esporte intensivamente e com grande empenho, me limitava ao mínimo necessário de deveres escolares para manter a média de notas exigida a fim de continuar no time.

Minhas expectativas na escola sempre tinham sido baixas, mas não tão baixas quanto as que a maioria dos professores possuía a meu respeito, com algumas óbvias exceções. Eis um exemplo: no último ano, uma de minhas matérias era patrulha de estacionamento. É isso mesmo: nós simplesmente ficávamos sentados lá, observando os carros no estacionamento. Não tenho muita certeza do que seria necessário para ser reprovado nessa matéria, mas, para passar, decerto seria preciso ser mais inteligente em quase qualquer outra coisa.

Outro exemplo tem a ver com o fim do meu envolvimento com a matemática no ensino médio. Na 8ª série, eu fora matriculado em uma das turmas de matemática de mais alto nível. Apesar da recusa de fazer os deveres de casa, eu me saíra bem em matemática na escola elementar e no nível médio. Mas estourei o joelho jogando futebol e tive de passar por uma cirurgia. Foi depois disso que mudei do futebol para o basquete. Antes de me machucar, eu me dava muito bem em álgebra. Entretanto, como perdi muitas aulas quando estava no hospital, a direção do colégio me disse que eu não precisava concluir o semestre na melhor turma. Em vez disso, podia cursar matemática financeira, basicamente soma e subtração, coisas da 3ª série. Com isso, ficavam cumpridas minhas exigências em matemática – e, portanto, minha relação com a dita cuja – até o fim do ensino médio.

Em vez de me desafiarem a aprender, eles desistiram, achando que não importava, pois eu era apenas mais um garoto negro anônimo que de qualquer maneira jamais chegaria à universidade. Claro que, diante de alternativa mais fácil e sem motivações para se superar, qualquer adolescente – e a maioria dos adultos também – acaba aceitando.

Assim, à parte duas ou três horas diárias de treino de basquete – e naturalmente os jogos –, eu praticamente não ficava no colégio. Tinha sido enquadrado no escaninho "técnico vocacional", o que significava que ganhava créditos escolares por trabalhar como ajudante de garçom no café do Walgreen's. Eu tinha aula das 8h às 11h, e depois ia trabalhar. Passava um terço do tempo em programas supostamente educativos que

Fazendo um arremesso num jogo de basquete, no ensino médio.

consistiam em aulas como patrulha de estacionamento. Mas eu sempre trabalhava o máximo de horas no máximo de empregos, seguindo o exemplo de trabalho com afinco dado por meus pais.

Mas nada disso quer dizer que eu não me envolvesse de vez em quando nos mesmos tipos de delitos menores e nem tão menores que as pessoas com tanta frequência atribuem, de forma equivocada, à influência das drogas. O incidente com a arma foi apenas um dos muitos atos delituosos pelos quais, felizmente, não fui apanhado. A partir dos sete anos, por exemplo, tinha aprendido a furtar em lojas com os primos Amp e Mike. Embora grande parte das pessoas no bairro onde eu morava na época dependesse da assistência social e dos vales-alimentação, ninguém queria ser visto utilizando-os nas lojas.

Na verdade, nós zombávamos impiedosamente de quem fosse surpreendido com os tíquetes multicoloridos nas lojas onde iam comprar leite e outros alimentos. Não havia supermercados no bairro, de modo que frequentávamos uma rede de lojas de conveniência de nome estranho, a U'Tote'M, que viria a ser comprada em 1983 pela Circle K. Os donos em geral eram brancos ou imigrantes do Oriente Médio. Contratavam empregados brancos, quase sempre adolescentes entediadíssimos que pouco ligavam para a mercadoria ou o emprego, o que funcionava a nosso favor.

Quando meus pais estavam juntos, nós não precisávamos de vales-alimentação. Mas depois da separação eu era mandado às lojas para fazer compras com eles. Não demorava muito para encontrar as poucas coisas da lista de compras, como leite e ovos. O que de fato levava tempo era me certificar de que não seria visto fazendo compras sem dinheiro. Eu me arrastava ao longo das gôndolas, até me convencer de que não havia ninguém conhecido por perto. Quando a pista estava livre, eu pagava. Depois que aprendi com meus primos a furtar, contudo, comecei a fazer uso do que aprendera pegando balas e batatas chips junto com as compras de casa. Era outra maneira de mostrar como eu era cool – ainda por cima com um saque adicional muito necessário.

Nossas técnicas não eram exatamente sofisticadas. Usávamos roupas bem largas, e alguém distraía o cara da caixa, enquanto os outros tentavam enfiar o que queriam por baixo da camisa ou por dentro das calças. Se os empregados prestassem o mínimo de atenção, provavelmente seríamos apanhados, mas eu sempre me safava. A única vez em que vi um garoto ser pego foi quando meu primo Bip enfiou uma revista em quadrinhos por baixo da camiseta branca. O vermelho vivo do Homem-Aranha era visível com nitidez através do tecido. Quando Bip chegou perto, o empregado abriu a boca e começou a gritar.

Percebendo imediatamente o que estava acontecendo, Amp tomou a iniciativa. Começou a passar uma descompostura em Bip. "Vou contar para a sua mãe!", berrou ele. "Você sabe que não se faz isso, o que estava pensando?" E continuou dando a bronca, enquanto o empregado, exultante, esquecia de chamar a polícia, de nos revistar ou de passar seu próprio sermão. Não tinha a menor ideia de que Amp era o instrutor de Bip em matéria de furtos. Nem sabia que cada um de nós tinha artigos roubados escondidos na roupa. Quando Amp concluiu sua performance, o empregado limitou-se a olhar para nós e dizer: "Fora." Bip ficou terrivelmente envergonhado.

Depois, lá fora, nós o desancamos ainda mais, não só por ter sido apanhado, mas também por furtar algo inútil como uma revista em quadrinhos. À parte meus livros de esportes, nenhum de nós lia nada, assim, achávamos que furtar algo para ler, mesmo que fossem quadrinhos, era a coisa mais hilária. Bip ficou tão abalado com a cena que acho que nunca mais voltou a furtar conosco. Mais tarde, já na casa dos vinte anos, ele iria para a cadeia por tráfico de cocaína.

Vários outros garotos de minha família também furtavam em lojas de vez em quando. Uma de minhas irmãs tinha especial talento para mudar os preços dos artigos, adquirindo produtos caros por quase nada. Isso foi antes que as etiquetas eletrônicas e os novos sistemas de estocagem tornassem o método obsoleto. Eu era muito mais cauteloso no que fazia. Tinha de ser realmente seguro para mim, eu não pretendia ser apanhado. Quando estava no ensino médio, por exemplo, nós costumávamos perambular por um centro comercial que ficava no ponto de baldeação do ônibus para casa. Nunca furtei ali, havia muitas câmeras e guardas de segurança.

Na minha vida, portanto, ficava perfeitamente claro que o crime nem sempre, ou nem mesmo com frequência, era motivado por drogas, e muitas vezes não se relacionava com elas. A maioria dos meus amigos furtava em lojas, tomassem eles drogas ou não. Da mesma forma, não havia muita ligação entre armas e uso ou tráfico de drogas em nossa vida. Para nós, furtar em lojas não era uma questão de "roubar para seguir um hábito", nem carregávamos armas para "proteger a rota do tráfico". Nós roubávamos porque não tínhamos as coisas de que precisávamos ou que queríamos, furtávamos para resistir, para não sermos otários. Tínhamos armas para sermos cool. Isso era muito mais uma questão de necessidade e pobreza, de poder, e não apenas de prazer.

Na época, eu não tinha um pensamento crítico a respeito de nada disso. Assim, quando apareceu o crack, eu adotei sem pestanejar a ideia geral de sua ligação com a violência e a desordem. Também aceitara sem pensar a noção de que drogas como heroína e a maconha geravam violência. Logo estaria encarando o crack exatamente como todo mundo ao meu redor: um flagelo, a causa de todos os nossos problemas. Achava que a própria droga transformava o nosso bairro numa zona de guerra.

Mas as constatações feitas em pesquisas contam uma história diferente. É verdade que existe uma ligação entre vício e crime. Pessoas envolvidas em crimes como arrombamentos, roubos e assaltos à mão armada têm mais probabilidade de ser viciadas em drogas do que as que não cometem esses crimes, e vice-versa. Todavia, cerca de metade das pessoas viciadas em drogas tem empregos de tempo integral,[1] e muitas nunca cometeram crimes relacionados ao fato de suas drogas preferidas serem ilegais.

O Escritório de Estatísticas Judiciais do Departamento de Justiça dos Estados Unidos fez um levantamento com encarcerados sobre a ligação entre drogas e crime, analisando dados de 1997 a 2004. Constatou que apenas um terço dos presos tinha cometido seus crimes sob a influência de drogas, e que a mesma proporção, aproximadamente, era de viciados.[2] Isso significa que a esmagadora maioria não estava drogada ou viciada no momento dos crimes cometidos – e somente 17% dos presos afirmavam ter cometido os crimes a fim de conseguir dinheiro para comprar drogas. Os delinquentes violentos apresentavam menor probabilidade que os outros de ter usado drogas no mês anterior ao encarceramento.[3]

A verdadeira ligação entre drogas e crime violento está nos lucros do comércio de drogas. O estereótipo é que o crack costuma levar ao crime, ao transformar as pessoas em predadoras violentas. Mas esse equívoco foi derrubado pelas constatações de pesquisas. Num estudo fundamental, foram examinados os homicídios ocorridos em Nova York em 1988, ano em que 76% dos detidos haviam consumido cocaína, segundo resultados dos testes feitos após a detenção. Quase 2 mil homicídios foram analisados.[4] Quase metade deles não estava relacionado a drogas. Dos restantes, somente 2% envolviam viciados que tinham matado para comprar crack, e apenas 1% dos assassinatos envolvia pessoas que tinham feito uso recente da droga. Devemos ter em mente que esse estudo se realizou em um ano no qual os meios de comunicação estavam cheios de histórias sobre viciados "loucos por crack".

Mas 39% dos homicídios em Nova York naquele ano envolviam tráfico de drogas, na maioria dos casos, a venda de crack. Mas esses assassinatos resultaram, basicamente, de disputas de território ou de assaltos de traficantes por outros traficantes. Em outras palavras, tinham tanta "ligação com o crack" quanto os tiroteios entre gângsteres durante a Lei Seca se "relacionavam com o álcool". A ideia de que o crack transforma usuários até então não violentos em assassinos maníacos não se apoia em dados concretos. Em matéria de drogas, a maioria das pessoas tem convicções que não se apoiam na realidade.

No meu caso, a utilização de drogas estava completamente desvinculada dos meus outros comportamentos delinquentes. Eu não diminuí a velocidade do carro a fim de permitir que Richard apontasse a arma para aquele sujeito branco porque estava enlouquecido de drogas ou quisesse dinheiro para conseguir drogas. Tampouco tínhamos uma arma por causa delas. Eu nunca furtei nem vendi maconha porque precisasse de dinheiro para fumar. Na verdade, eu não gostava muito de maconha. Aos dezesseis anos, experimentei cigarro comum, haxixe e álcool, mas, como sempre, meu principal objetivo era ser cool, o que significava consumo de raro a moderado: eu não queria me sentir fora do controle, nunca, e percebi o quanto me embebedar ou curtir uma onda podia interferir nesse sentido.

Minha prioridade era o atletismo. Eu não seria capaz de fazer nada que pudesse comprometer meu desempenho na quadra de basquete. O fato de ter trocado meu esporte principal, o futebol, para basquete no ensino médio, por causa do machucado no joelho, já me tinha deixado em desvantagem. No ensino fundamental e no médio, enquanto eu jogava futebol durante horas e horas, diariamente, a maioria dos meus colegas e competidores já estava exclusivamente voltada para o basquete. Mas na época eu só jogava basquete, de maneira organizada ou em jogos improvisados, fora dos períodos de campeonatos de futebol.

Eu tentei compensar os anos de treino perdidos jogando muito à noite, mesmo nos dias em que já tivesse passado algumas horas na quadra do colégio. Às vezes, eu era o único treinando arremesso às duas da manhã, nos conjuntos residenciais onde minha família finalmente nos tinha convencido a morar. Acontecesse o que acontecesse, eu sempre treinava pelo menos duas a três horas por dia. E quando estava com raiva, entediado, quando não conseguia dormir ou simplesmente não aguentava mais todo mundo, com seus dramas, eu saía para praticar ainda mais. Raramente me cansava, até me certificar de que minha habilidade estava realmente no ponto. (Hoje me dou conta de que devia deixar os vizinhos malucos, já que a quadra ficava no centro do conjunto, num espaço aberto, cercado por dez prédios.) No verão entre o segundo e o terceiro anos do ensino médio, participei de três times e devo ter jogado, entre treinos e partidas, mais de seis horas na maioria dos dias, às vezes mais.

Todas aquelas biografias juvenis de atletas que eu tinha lido enfatizavam o trabalho duro e os treinos incessantes. Diziam que as drogas eram um mal, que fumar o que quer que fosse podia prejudicar o desempenho. Batiam muito na tecla de acreditar na própria força interior e na força de vontade, reforçando o ideal americano do *self-made man*, o sujeito que sai vitorioso com muita persistência e uma determinação inabalável. Mostraram-me que a única maneira de vencer era se esforçar mais que os concorrentes e se valer de todos os meios ao alcance para maximizar a própria capacitação.

Assim, embora todo mundo achasse que minha altura era uma desvantagem – eu mal chegava a 1,70 metro –, decidi não encarar as coisas dessa maneira. Eu funcionava como armador. Portanto, não precisava ficar lá na frente tentando competir com aqueles armários duplos. Minha função era distribuir a bola. Sempre fui um dos mais rápidos na quadra, com excepcional habilidade no manejo da bola. Se chegasse diante do aro com

Arremesso livre durante um jogo de basquete no colégio.

um grandalhão, tudo bem, eu conseguia marcar ou ele ia cometer uma falta – não me importava. Eu era absolutamente destemido, enfrentava mesmo. Levava vantagem porque os maiores não esperavam aquilo, mas o fato é que eu não ia deixar ninguém me passar para trás. Eu vinha de um bairro onde a qualquer momento você podia ter de lutar para defender sua reputação, enfrentando uma violência que podia ser fatal. E levava esse tipo de intensidade para a quadra. O pior que alguém podia fazer era tentar cometer falta em mim. Tudo bem, ganho então dois arremessos livres. Era tudo que eu queria.

Na penúltima série, passei do time júnior para o titular. No último ano, eu era o jogador mais importante de um time que tinha boas chances no torneio estadual. Mas no penúltimo ano, pela primeira vez na vida, eu não saí do banco. Isso porque tinha trocado de esporte e não estava à altura dos jogadores veteranos no basquete. Eu não conseguia suportar aquilo, e qualquer abertura que aparecesse, eu tratava de entrar em jogo.

Nesse contexto, parecia fácil passar longe do tabaco e do haxixe. Assim, quando queria me abster, sempre tinha a justificativa de que estava preocupado com meu desempenho na quadra. Para ser cool, claro, eu não podia me abster completamente e todas as vezes, nem ia sair pregando contra o uso de drogas. No entanto, em consequência dessa atitude, no início eu fazia um uso apenas simbólico das drogas e sempre tomava cuidado com as doideiras, para não me sentir fora do controle.

Como acontece com a maioria das pessoas, contudo, a primeira droga que eu experimentei foi o cigarro, fumando um Kool ou um Benson & Hedges roubado, com Amp e Mike, no quintal da minha tia, quando tinha sete anos e eles, dez e onze, respectivamente. Nenhum de nós sabia o que fazer com o cigarro. O principal objetivo era parecer mais velho e impressionar as garotas da vizinhança que estavam pendurando roupa no varal, no quintal ao lado. Achando-me a salvo do olhar de qualquer adulto, peguei um cigarro com os primos, acendi-o e inalei profundamente. Tossi a fumaça para fora e fiquei posando com o cigarro entre os dedos, fazendo um enorme esforço para parecer um cool hollywoodiano sofisticado. Prendendo a tragada, constatei que ficava tonto. Também senti a mais terrível dor de cabeça que jamais experimentara, um dos efeitos mais tóxicos da nicotina.

Pior ainda: não demorou, e as garotas estavam rindo de nós – e não conosco. Nós achávamos que o depósito de ferramentas, bloqueando a visão da casa, nos deixava ao abrigo do olhar dos adultos. Julgávamos até que conseguíamos algum progresso com as moças, flertando por cima da cerca enquanto tentávamos parecer homens, com nossos cigarros. Mas é provável que o namorado de minha tia, Cooper, tenha dado pela falta de alguns cigarros, ou então alguma outra coisa chamou a atenção dela. O fato é que os dois saíram de casa, discretamente, fazendo sinal para que as meninas não deixassem transparecer que chegavam pelas nossas costas. Antes que desconfiássemos, estavam berrando: "Mas o que é que acham que estão fazendo?" – e correram atrás de nós pelo quintal. As garotas mal podiam conter o riso histérico.

Nunca mais experimentei outro cigarro até servir na Força Aérea, no Reino Unido – e mesmo então nunca passei de um fumante social, pelos mesmos motivos que determinavam minha moderação com a maconha: basicamente, a preocupação com o desempenho atlético. Nunca na vida comprei um maço de cigarros para mim mesmo, mas durante o serviço militar fumava com os amigos em pubs, para potencializar o efeito do álcool. Achava que isso intensificava o agito estimulado pela primeira bebida. Depois fiquei intrigado ao deparar com um estudo que examinava esse fenômeno, dando a entender que eu estava certo.

Minha primeira bebida alcoólica foi menos emocionante que o primeiro cigarro. Acho que eu tinha doze anos. Lembro que abri a geladeira desesperado de sede depois de jogar futebol num calor sufocante. Além de água, a única bebida no refrigerador era uma garrafa de Champale cor-de-rosa (o champanhe do pobre), e eu queria algo melhor que água. Bebi a garrafa inteira, de 350 mililitros, achando que saboreava o paladar enjoativamente doce. Depois, no entanto, iria me dar conta de que tinha gostado da sensação de relaxamento, daquele resfriamento calmo, mas também de certa forma estimulante, que tomou conta de mim. Contudo, o álcool jamais se tornaria algo de que eu precisasse ou que desejasse particularmente. Rezava o folclore que alguns bons tragos de licor de malte Private Stock mantinha a virilidade ereta para sempre – e então às vezes eu tentava beber, quando estava com uma garota. Naturalmente, como sempre acontece com esse tipo de história, era pura balela. Claro que uma pequena dose de álcool pode reduzir a ansiedade, com isso melhorando o desempenho sexual. Assim, fora o eventual uso como coadjuvante sexual, o álcool não era realmente a minha praia.

Meu interesse pelo álcool era tão pequeno na adolescência que minha mãe guardava um verdadeiro bar, com direito a destilados e outros produtos, no quarto de dormir que eu dividia com meu irmão menor. Ela não tinha a menor preocupação de que pudéssemos atacá-lo. Eu já vira que o álcool era capaz de levar certos adultos a perder a calma e a fazer bobagens (embora não fosse observador o bastante para detectar os efeitos agradáveis e de alívio da tensão que se manifestavam quando as pessoas bebiam moderadamente). Também me dera conta de que ele podia deixar as pessoas desmazeladas e patéticas. Um dos amigos de minha mãe era um veterano do Vietnã chamado Paul. Muitas vezes ele aparecia embriagado na nossa sala de estar, queixando-se de suas experiências na guerra. Eu ficava com pena dele, naquele estado. As bebidas de minha mãe estavam a salvo no meu quarto.

Talvez a maconha tenha sido a droga de que mais me aproximei no ensino médio. Ela parecia estar em toda parte, no fim da década de 1970 e no início da seguinte (naturalmente, todas as gerações de estudantes depois dos anos 60 disseram a mesma coisa). Naquela época, mais de dois terços dos colegiais diziam ter queimado fumo pelo menos uma vez. No meu mundo, o haxixe também estava em todo canto. Alguém do grupo sempre tinha algum. Mas até os meus quinze anos, aproximadamente, eu nunca me dera ao trabalho de experimentar. Como no caso do tabaco, ficava preocupado com os possíveis efeitos negativos sobre o corpo. Certa noite, contudo, dois amigos meus – Derrick "Super Slick" Abel e outro que aqui chamarei de Frank, e que nós chamávamos de Snake – decidiram que iam me apresentar.

Snake provavelmente era o melhor jogador de basquete do bairro, com cerca de 1,90 metro e pesando 90 quilos. Era criado pelos avós, que o mimavam, dando-lhe praticamente tudo que tinham, embora tivessem pouco. Deixavam que saísse com o velho calhambeque sempre que queria. Fumar haxixe era um de seus passatempos favoritos. Naquela noite, ele e Slick estavam resolvidos a compartilhar a experiência comigo.

Snake levou-nos ao lugar em Opa-Locka onde comprava seu bagulho. Depois estacionamos no fim de uma rua deserta e fumamos uns dois baseados, ouvindo o som suave de *The Quiet Storm* na rádio 99.1 WEDR.

– Porra, não estou sentindo nada – declarei. – Isso não presta.

Snake e Derrick olharam para mim e depois se entreolharam. Rindo, um deles disse:

– É isso aí, pirou legal.

Eu insistia em dizer que estava bem e que não sentia nada diferente do habitual, mas os dois continuavam rindo e repetindo:

– O neguinho piroooou legal.

Qualquer coisa que eu falasse, toda vez que eu ria ou simplesmente olhava para um dos dois, tudo servia apenas para lhes confirmar que eu estava viajando. Mas eu ainda achava que não.

Na verdade, só fui notar algo diferente quando eles me deixaram de volta em casa. Minha irmã Joyce olhou para mim e disse:

– Caraca, você deve estar bem torto.

Eu já tinha ouvido aquilo antes. De modo que fui em frente sem ligar. Mas acho que devia estar meio cauteloso e hesitante, e não parecia o cara descolado de sempre. Meus olhos deviam estar vermelhos, ou talvez eu cheirasse a maconha. Eu ainda não sacava que a erva afeta a consciência.

Fui para o meu quarto, e as coisas começaram a ficar estranhas. Botei um disco e tentei cair no sono. Mas de repente tive a sensação de que estava dentro da bateria. Pensei com meus botões: "Mas que merda é essa?" A música me envolvia, pulsante, inescapável. Não era assim que ela costumava soar. Meu coração também estava acelerado. Eu tinha a sensação de que ele acompanhava a batida do rhythm and blues. E se aquilo não fosse saudável? Eu poderia morrer?

A experiência foi perturbadora. Eu sabia que não costumava ficar tão consciente de minha batida cardíaca. Sabia que não costumava achar a música tão intensa. Não entendia que é justamente isso que as pessoas consideravam agradável. Não gostava de ter meus sentidos ou minha consciência alterados. Achava aquilo meio desorientador e até ligeiramente intimidante. A ideia de que as pessoas buscassem deliberadamente substâncias que alterassem a maneira como viam o mundo me deixava muito intrigado.

Eu nem sequer havia pensado na possibilidade de que as drogas mudassem nossa maneira de ver as coisas. Essa ideia simplesmente não me ocorrera. Eu só pudera ver as pessoas "ligadas" de fora, sem perceber que, de dentro, aquela podia ser uma forma completamente diferente de ver a vida. Eu só tinha consciência do estranho comportamento exterior dos outros.

Na adolescência, eu não passava muito tempo pensando sobre o modo como as outras pessoas viam as coisas. Em parte, era isso que me permitia fazer coisas como provocar aquele carinha branco na rua. Não me ocorrera que as percepções *de fato* podiam variar muito em alguém, ou de uma pessoa para outra. Depois eu iria descobrir que a compreensão da ideia de diferenças de consciência e de mudanças nas experiências sensoriais podem nos ajudar a entender os pontos de vista dos outros, permitindo-nos entrar em empatia com situações diversas das nossas. Na época, contudo, fiquei desestabilizado com a perda de controle. O haxixe não parecia nada divertido, nem algo capaz de abrir horizontes. Era, isso sim, bastante perturbador.

Curiosamente, mais tarde, quando li a pesquisa do sociólogo Howard Becker sobre o fato de os usuários de maconha necessitarem aprender a curtir a onda, não engoli essa ideia de cara. Àquela altura, eu mesmo estava tão decidido a encarar as drogas pelo modo como afetam o cérebro que esquecera o papel desempenhado pelas forças sociais. Pensando em retrospecto em minha própria experiência inicial, contudo, dei-me conta de que acontecera comigo exatamente o que ocorria com os voluntários da pesquisa de Becker, entre os quais a primeira onda não fora memorável nem agradável. Só depois de fumarem várias vezes com outros usuários – que lhes ensinaram a detectar e apreciar as distorções sensoriais e outros efeitos – eles começaram a interpretar positivamente a viagem. Só muito depois eu começaria a reconhecer que fatores como a experiência anterior com drogas e o ambiente em que elas são consumidas importam muitíssimo para entender e experimentar os efeitos das drogas.

No meu tempo do ensino médio, todavia, eu não gostava de maconha. Logo viria a descobrir que havia uma forma de usar a droga e ficar por cima das coisas. Minha prima Sandra começara a sair com um sujeito que chamávamos de Jamaican Mike. Ele tinha contato direto com o fornecedor de uma excelente maconha da ilha caribenha. Em geral, os jamaicanos e os afro-americanos não se misturavam muito no meu círculo. Nós os olhávamos com desprezo, e vice-versa. O mesmo se aplicava à nossa relação com os cubanos e os haitianos, que também tinham presença muito forte no sul da Flórida. Mas as drogas – e às vezes também as mulheres – podiam representar um terreno comum.

Jamaican Mike queria estar na boa comigo (ou seja, queria ser considerado cool por mim), e sempre me oferecia sua maconha. Embora eu não apreciasse particularmente a coisa, havia ao meu redor pessoas cuja apreciação me afetava.

Como eu era capitão do time de basquete, cabia a mim inspirar os outros jogadores para que dessem o melhor de si. Bruce Roy, que na época cursava o segundo ano, era um dos jogadores mais talentosos que eu tinha visto. Gostava de haxixe pelo menos tanto quanto de basquete, talvez mais. Para que nos déssemos bem na quadra, Roy era essencial. Mas às vezes ele faltava aos treinos, porque estava chapado ou depois de algum outro agito. Eu saquei que a maconha de Jamaican Mike representava uma solução parcial. Como Bruce fumaria de qualquer maneira, eu podia lhe fornecer a droga. Isso significava que ele teria de comparecer aos treinos se quisesse a melhor maconha da área.

Foi assim que comecei a vender, e não por causa de vício ou por apreciar a droga. Eu o fazia pelo papel que o haxixe desempenhava em meu mundo social. A maconha podia levar Bruce aos treinos, e eu usava seu desejo de consumir a droga para ter mais controle sobre minha própria vida, certificando-me de que um dos meus principais jogadores apareceria na quadra. Embora isso não servisse para abrir minha mente, em termos de seus efeitos em minha consciência, de fato expandiu meu círculo de amigos, pois meu acesso à droga me pôs em contato com os chamados doidões ou maconheiros do colégio. Antes, como atleta, eu os desprezava. Mas agora começava a ver que aquelas pessoas podiam ser cool. Na verdade, viriam a se revelar algumas das pessoas mais abertas, inteligentes e intrigantes com quem convivi no ensino médio.

Comecei a passar minha hora de almoço com o porteiro do colégio, um *brother* chamado Bobby, que eu conhecia da vizinhança. Ele me lembrava "Carl o Zelador" de *O clube dos cinco.** Nós ficávamos com duas garotas brancas, uma delas muito legal, chamada Jana. Eu a conhecia desde o ensino fundamental. Às vezes ela ficava tão doidona, tomando sabe Deus que mistura de drogas, que praticamente perdia a consciência na sala de aula. Jana tinha cabelos lisos e louros, estilo Marcia Brady, e usava delineador preto.

Nós quatro ficávamos viajando na casa de minha prima Betty, o mesmo lugar onde eu quase fui morto dormindo com Naomi, na noite em que o marido de Betty chegou e achou que eu estava na cama com ela. Eu não tinha percepção suficiente para entender que Jana era lésbica, e isso explicava em parte por que eu não conseguia me acertar com ela. Embora gostasse de sua personalidade original, acho que nunca teria me tornado seu amigo, não fosse pela maconha. A experiência com a ampla variedade de pessoas atraídas pelas drogas e pela cultura das drogas também me ajudaria depois, quando comecei a fazer pesquisas para entender seu uso e o vício.

Para os que voltam sua atenção para a patologia, naturalmente, minhas experiências com drogas seriam consideradas uma aberração. Tive, na infância, muitos fatores de risco para o vício. Eles são outra parte do diálogo sobre drogas e vício que muitas vezes é malcompreendido. Por exemplo, cresci num ambiente de violência doméstica. Só isso já se vincula a um risco de vício que pode ser duplicado ou até quadruplicado em comparação com pessoas que não vivem num lar marcado pela brutalidade.[5] Meu pai decerto abusava do álcool, outro fator associado a um risco duplo ou quádruplo. Além disso, minha mãe às vezes fumava quando estava grávida e meus pais se divorciaram – ambos fatores também fortemente associados a risco elevado. Por outro lado, eu vivia num bairro pobre, com escolas ruins, numa época marcada pelas tensões raciais.

---

* *The Breakfast Club*: filme americano, de 1985, dirigido por John Hughes, em que cinco adolescentes ficam presos de castigo na escola e acabam revelando suas personalidades e dividindo seus dramas pessoais; o zelador Carl é o encarregado de vigiá-los durante o período de confinamento. (N.T.)

Com tudo isso contra mim, era de esperar que o vício fosse inevitável. Mas não é assim que os fatores de risco funcionam. Como vimos, o simples fato de encontrar uma correlação entre dois fenômenos não significa que um seja a causa do outro. Por exemplo, um ET que chegasse à Terra poderia observar uma forte correlação entre a presença de guarda-chuvas e a quantidade de chuva. Esse ser chegaria à conclusão de que a presença de maior número de guarda-chuvas provoca chuva, o que naturalmente não seria incorreto. Nós, terráqueos, sabemos que quanto mais chover, maior é a probabilidade de que as pessoas usem guarda-chuvas para se proteger.

Talvez seja verdade que a violência doméstica deixa as crianças mais suscetíveis ao vício; ou, então, que cada uma dessas coisas esteja associada a um terceiro fator, por exemplo, ao estresse, que provoca violência doméstica e aumento do vício, ao passo que a violência doméstica em si mesma não tem efeito direto sobre a suscetibilidade ao vício. Desse modo, o fato de apresentar um ou mais fatores de risco não está diretamente associado ao próprio vício, nem muito menos condena as pessoas a desenvolvê-lo de modo definitivo. Eu próprio nunca nem cheguei perto de me viciar em qualquer coisa.

Mais tarde, quando experimentei drogas como cocaína, consegui me manter ileso. Além disso, a realidade é que minha experiência é muito mais característica do que costuma acontecer com o uso de drogas que as dramáticas situações de vício apresentadas na televisão, no cinema e nos livros. A maior parte das pessoas que fazem uso de qualquer tipo de droga não chega a se viciar. A maioria daqueles que experimentam drogas nem chega a usá-las mais que algumas vezes.

Vejam-se, por exemplo, os casos dos nossos três últimos presidentes: Bill Clinton, que alegou que "não tragou" o(s) cigarro(s) de maconha que fumou; George W. Bush, que reconheceu ter usado maconha e esteve sob forte suspeita de ter usado cocaína também; e Barack Obama, que admitiu ter usado ambas as drogas. O presidente Obama chegou inclusive a dizer que tragar "era o que importava" no consumo de haxixe. Qualquer que seja a preferência política do leitor, não se pode dizer de nenhum deles que não chegou ao topo do poder e do sucesso.

Nos três casos, o uso de drogas não teve desdobramentos – em grande medida porque os presidentes escaparam às consequências legais. Se Barack Obama tivesse surgido no cenário político numa época em que a guerra contra as drogas tivesse a intensidade atual, nunca teríamos ouvido falar dele. Uma simples detenção lhe teria negado acesso a bolsas de estudo, resultado num período na cadeia e arruinado completamente sua vida, representando para ele uma ameaça muito maior que as drogas propriamente, incluindo o risco de vício em maconha ou cocaína. Mesmo entre pessoas com risco mais elevado, como no meu caso, a maioria não se torna alcoólatra nem viciada em drogas.

"Nós estamos na crista da onda, todo mundo vai querer vir", disse Russell Simmons a meu cunhado, Dr. Love, argumentando que devíamos cobrar US$ 5 pela entrada, e não os US$ 2 que normalmente recebíamos por um baile na noite de sábado. Russell estava gerenciando o grupo de seu irmão, Run-DMC. Como se sabe, ele viria a se tornar um dos maiores promotores de rap do mundo, transformando a Def Jam Records e outros empreendimentos do hip-hop numa fortuna de milhões de dólares. E o Run-DMC – juntamente com o irmão menor de Russell, Joseph "Run" Simmons, Darryl "DMC" McDaniels e Jason "Jam Master Jay" Mizell – logo se transformaria em uma das vozes pioneiras do hip-hop, levando para casa o primeiro disco de ouro no gênero e colocando-o nas paradas de sucesso. Em 1973, contudo, eles só tinham um single: "It's like that", com "Sucker MC's" no lado B.

Na época, o rap ainda estava nascendo. Era tão desconhecido que eu praticamente nem mencionava para os amigos de colégio que tocaríamos ao lado do Run-DMC na nossa próxima apresentação. Sem dúvida não estávamos convencidos de que as pessoas pagariam US$ 5 para ver e ouvir rappers, mesmo considerando que já tinham um disco single de sucesso. Ainda achávamos que não era muito cool, que talvez fosse até meio ridículo. Ninguém nem de longe desconfiava que o Run-DMC daria alguma coisa.

Russell tinha entrado em contato com os Bionic DJs porque queria que seu grupo fizesse uma turnê pelo sul da Flórida, e nós éramos conhecidos como os DJs mais quentes da região. O Run-DMC ainda não tinha equipamentos próprios de turnê e queria alugar os nossos para aquele trecho. Fizemos um acordo pelo qual eles podiam se apresentar conosco, usando nosso equipamento num show experimental no Washington Park Gym, onde eu fora ao meu primeiro baile no ensino médio. Não era nosso melhor local de apresentações. Tivéramos problemas de plateia não muito cheia algumas vezes, mas o espaço era amplo e estava disponível no momento certo, a um bom preço.

Dr. Love apresentou nossas objeções quanto ao preço, mas acabou concordando com os termos de Russell. Confirmamos então a data. Logo os rappers nos disseram que a pesada batida dos baixos vinha de uma máquina de ritmo 808. Nós queríamos vê-la, mas eles nem sequer a haviam trazido. Quando já estavam tocando, descobrimos que tinham decidido usar o som de seu próprio disco, e não a 808, quando tocavam ao vivo conosco. Meus cunhados não acharam isso nada legal. Às 9h30 ou 10h da noite do show, fomos todos lá fora para fumar maconha antes de começar. Alguém acendeu um bagulho dos grandes, que ficou passando de mão em mão enquanto conversávamos sobre música, equipamentos e quais as garotas mais gostosas dentre as que passavam.

Como tínhamos previsto com base no preço, contudo, apareceram apenas umas cem pessoas para vê-los. O show em si mesmo era interessante. Fiquei observando como o desempenho do Run-DMC encantava Amanda, uma garota com quem eu saía, em certa época. Eu pensei: "Humm, quem sabe se esse negócio de rap não é bom, talvez esse sujeito tenha talento, quem sabe essa coisa não impressiona as garotas?" Era difícil de acreditar, mas lá estava eu a observá-la enquanto ela se encantava com eles, com seus chapéus negros e seus jeans. O Run-DMC parecia deixá-la fascinada. Ainda assim, o comparecimento baixo azedou o acordo para os meus cunhados, que vetaram qualquer futura colaboração, por não terem recebido muito dinheiro.

Alguns anos depois, em 1986, quando eu servia na Força Aérea, na Inglaterra, comprei entradas para ver o Run-DMC quando estava em turnê pela Grã-Bretanha para o lançamento de seu álbum *Raising Hell*. Eles começavam a ser tocados nas rádios do mundo todo. Quando voltei para casa no ano seguinte, de licença, constatei que o rap tinha estourado no mercado. Toda noite, em qualquer festa, a gente ouvia o segundo álbum de LL Cool J e o Run-DMC, aonde quer que fosse.

Vi entrevistas do Run-DMC nas quais eles recomendavam à garotada dizer não às drogas e continuar na escola. E não podia deixar de achar graça, lembrando-me daqueles *brothers* fumando maconha com meus amigos atrás do Washington Park Gym. Mas ainda levaria algum tempo para eu distinguir entre a verdade e as balelas no que diz respeito às drogas.

7. Escolhas e oportunidades

"A sorte só favorece a mente preparada."

LOUIS PASTEUR

– APANHEI ESSE IMBECIL ROUBANDO – dizia o gigante para o patrão, enquanto eu negava veementemente.

Eu estava numa loja de peças de automóvel. Já tinha apanhado quatro baterias e levado para o carro de Derrick Abel quando fui pego tentando levar a última bateria em direção à porta. Percebendo que fora visto, voltei e disse ao desgrenhado mecânico que tinha uma pergunta a respeito daquela bateria, na esperança de que ele achasse que eu pretendia comprá-la. O rapaz disse que precisava chamar o gerente para tirar minha dúvida. Fez menção de me levar até o supervisor, querendo me armar uma cilada. Tentou me agarrar, e eu entendi na hora que precisava me arrancar, e depressa. Larguei a bateria e saí correndo.

Nisso, Derrick já tinha escapulido na minha frente. Ele sabia que o empregado da loja, totalmente fora de forma, não tinha a menor chance de me agarrar, e não quis se arriscar a diminuir a velocidade para me pegar. Não vendo outra saída, escalei a cerca do estacionamento. Estava no Hallandale Beach Boulevard, bem em frente a Carver Ranches, uma zona mista de pequenos negócios e residências. O empregado – com a barriga pendurada sobre o cinto – saiu correndo atrás de mim.

Mas eu era um atleta na melhor forma física. Atravessei o pátio voando. Sabia que se fosse apanhado estaria perdido. Com certeza seria expulso do time de basquete, ainda que não fosse condenado nem preso. O sujeito continuava a correr, tentando me alcançar. Dava o máximo de velocidade, mas já estava bufando com o esforço.

Saltei para a área seguinte, mas só percebi tarde demais que ali havia vários cães nada bem-dispostos. Os sonoros e insistentes latidos faziam meu coração bater ainda mais forte. Eu via aqueles olhos brilhantes, as bocas ameaçadoras. Tentando manter a calma, comecei a procurar a melhor saída. Consegui escalar uma grade depois de correr pela grama sem praticamente me abaixar ao passar pelos varais de cordas e as palmeiras. Os cães estavam mais perto de mim que o sujeito, mas ninguém ia me segurar.

Minhas mãos já estavam arranhadas, porém eu não sentia nada. Os cães continuavam a rosnar quando eu já corria na direção da 25th Street. O sujeito da loja tinha desaparecido. Ficara para trás na primeira cerca. Eu sabia que àquela altura alguém já tinha telefonado para a polícia. Não podia afirmar que fossem por minha causa, mas já ouvia sirenes a distância. Como aumentavam de volume, continuei a correr. Por dentro, estava rindo do gordo, no entanto, sabia que se fosse apanhado as consequências poderiam ser sérias.

Mas logo eu teria um refresco. Meu amigo Reggie Moore, que chamávamos de Tudy, estava passando de carro e me viu correndo pela calçada. Acenei para que parasse. Eu estava pingando de suor. Ele parou apenas o tempo suficiente para eu entrar em seu Buick Skylark 1972, e arrancou. À medida que nos afastávamos, comecei a relaxar, e meu batimento cardíaco se reduziu até o ritmo normal. Achei graça da sorte que tivera e me estiquei no banco do carona. Tremia só de pensar na sucessão de coincidências que tinham tornado possível a minha fuga. Não sei se algum dia fiquei tão feliz de encontrar uma pessoa.

Nos dois últimos anos no ensino médio, eu me envolvera progressivamente em crimes cada vez mais graves. Nunca havia violência, era tudo calculado para minimizar o risco e conseguir algum dinheiro extra, além do que podíamos ganhar com nossos empregos de salário mínimo. Meus amigos e eu costumávamos roubar baterias e aros de pneu para vender a oficinas e postos de gasolina. Antes disso, no primeiro ano, eu comecei a me envolver com garotos que assaltavam casas.

A essa altura, minha família já tinha se mudado para o conjunto residencial que ficava em Dania. Como a maioria dos meus amigos ainda estava em Carver Ranches, era lá que eu passava a maior parte do tempo. Às vezes ficava com minha namorada Marcia, com Big Mama ou com Vovó, outras, tentava conseguir carona para casa ou passava a noite por lá mesmo.

Meu primo Larry, um sujeito conhecido como Pink, de pele suficientemente clara para ser tomado por branco, e certo Dirty Red, que tinha sardas e cabelo ruivo, mas com a pele um pouco mais escura, eram os caras com quem eu costumava andar na época. Nós ficávamos no cruzamento da 26th Street com a 46th Avenue – para o pessoal da vizinhança, aquela era a "esquina dos viciados". Mas não é o que você está pensando: ninguém se injetava nem vendia heroína por ali. Era apenas o ponto onde a rapaziada bebia Private Stock e fumava haxixe. Era também onde nos gabávamos de nossas proezas sexuais e fazíamos planos de roubar TVs e outros bens de algum branco desavisado.

– Aí, estou sabendo de um pessoal que saiu da cidade, vamos lá no cafofo deles pegar umas coisas – propunha alguém.

– E aí, está nessa?

– Claro que estou.

– Estou dentro também – diziam todos.

– Cool – concordávamos, e então entrávamos em dois carros e nos dirigíamos para o bairro branco da cidade, como se ninguém fosse nos notar.

Eu sempre ficava no carro. Hoje sei que, se fôssemos apanhados, eu seria considerado o olheiro, mas na época não pensava assim. Às vezes só queria carona a fim de voltar para casa, outras, participava da partilha, recebendo, por exemplo, uma câmera menor que a minha mão, e que na época devia ser muito cara.

Eu sempre tentava ficar atento para os possíveis riscos, e não só os esperados benefícios dos crimes que cometia. Embora pudesse parecer pura impulsividade adolescente (e claro que eu tinha aquela arrogância adolescente que gera cegueira diante dos riscos; apontar a arma para o sujeito branco não fora exatamente algo inteligente), eu não era nenhum imbecil.

Não fazia nada que soubesse ser suscetível de levar alguém a ser processado. Não me arriscava a furtar no shopping center cheio de câmeras e guardas de segurança nem fazia nada violento, como espancar alguém. Meu objetivo era continuar no colégio para me tornar atleta profissional.

Certa vez, quando estavam assaltando a casa de alguém, os caras tiveram de botar para correr umas garotas que apareceram de repente e os pegaram com a boca na botija. Felizmente, foi o mais perto que cheguei de entrar em alguma fria com eles. Nós achamos muita graça, e nem pensamos que nosso comportamento podia afetar as garotas. Na verdade, provocamos Larry, que tinha dado um soco numa delas, na tentativa de roubar sua bolsa. Ele a atingiu tão de leve que ela nem deixou cair a bolsa, e Larry teve de sair correndo em direção ao carro antes que partíssemos sem ele.

No corredor da Miramar High School, no último ano do ensino médio.

Como nas minhas infrações anteriores da lei, esses atos não se relacionavam a drogas e tinham tudo a ver com credibilidade na rua. Mesmo quando participava de assaltos e roubava baterias, eu continuava trabalhando no emprego do momento. Comparecia ao serviço com pontualidade e sempre fazia o que era necessário, sem ver qualquer contradição em meu comportamento. Trabalhava pesado porque se esperava que as pessoas trabalhassem muito. Roubava porque nunca havia dinheiro suficiente. Ia ao colégio para conseguir uma bolsa e continuar no basquete. Aos dezesseis anos, eu ainda achava que ia jogar na NBA, embora meu sonho de consumo tivesse sido a NFL. O principal plano de carreira que cheguei a ter, ainda garoto, eram esses nebulosos sonhos de me tornar atleta profissional. Felizmente, eles tinham o efeito colateral de me manter no colégio.

Eu também me achava no direito de tomar daqueles que considerávamos ricos, como se fôssemos Robin Hood. No emprego mais bem-remunerado que tive durante o ensino médio, eu mal ganhava US$ 4 por hora. (Embora os caras mais velhos recebessem dinheiro atuando como DJs, eu ficava feliz só de participar, ao lado dos meus cunhados. Meu dinheiro era ganho de outra maneira.) Mais tarde, quando tomei conhecimento dos estágios do desenvolvimento moral classificados pelo psicólogo Lawrence Kohlberg, fiquei de alma lavada. Ainda na infância, eu atingira o nível "mais alto" de pensamento moral, segundo ele: deixara de achar que só as regras determinavam o que era moral para pensar em termos de princípios universais de justiça, antes de chegar à adolescência.

Sempre me parecera óbvio, por exemplo, que, se a nossa família precisasse de determinado remédio para salvar alguma vida, não seria imoral roubá-lo. Que pessoa se deixaria tolher por regras arbitrárias que dão acesso aos ricos e deixam que os pobres morram? Eu não entendia por que as pessoas não viam que uma situação era injusta quando uma propriedade era mais valorizada que a vida.

No último ano de colégio, Derrick Abel e eu traçamos um plano com um sujeito que conhecíamos, que transportava dinheiro de um cinema local para o banco. Nós o assaltaríamos, mas sem machucá-lo – na verdade, ele era nosso cúmplice. Soubemos que o veículo transportava milhares de dólares. Seria o nosso maior golpe, e não parávamos de falar a respeito. Mas nosso amigo Alex não quis se envolver. Ele tinha cerca de 1,80 metro, bigodinho e um corpo musculoso. Eu sempre achara que ele era cool. Mas Alex disse: "Vão à merda. Que babaquice!" Para minha perplexidade, negou sem rodeios.

Depois, pensando melhor, percebi que ele tinha uma família formada, com pai e mãe em casa, e recebera muito mais orientação que eu. Na época, contudo, decidimos naquele exato momento que Alex não era cool.

Que se fodesse, não éramos mais amigos. Deixamos ele para lá por algumas semanas. Alguém que tirava o corpo fora daquele jeito não podia andar conosco, não merecia confiança. Eu não achava que isso significasse frieza ou insensibilidade. Era simplesmente assim.

Na verdade, não passava pela minha cabeça que alguém dissesse não aos amigos. Para mim, ser cool, com tudo que isso implicava em termos de lealdade ao grupo, vinha em primeiro lugar. Essa era a base dos meus valores, uma das poucas coisas que realmente significavam algo para mim e estruturavam minha vida social. Pôr em risco esses vínculos parecia muito mais perigoso e ameaçador do que qualquer coisa que o sistema pudesse nos fazer se fôssemos apanhados. Se alguém continuasse cool, poderia enfrentar perfeitamente a situação. Caso contrário, não seria um homem. De qualquer maneira, não valeria mais a pena continuar a viver.

Afinal, não chegamos a assaltar o cara. Cerca de um mês depois, retomei minha amizade com Alex. Mas nunca mais voltei a falar com ele de minhas proezas, pois sabia que não estaria interessado em participar delas.

Episódios como o da loja de baterias, no qual quase fui pego, e nossa decisão algo arbitrária de não roubar o dinheiro do cinema sugerem sérias questões sobre o papel da sorte e do acaso na vida de uma pessoa. Se tivéssemos ido em frente com aquele plano arriscado, ou se eu fosse apanhado e punido por alguns dos meus outros atos, do jeito como tantos dos meus amigos acabariam sendo, muitas das oportunidades que vim a ter decerto teriam se perdido. Não que eu não cometesse as mesmas burrices dos outros garotos ao meu redor, mas eu não era pego. Como no caso dos presidentes Obama, Clinton e George W. Bush, parte do meu destino decorreu do fato de eu não ter sido apanhado consumindo drogas ou envolvido em outras atividades de "jovens e irresponsáveis".

Como cientista, bem conheço a frase de Louis Pasteur: "A sorte só favorece a mente preparada" – a ideia de que, embora a sorte desempenhe algum papel nas grandes descobertas, o trabalho duro prepara o solo sem o qual elas não podem florescer. O mesmo se aplica à minha vida. Sem muito trabalho árduo, eu nunca teria chegado aonde cheguei. Ao contrário da sorte, o trabalho persistente é algo que temos sob nosso controle, podemos fazê-lo ou tentar algum atalho. Isso é claro e muitas vezes diferencia os vencedores dos derrotados. Acredito profundamente no esforço, e repito isso *ad nauseam* para meus filhos.

Mas também tenho perfeita consciência de que, muitas vezes, o trabalho duro não é suficiente, em especial quando as burrices cometidas pelas crianças negras são punidas de maneira muito mais severa e com efeitos negativos muito mais duradouros do que as coisas não menos burras praticadas pelas crianças brancas. Naturalmente, não estou dizendo que crimes como assalto à mão armada não devam ter consequências. Só acho que as consequências devem ser educativas – e ao mesmo tempo permitir algum tipo de redenção.

Os fatos demonstram que o sistema penal não é a melhor maneira de impor essas consequências. Seus funcionários não são formados como educadores ou conselheiros, são treinados para diminuir os danos e distribuir punições. Além disso, é difícil administrar as prisões de uma forma que mantenha as crianças seguras e saudáveis, e seu funcionamento é muito mais oneroso que o de outras alternativas mais eficazes. Não é apenas a minha experiência – ou as de nossos três últimos presidentes – que indica que evitar o sistema judicial gera melhores resultados. Isso também ficou claro em vários estudos.

Esses dados demonstram que os adolescentes que não são apanhados, ou recebem por seus crimes sentenças que não sejam de detenção, se saem muito melhor em termos de emprego, educação e redução das reincidências que os encarcerados ou, de alguma outra forma, os isolados da comunidade e agrupados com criminosos.

Um grande estudo realizado nos Estados Unidos examinou os casos de quase 100 mil adolescentes que tiveram o primeiro contato com o sistema judiciário juvenil entre 1990 e 2005. Cinquenta e sete por cento desses jovens eram negros; a maioria esmagadora era do sexo masculino, com idade média de quinze anos; a maioria tinha sido detida por crimes relacionados a drogas ou assalto; todos foram estudados na época do primeiro delito.

Os pesquisadores constataram que, independentemente da gravidade do delito inicial, os adolescentes encarcerados tinham três vezes mais probabilidade de voltar a ser encarcerados quando adultos,[1] em comparação com os que não haviam sido encarcerados por delitos semelhantes. O fato de terem sido trancafiados não os deteve, pelo contrário, forçou-os a conviver com criminosos e possivelmente ensinou-lhes mais sobre outras maneiras de cometer diferentes tipos de crime, preparando-os para voltar à carceragem.

Pesquisadores canadenses realizaram um meticuloso estudo em grande escala, no qual 779 jovens de baixa renda de Montreal foram acompanhados dos dez aos dezessete anos; além deles, também eram entrevistados seus pais e professores. Anos depois, os pesquisadores examinaram as fichas policiais dos jovens, constatando que aqueles que haviam recebido alguma pena de detenção na adolescência tinham 37 vezes mais probabilidades de ser detidos quando adultos que os outros, que, com crimes semelhantes, não haviam sido encarcerados na adolescência.[2]

Os dados desse estudo e de outros demonstram claramente que a segregação de adolescentes desajustados em ambientes onde os pais não estão presentes e há poucos colegas voltados para o desempenho atlético ou acadêmico tende a agravar seu comportamento criminal.[3] O fato de ser considerado um "mau menino" e de conviver com colegas que acham que a única prova de virilidade e identidade são os comportamentos delituosos aumenta significativamente o risco de cometer crimes no futuro. Influências sociais exercidas pelo encarceramento na juventude são indicadores muito mais fortes de criminalidade na idade adulta que qualquer outra coisa que tenhamos identificado até agora em termos de fatores biológicos, como a ação da dopamina no cérebro.

Além disso, como os jovens negros têm mais que o dobro de probabilidades de ser detidos que os brancos,[4] os efeitos negativos do encarceramento juvenil têm um resultado desproporcional em nossa comunidade. (No caso dos delitos relacionados a drogas, a desigualdade é ainda mais flagrante: há cinco vezes mais processos envolvendo drogas movidos contra jovens negros do que contra jovens brancos, embora seja maior o número de jovens brancos – 17% – que declaram ter vendido drogas que o de negros – 13%.[5]) Esses fatos são desalentadores porque mostram o alcance do problema, mas também parecem indicar que uma solução evidente é diminuir os índices de encarceramento juvenil.

A vida de meus amigos, vizinhos e parentes evidenciava claramente esse contraste. Os que conseguiram evitar o contato com o sistema judicial, como eu, tinham muito mais probabilidade de acabar saindo do gueto. Por outro lado, muitos dos que foram apanhados nunca se recuperaram, ainda que o primeiro delito fosse menor. Esse incidente inicial acabaria levando a maior vigilância e a novas detenções – ou à experiência de detenção juvenil ou a outras formas de encarceramento que solidificavam a identidade criminal e/ou punham essas pessoas em contato com crimes mais graves. Era como se um seixo tivesse desencadeado uma avalanche. Um pequeno acontecimento gera uma cadeia de consequências devastadoras, mudando para sempre o rumo de uma vida.

Um dos exemplos mais tristes disso em minha vida é a história de meu primo Louie. O arremessador de beisebol e gênio da matemática com quem eu dividia a cama na casa de Big Mama era um aluno brilhante quando a mãe o transferiu de um colégio para outro. No novo ambiente, o garoto baixinho e magrelo achou que precisava provar que estava na onda com os novos amigos.

Pouco depois da transferência, Louie foi apanhado pela polícia por vadiagem ou algum outro delito trivial e não violento. Foi mandado para uma casa de detenção juvenil, aos quinze anos. Os poucos meses que lá passou o endureceram e lhe deram a reputação que buscava, em vez de servir de dissuasão. Tendo sobrevivido à prisão, ele passou a se ver como mau elemento. Em vez de voltar para as aulas de matemática avançada, faltava cada vez mais ao colégio e começou a conviver com criminosos profissionais. Logo estaria completamente fora de rumo.

A essa altura, Louie já participava de assaltos à mão armada, roubava caminhões de transporte de rádios, aparelhos de televisão e outros eletrônicos e utensílios. Ele e seus amigos assaltaram certa vez um caminhão da Brinks e esconderam tão bem o dinheiro que até hoje não foi encontrado. Mas os boatos sobre esse golpe assinalaram o auge da fama de Louie. Do meio para o fim da adolescência, ele começou a beber muito e a fumar maconha, e no início da casa dos vinte anos já começara a fumar crack. Acabou passando pelo menos dez anos na prisão, e hoje vive num centro de reabilitação, mal conseguindo se segurar com a medicação psiquiátrica que lhe foi prescrita ao entrar para a prisão. Embora os detalhes não sejam muito conhecidos, dizem que os remédios foram receitados para controlar o comportamento agressivo de Louie.

Felizmente, também há acontecimentos positivos que podem levar a uma espiral de círculo virtuoso, e não a uma escalada dos círculos viciosos. No meu caso, um deles foi minha decisão de fazer os Exames de Aptidão Vocacional das Forças Armadas (Asvab, na sigla inglesa de Armed Services Vocational Aptitude Battery). Embora tivesse trabalhado com afinco no atletismo e sonhasse alto em matéria de basquete universitário e NBA, eu não tinha pensado muito no que faria depois do ensino médio. Como dissera aos amigos que ia conseguir uma ótima bolsa de estudos para a universidade, eu sabia que de alguma maneira teria de sair de casa – ou correr o risco de perder a reputação pela qual tanto trabalhara.

Eu não sabia nada sobre o real funcionamento do basquete universitário nem sobre a importância dos treinadores para conseguir bolsas de estudos para os alunos. Ignorava as maquinações e realidades desse mundo. Sabia apenas que, sem uma bolsa integral, eu provavelmente não conseguiria entrar para a universidade. Assim, precisava de alternativas. Não ia conseguir muito apoio financeiro de minha mãe. Na verdade, imaginava que ela provavelmente me pressionaria a ficar em casa e trabalhar, em vez de estimular o prosseguimento de meus estudos. Na nossa família – como em muitas outras do meu bairro –, esperava-se que os filhos apoiassem os pais, ou pelo menos os apoiassem parcialmente, ao chegarem à idade de trabalhar.

Meu pai tampouco seria de grande utilidade. Ele jamais dera demonstração de que dispunha de dinheiro para gastar com os filhos. Às vezes eu encontrava-o, mas nessa época tínhamos nos distanciado, como muitas vezes acontece com pais e filhos na adolescência. A perspectiva de depender de minha mãe para financiar a faculdade ou a ideia de esquecer a universidade – e a oportunidade de uma carreira no basquete por ela oferecida – e passar a trabalhar em horário integral não me pareciam nada atraentes.

Talvez essas considerações formassem um cenário possível na minha cabeça. Talvez nada disso tivesse a ver com minha decisão de fazer os testes das Forças Armadas. Lembro-me somente de que, no início do meu último ano de colégio, decidi fazer os Asvab porque estaria dispensado de comparecer à aula naquele dia. Sei muito bem que não desejava entrar para a vida militar. Os conhecidos que tinham voltado do Exército ou da preparação para os fuzileiros navais pareciam ter passado por uma lavagem cerebral, deixando de se preocupar com as coisas que valorizávamos. Mas minha orientadora, a sra. Robinson, dissera que eu podia sair do colégio cedo se fizesse o teste – e eu sabia que podia responder depressa às perguntas e logo estar em companhia dos amigos, bem antes do que se comparecesse às aulas. Essa decisão quase aleatória teve considerável influência em minha vida.

Na lanchonete do colégio, diante de um lápis nº 2 e de um caderno de perguntas, meu principal objetivo era acabar logo com aquilo. Mas não fui preenchendo os quadradinhos ao acaso. Seria uma burrice, muito embora eu achasse que não dava a mínima para o resultado. Mas ia adivinhando, sem pensar muito, ou deixava as questões em branco quando a resposta não vinha fácil à minha cabeça, em especial nas seções de leitura e vocabulário.

Quando cheguei à seção de matemática, contudo, comecei a prestar atenção. Eu tinha o meu orgulho. Pensei: "Vocês podem me passar a perna em inglês e estudos sociais, mas não em matemática." Fiz o melhor possível. Entreguei a prova e esqueci o assunto em minha rotina diária de basquete, noites com namoradas e microfone nos fins de semana. Nem voltei a pensar naquilo.

Alguns meses depois, vieram os resultados. Para minha total perplexidade, fui informado de que era uma das raras pessoas de meu colégio com nota suficiente para ser recrutado pela Força Aérea. Na época, fiquei todo orgulhoso. Hoje não creio que isso fosse prova de minha inteligência especial: os garotos que queriam ir para a universidade não se submetiam aos Asvab, e suspeito que não fui o único a fazê-los simplesmente para matar aula. As notas teriam sido muito mais altas se toda a turma fosse obrigada a prestar os testes – ou se deles só participassem os alunos que seguiriam para a universidade. O resultado não refletia uma imagem autêntica dos garotos mais inteligentes do colégio.

Apesar do reconhecimento pelo meu desempenho no basquete em todo o município, não consegui a bolsa. Por conseguinte, a vida militar tornou-se uma opção mais concreta.

Em retrospecto, eu diria que se tratava de uma amostra viciada. Por exemplo, em minha pesquisa, eu não devo pensar apenas na droga que acaso esteja estudando, mas também nos tipos de pessoa disponíveis para participar no estudo e se eles representam bem a população que quero compreender. Embora analise suas experiências subjetivas junto com elas, também estudo seu comportamento em diferentes dias e com diferentes doses de drogas. Esses fatores contextuais importam muito: em determinada situação, posso encontrar um efeito, mas em outra constato o resultado oposto, ou efeito algum.

Costumo explicar isso da seguinte maneira: suponha que sua única experiência de dirigir um carro tenha sido estar ao volante pela primeira vez em meio a uma tempestade com trovões, ou a uma nevasca, numa autopista engarrafada. Você provavelmente ia achar que dirigir era muito perigoso, algo fora do alcance da maioria das pessoas. Você iria generalizar a partir de sua única experiência, naquelas terríveis condições, e encarar a condução de um carro como algo a ser objeto de extrema restrição.

Naturalmente, sua amostragem desse tipo de situação está limitada a uma vivência extrema. Não inclui a possibilidade de dirigir num dia de sol luminoso, guiar depois de anos de experiência ou numa tranquila estrada do interior. Da mesma forma, usar droga uma ou duas vezes e ver um amigo ficar realmente paranoico em consequência dessa droga não representam uma amostra adequada do leque de possíveis experiências com drogas. Assim, também, tomar como amostra apenas os resultados dos alunos que não pretendem seguir estudos universitários num teste de inteligência não é representativo dos possíveis resultados de determinada turma de colégio.

Aprender a pensar sobre como isolar causas e efeitos das coisas, contudo, era um resultado daquela escolha aleatória de fazer os testes. Ela abriria todo um novo mundo de possibilidades para mim. Se eu não tivesse tomado aquela decisão em aparência irrelevante de fazer os Asvab, é improvável que hoje eu fosse cientista e professor universitário.

Uma vez divulgados os resultados, contudo, o Exército e a Força Aérea fizeram de tudo para tentar me recrutar. De início, não levei a coisa a sério. Mas minha orientadora insistiu para que eu encontrasse os recrutadores. Ela marcou os encontros em seu escritório e me dispensou da aula, mais uma vez assegurando meu comparecimento, por ter entendido o que me motivava. Embora eu agisse como um palhaço ou literalmente dormisse em muitas aulas, a sra. Robinson gostava de mim e não desistia, sabendo que a vida militar era uma das poucas alternativas que poderia fazer diferença na minha vida. Sua excepcional dedicação no sentido de me assegurar um futuro contou muito.

Eu continuei bastante resistente, no início. Uma das experiências mais deprimentes que tivera na infância fora ouvir Paul, amigo da família, falar sobre o Vietnã. Ele estava invariavelmente bêbado, cheirando a álcool. Suas lembranças eram terríveis, e de repente ele começava a nos brindar com histórias de cabeças explodindo, rostos dilacerados. Sua expressão de horror e as manifestações físicas do medo, como suar em bicas, ilustravam muito melhor que as palavras a forma como a experiência da guerra o tinha arrasado. Paul falava de amigos que morreram ou ficaram aleijados, de outros *brothers* que voltavam para casa fisicamente íntegros, mas de certa forma mentalmente ausentes. Várias vezes nos exortava a não nos alistar, insistindo em que os negros eram ainda menos valorizados pelos Estados Unidos quando mandados para a guerra.

Naturalmente, os representantes do Exército e da Força Aérea pintaram um quadro muito diferente, como se poderia esperar de recrutadores. Enfatizando o basquete e os estudos universitários, frisando que o país estava em paz, eles passavam por cima da principal missão dos militares, nem sequer mencionavam a guerra ou os combates. Eu não precisava me preocupar com isso. Eles davam a entender que eu tinha apenas de acatar algumas ordens e me manter fisicamente em forma. Explicaram que, na caserna – ao contrário do que acontecia na universidade –, eu poderia jogar bola e ficar quase totalmente livre das anuidades universitárias. Elogiaram minha inteligência, minha capacidade, e mantiveram o foco o tempo todo no que me esperava de bom.

Pareceu-me que minha única alternativa era pedir ajuda financeira, mas eu não tinha a menor ideia de como poderia levantar o resto do dinheiro para pagar as taxas e os custos dos estudos. A perspectiva de continuar dependendo de minha mãe não me agradava. E eu sabia que não teria condições de ficar em casa e enfrentar a decepção de minhas irmãs e de Big Mama, que tinham me apoiado na carreira atlética e estimulado a ficar na escola. Decerto eu não ia aguentar os risinhos irônicos dos rivais se não deixasse Miami para jogar basquete universitário em algum lugar. Assim, não demorou muito, e eu já não tentava decidir se assinava ou não, mas se a melhor opção seria a Força Aérea ou o Exército.

Mais uma vez, uma escolha aleatória – que poderia parecer totalmente improvável – me botou no caminho do futuro. Encontrei-me várias vezes com cada um dos recrutadores. O do Exército era um *brother*. Tentou me vender seu peixe demonstrando como ele mesmo era cool e, por extensão, como eu também poderia sê-lo se entrasse para o Exército. Como você já deve saber, isso deveria ter fechado a questão para mim, mas o fato é que não entrei na dele, achei que estava forçando um pouco a barra. Seu comportamento não era autêntico, ele parecia uma fraude.

Em contraste, o recrutador da Força Aérea era um clássico branco imbecil. Não fez o menor esforço para parecer cool nem fingir que se parecia comigo. Pelo contrário, foi bem direto e falou da maneira mais franca. Percebeu intuitivamente que jamais iria me impressionar tentando ser alguém que obviamente não era – o que por si só já causou boa impressão, fazendo com que ele parecesse digno de confiança.

Ainda assim, eu continuava sopesando as possibilidades. Talvez eu tenha caído, sem querer, numa das mais antigas armadilhas comportamentais: deparar com opções que não me interessavam e achar que uma delas era a melhor escolha, esquecendo qualquer outra coisa além das alternativas apresentadas. Em dado momento, dei por mim olhando para o uniforme verde do Exército e pensando: "Não posso fazer isso, não posso. Essa bosta não é para mim." De alguma maneira, aquilo ia de encontro ao meu senso de estilo. Eu jamais seria capaz de me ver vestido daquela maneira. Voltava então a pensar no basquete e nas bolsas de estudo, achando que, quem sabe, talvez...

Depois, numa conversa com o recrutador do Exército e seu superior, eu simplesmente caí no sono, pois estivera fora até muito tarde, com uma garota. Dormir em sala de aula não era incomum para mim, mas era a primeira vez que acontecia numa reunião com poucas pessoas. O sujeito começou a me pressionar, dizendo que aquele cochilo o deixara embaraçado na presença do superior, que eu devia assinar, como forma de compensação. Mas comecei a pensar de novo no horrível uniforme verde e no que a Força Aérea teria a me oferecer.

Finalmente, voltei a procurar o recrutador da Aeronáutica. A essa altura, eu já associava o Exército a alguns dos *brothers* menos inteligentes que conhecia: era para onde eles costumavam ir, nas Forças Armadas. Nisso a Força Aérea levava vantagem, especialmente considerando-se que eu me sentia lisonjeado por me julgar mais inteligente, tendo feito o número de pontos necessários para me alistar na Aeronáutica. O uniforme não era totalmente inaceitável, e certamente não era medonho como o verde do Exército.

Os homens do ar eram mais elegantes, tanto mentalmente quanto no vestuário. Em retrospecto, pode parecer meio estranho, mas de novo uma decisão não muito bem ponderada – preferir o azul da Força Aérea ao verde do Exército, querer fazer parte de uma arma que exigia QI mais elevado – me levou ao caminho da ciência.

Como eu ainda tinha dezessete anos, minha mãe também teve de assinar meu contrato de alistamento. Foi um momento irônico para mim. MH estava sentada a uma mesa, na casa de Vovó, com toda a papelada à sua frente. O recrutador da Força Aérea estava presente, mostrando como preenchê-la. De repente, ela parou. Olhou para mim antes de acabar de assinar e perguntou: "Você tem certeza de que quer isso?" Lembrando-me de todas as vezes em que ela não esteve lá quando precisei de orientação, pensei com meus botões: "Agora você quer bancar a mamãe? Assine logo essa porra." Achei que ela estava apenas ostentando um comportamento maternal para impressionar o recrutador.

8. Treinamento básico

"Não tente se modificar; modifique seu ambiente."

B.F. Skinner

Os militares têm um método científico de doutrinação. Sabem como se valer de experiências como a exaustão, a pura e simples pressão, o isolamento dos amigos e da família e a desorientação para obter efeito máximo no campo de treinamento de recrutas. Embora os desafios físicos não fossem nada em comparação com os exercícios de preparação que eu fazia no colégio, os desafios mentais a minhas ideias sobre mim mesmo, sobre raça, autocontrole e desejos foram precoces e às vezes intimidantes. Eu comecei no dia 24 de agosto de 1984.

Na noite antes de minha partida, a Força Aérea concordou em pagar um quarto de hotel perto do aeroporto, para não correr o risco de eu perder o voo para Dallas na manhã seguinte, bem cedo. Fiquei acordado quase a noite inteira, com os amigos do colégio, sabendo que podia ser a última vez que os via. Em meio a risos e piadas, os caras me diziam que eu voltaria com o cérebro lavado, como outros da vizinhança que tinham entrado para o serviço militar. Mas só fiquei ansioso de verdade quando amanheceu e me dirigi ao aeroporto. Seria meu primeiro voo na vida.

Embora fosse fácil para os militares nos levar diretamente a San Antonio, fomos mandados para Dallas, onde tivemos de esperar durante horas no aeroporto. Fizemos então uma longa viagem de ônibus até a base aérea de Lackland.

Isso é bem engenhoso, pois a exaustão começa a fazer efeito antes mesmo de nos darmos conta. Quando finalmente cheguei a Lackland, já era por volta da meia-noite, e ainda não estava na hora de descansar. Por um período que me pareceu interminável, fomos obrigados a ficar de pé, prestando atenção, enquanto o tédio e o desgaste físico da posição drenavam nossa mente e nosso corpo. Não havia relógios, e o fato de não saber a hora aumentava ainda mais o desconforto e a desorientação.

A certa altura, os instrutores de treinamento apareceram aos berros, nos xingando e nos chamando de filhinhos da mamãe patéticos, e começaram a próxima etapa da doutrinação. Pensei com meus botões: "Só pode ser piada." Quase comecei a rir, pois parecia demais o clichê das cenas de campo de treinamento que eu vira em filmes como *A recruta Benjamin* e *A força do destino*. Exatamente como os sargentos de Hollywood, eles ridicularizavam nossas roupas, a barba por fazer e nossa incompetência em tudo na vida.

Logo estavam caindo na pele do recruta mais alto, para uma sessão extra de humilhação. Ele era um sujeito branco, enorme e incrivelmente forte.

– Quer fazer alguma coisa? – perguntou um dos instrutores.

– Não, senhor – respondeu ele.

– Por que diabos está olhando para mim? Está me chamando de mentiroso?

E assim por diante.

Eu entendi naquela hora que nunca mais seria o mesmo. Havia três instrutores, todos eles pelo menos tão musculosos quanto os recrutas mais bem-preparados, e cheios de orgulho. Partiram para cima dele como se fossem acabar com o cara, olhando-o direto enquanto ele suava. Ele sabia que não podia reagir e tentava responder da maneira mais submissa possível. Até que um dos treinadores disse para outro: "Sargento Castillo, me segura. Vou acabar com a raça desse filho da puta!" O sujeito se empertigou, não sabendo muito bem o que fazer. No fim, parecia à beira das lágrimas.

Observando enquanto eles o provocavam para ver se o recruta desmontava, entendi que teria de escolher a maneira de me comportar. Podia ceder, fazendo o que devia ser feito, e quem sabe até extrair alguma coisa disso, ou então bancar o palhaço e seguir sem rumo, levando a sério apenas os esportes e a reputação na rua. Podia deixar que aquelas autoridades me derrotassem, largando tudo, ou agir com seriedade e ficar ali. Lembrei-me de minhas irmãs, em casa, e vi que não desejava decepcioná-las. Elas tinham encarado a vida militar como um novo começo para mim, uma forma de escapar dos empregos sem futuro que estariam à minha espera. Juntamente com Big Mama, tinham me estimulado, depositando em mim boa parte de sua esperança de futuro. Eu não suportava a ideia de decepcioná-las.

Embora ainda alimentasse grandes sonhos em relação ao basquete, eu sabia que, tendo chegado à altura máxima de 1,74 metro, apesar do meu talento, não havia grande probabilidade de seguir carreira profissional. Se quisesse ser alguma coisa na vida, tinha de começar aqui e agora, e assumir uma atitude diferente. Não ia deixar que nenhum daqueles recrutas lamentáveis e fora de forma que estava vendo no meu esquadrão se saísse melhor que eu. Eu podia ter chegado ali por puro acaso, mas aquela espécie de revelação e o trabalho duro a que me entreguei em seguida foram o que me permitiu tirar vantagem da oportunidade. Ainda teria muitas chances de cair e recuar, mas aquele primeiro dia dos "fundamentos", como nos ensinaram a chamá-lo, viraram minha cabeça. Ficamos todos aliviados quando os instrutores nos dispensaram e finalmente pudemos ter umas horas de sono.

Uma vez que eu tinha decidido me esforçar, não havia muito mais a fazer senão submeter-me à experiência e trabalhar. Embora a maioria das pessoas considere os constantes exercícios no campo de treinamento fisicamente exaustivos, eu senti que estava diante de um desafio diferente. Em casa, eu jogava basquete no mínimo várias horas por dia, entre jogos e treinos, constantemente correndo e fazendo exercícios específicos para me manter em forma. Para não falar dos jogos improvisados aqui e ali e outras atividades atléticas a que me entregava por puro prazer. No treinamento básico da caserna, éramos preparados para, depois de seis semanas, correr 2,5 quilômetros em formação de esquadrão. E tínhamos de ir no ritmo do recruta mais lento, o que era muitíssimo devagar.

Para ser justo, devo reconhecer que estávamos em San Antonio, no Texas, no auge do calor do verão, e que nem todo mundo tinha crescido em Miami nem se acostumara a praticar exercícios intensos sob temperaturas elevadas. Eu sentia como se estivesse apenas provocando meu corpo. Quando acabávamos as rotinas, mal tinha me aquecido. Por isso, comecei a promover competições de flexão e abdominais à noite, com os companheiros de alojamento. Dizia-lhes que poderíamos sair dali nos trinques se acrescentássemos algo às rotinas.

Em Miami, os *brothers* que tinham ido para a prisão costumavam voltar incrivelmente sarados. Diziam que na cadeia se exercitavam constantemente, e argumentei que podíamos fazer o mesmo na Força Aérea. Não demorou, e praticamente todo mundo do meu esquadrão entrou na onda. Nós apostávamos para ver quem fazia mais exercícios.

A única outra coisa que se podia fazer à noite era escrever cartas, o que se tornou outra maneira de competir. Quanto mais cartas alguém escrevesse, mais receberia de volta quando o instrutor de treinamento viesse entregar a correspondência. Receber muitas cartas era um sinal de status. Eu escrevia para todas as namoradas, além de irmãos e irmãs.

Tal como acontecia com o uso da psicologia para nos quebrar de exaustão e tédio, pude constatar que a Força Aérea é muito mais hábil do que eu esperava na questão racial. Em *All That We Can Be*, historiando como o Exército (e, por extensão, as Forças Armadas em geral) se transformou na instituição mais racialmente integrada do país, os sociólogos Charles Moskos e John Sibley Butler escreveram que essa arma "não fecha os olhos às raças, mostrando-se, antes, inteligente a esse respeito". Era mesmo o que eu achava. A Força Aérea fora a segunda das armas a promover o fim da segregação racial e a primeira a se tornar plenamente integrada.

Eu ficava espantado de ver a rapidez com que os militares faziam com que todo mundo – negros, brancos, amarelos, mulatos – trabalhasse de maneira coordenada numa unidade. Eles impunham regras de boa convivência e, defrontando-nos com o inimigo comum, representado pelos instrutores de treinamento e seu rígido estilo de comando, nos uniam numa experiência, o que gerava vínculos. A primeira vez em que pude perceber que as coisas funcionavam de maneira um pouco diferente na vida militar foi quando vi o chefe do nosso dormitório, um sujeito negro, ser afastado por favorecer certos caras do esquadrão. Alguém o denunciara – outro negro. Eu simplesmente não entendia que um *brother* pudesse entregar outro *brother*. No lugar onde eu crescera, isso não acontecia em qualquer contexto que pudesse ter consequência na vida real.

Naturalmente, a ideia de lealdade a uma equipe de várias raças não era nova para mim, pois sempre fizera parte da minha experiência no atletismo. Mas fora da quadra eu sempre constatara que esse tipo de laço não era tão forte. A raça continuava dominando a mentalidade das pessoas quando a coisa era para valer. Ninguém que eu conhecesse acreditava que as instituições americanas pudessem realmente ser justas conosco. Todos nós conhecíamos pessoas que acreditavam nisso e tinham sido violentamente sacudidas por alguma experiência de brutalidade policial ou de discriminação no emprego, ou simplesmente por vivências cotidianas de falta de respeito.

Também havia peculiaridades e equívocos: por exemplo, a expressão *homeboy** foi proibida porque certos brancos a consideravam insultuosa. Achavam que a usávamos para menosprezar as pessoas, para dizer que eram *homebodies*,** que nunca saíam de casa e eram antissociais. Naturalmente, estávamos nos referindo a amigos, em particular a gente de quem gostávamos em nosso bairro. Mas os brancos não a aprovaram, e tivemos de abrir mão da palavra.

Mas esse tipo de incidente não era tão comum quanto na vida civil, e, globalmente, eu achava que éramos tratados com respeito em função de nosso comportamento, e não pela raça. As regras militares eram claras e não pareciam tão arbitrárias. Comecei a mudar minha atitude e a me tornar mais aberto e esperançoso quanto ao futuro.

Mas devo enfatizar aqui que não mudei da noite para o dia.

Não houve absolutamente nada de repentino em minha transformação, de um garoto com educação sofrível, que pouco sabia da história do seu povo e das tendências predominantes no país, para alguém capaz

* *Homeboy*: algo como "amigão" na gíria dos negros americanos. (N.T.)
** *Homebodies*: "gente caseira". (N.T.)

Foto tirada durante o treinamento militar.

de se tornar professor titular numa universidade de elite. Só aos poucos me conscientizei das falhas em meus conhecimentos, e a análise que empreendi me permitiria transcendê-las, entendendo suas raízes e as forças que modelaram minha família e meu bairro. Não foi instantaneamente que deixei de ser um estudante indiferente para me tornar alguém que passava horas no laboratório. E decerto não foi apenas por entrar para a Força Aérea que deixei de ser alguém voltado sobretudo para a vida social e me tornei um universitário sério.

Mas a Força Aérea foi o ambiente que me permitiu começar a fazer essas mudanças, a entender o que eu tinha perdido em minha educação e a compreender minha própria capacidade de me transformar. Meu compromisso com o serviço assumido no campo de treinamento foi apenas o início. Em muitas outras oportunidades, eu deixaria de fazer a melhor escolha, quando meu estilo de vida ameaçava engolir meu desejo de uma vida diferente, e quando a força de atração dos reforços que eu conhecia era mais forte que meu compromisso com o futuro. Na verdade, até meu ingresso no ensino médio em parte se deu por uma escolha que havia feito de usar drogas, para ser cool, como meus amigos.

UM IMPONENTE PÔSTER de Bob Marley podia ser visto na porta de Mark Mosely, mostrando a estrela do reggae em toda a sua exuberância no palco, no auge da carreira. As tranças rastafári de Bob voavam ao redor da cabeça enquanto ele cantava segurando o microfone. O cheiro de incenso – em geral, jasmim – chegava ao corredor, vindo do quarto de Mark, mas o cartaz estava pendurado atrás da porta, e só podia ser visto de dentro. As persianas costumavam ficar baixadas e a iluminação era fraca.

Quando não havia música de Bob emanando do toca-discos Denon ou de uma fita no Akai 747, Mark ouvia outros músicos de reggae e jazz. Seu quarto parecia um aparelho revolucionário afrocêntrico da década de 1970, mas na verdade ficava num prédio residencial recém-construído em Okinawa, Japão, na base aérea de Kadena, em 1985.

Vários anos mais velho que eu, Mark era mecânico de jato. Eu o conheci porque morávamos no mesmo prédio da base para o qual eu fora transferido depois de concluir o treinamento inicial. O objetivo dele era estudar sociologia na Universidade da Califórnia. Enquanto isso, ajudava outros aeronautas negros a ampliar sua consciência durante o serviço militar.

Ainda que associem Marley e sua música à maconha, um dos sacramentos da religião rastafariana, Mark não usava drogas ilegais. Não queimava incenso para esconder o cheiro de maconha nem diminuía a iluminação para ocultar olhos avermelhados. A consciência mais elevada que buscava tinha a ver com esclarecimento intelectual e revolucionário.

Na verdade, o uso de maconha, que indiretamente tinha levado à minha carreira no ensino médio, ocorria num ambiente diferente. Eu fumava com outro grupo de amigos no Japão. Foi nessa época em Okinawa que comecei a reparar que devia tomar algumas decisões para valer quanto aos amigos de que me cercava, pois as ideias e os hábitos que com eles compartilhasse seriam importante influência em meu futuro. Como já disse, não me tornei estudioso e intelectualmente interessado da noite para o dia. Mark foi uma forte influência em minha educação, mas havia outros fatores. De início, não estava muito claro se eu conseguiria manter meu compromisso comigo mesmo, com minhas irmãs e com o serviço militar.

Eu tinha sido designado para a base aérea de Nellis, em Las Vegas. Mas minha prima Cynthia, cujo marido era da Força Aérea e estava em Kadena, convenceu-me a trocar com outro recruta, para ir ao encontro dela e da família no Japão. Eu não sabia absolutamente nada do Japão e de sua cultura. Mas sabia que uma garota com quem estava saindo iria para lá. Achei que seria interessante conhecer outro país, e o fato de ter uma amiga mulher e pelo menos alguns parentes no lugar tornaria a transição mais fácil. O Japão parecia tão bom para começar quanto qualquer outro país. Para mim, Okinawa era a mesma coisa que Tóquio, e Tóquio era como qualquer grande cidade nos Estados Unidos. Não podia estar mais enganado.

Eu não sacara que minha prima tinha me contado apenas as coisas boas, na esperança de me convencer a entrar para sua igreja no Japão, e assim salvar minha alma. Mas fui deixando claro que eu não tinha planos nesse sentido. Também logo aprendi que Okinawa tinha fama de ser um posto bem difícil para solteiros, sendo conhecida depreciativamente como uma ilha-prisão, chamada de "A Rocha".

A cidade era particularmente difícil para negros. No Japão, o racismo parecia ainda mais ostensivo que no Sul dos Estados Unidos, em parte, talvez, porque eu não esperava isso. Mas os japoneses tinham visto todos os filmes americanos e sabiam muito bem quem eram os negros. Mais de uma vez, comerciantes fora da base chegaram a usar a palavra para se referir a mim em minha presença. Mesmo quando a acolhida não era tão acintosa, ficava evidente que eu era tratado como uma pessoa de segunda classe, em muitas interações com os moradores.

Ainda assim, a pior coisa para mim, no Japão, era a ausência de mulheres nas Forças Armadas americanas. Elas eram tão poucas que quase imediatamente lamentei minha decisão. Aquilo era tão ruim quanto no campo de treinamento, onde os homens e as mulheres viviam separados. Naturalmente, fora da base, na Gate 2 Street, vendia-se de tudo, de tênis a sexo, com ampla oferta de produtos e prazeres baratos e efêmeros. Mas eu era orgulhoso demais para isso, não era o tipo de *brother* que precisasse pagar por sexo.

Mais estranho ainda era viver pela primeira vez longe da família, com todo o seu barulho e agitação, por um período longo. Até nossa mudança para o conjunto habitacional, quando eu estava no ensino médio, minha mãe nunca tivera uma casa com mais de dois quartos, o que significava que até seis irmãos – meninas e meninos – dormiam no mesmo quarto. As casas de minhas avós e tias não eram menos populosas, e no quartel, durante o treinamento básico, não era diferente.

Mas, agora, compartilhar o quarto com um cara só era algo estranhamente calmo para mim, em especial considerando-se que o companheiro em questão tinha o que hoje chamaríamos de síndrome de Asperger. Branco, ele se especializava em línguas e sabia falar cinco. Bebia muito, como tantos na Aeronáutica, porém jamais queria sair. Ele não desejava companhia, bebia sozinho no nosso quarto. Por algum motivo que só ele conhecia, ficava lá sentado vendo o filme *Trocando as bolas* vezes e vezes sem fim.

Eu achava que meu desconforto e minha dificuldade de dormir tinham a ver com esse comportamento estranho dele, e então tratei de conseguir outro companheiro de quarto, um *brother* de quem gostava muito. Mas não era nada disso: o profundo silêncio da vida num lugar que não era habitado por uma família grande, que não envolvia frequentes interrupções sociais, me deixava perplexo. Eu estava ficando maluco.

Kadena era como uma pequena cidade, abrigando quase 20 mil americanos em serviço, além de 4 mil empregados japoneses. A 1.400 quilômetros de Tóquio, era quente e úmida como Miami, e também sujeita a tempestades tropicais. Eu passei por breve período de treinamento em Denver depois do treinamento básico, e lá conheci um sujeito chamado Bobby, que também foi mandado para Okinawa como primeira base de serviço. Quando nos encontramos no Japão, ele, seu companheiro de quarto, Keith, e outro jovem recruta da Força Aérea chamado Billy eram as pessoas com quem eu mais me relacionava.

Quase imediatamente, Keith comunicou-me que tinha como conseguir maconha, e todos nós começamos a fumar juntos. Nem sequer me ocorreu não fumar com eles. Para mim, ser cool continuava uma prioridade. Mas eu ficava preocupado com a possibilidade de ser apanhado no teste aleatório de urina a que tínhamos de nos submeter. Talvez você ache que isso devia ter me dissuadido, em particular considerando que eu não fazia tanta questão assim da maconha. Mas eu realmente me importava muito com meu status social. Embora externamente pudesse parecer que eu pouco estava ligando para as consequências, o fato é que estava. Em vez de recusar o fumo, tomei uma medida que me parecia lógica, a fim de reduzir o dano eventual, caso fosse apanhado: matriculei-me em meu primeiro curso universitário.

Ironicamente, foi a maconha que me levou a isso, e não meu amigo Mark, tão preocupado em promover a conscientização. Minha ideia era que, se fosse apanhado e afastado do serviço, pelo menos teria tido um bom começo no plano educacional. Dessa maneira, não decepcionaria tanto Brenda e minhas outras irmãs. Embora este não fosse, claro, o resultado pretendido pela política militar de teste de drogas, o fato é que teve um resultado positivo para mim, ainda que apenas de maneira indireta.

Assim, ainda que Mark influenciasse mais as minhas ideias, os *brothers* que fumavam maconha comigo, estranhamente, me impulsionaram para a educação superior. Na base, os cursos eram oferecidos pelo Central Texas College. Uma das primeiras matérias que eu segui foi álgebra. Achei que podia capitalizar minha habilidade na matemática, tendo em mira um diploma de contabilidade ou algo semelhante.

Depois eu iria entender que se tratava de mais um exemplo de motivação ancorada em comportamentos recompensados. Eu fora elogiado no terreno da matemática e nela obtivera sucessos desde muito cedo, de modo que sabia do que era capaz. Tinha vivenciado o prazer que daí pode advir. Até minha presença na Força Aérea era uma das recompensas por minha aptidão em matemática, muito embora, claro, nem sempre parecesse assim. Também devo ter optado pela álgebra porque não queria me sentir desestimulado se tentasse algo novo, se trabalhasse pesado e não me saísse bem. Afinal, consegui facilmente uma nota boa.

Isso me deu confiança, quando comecei a frequentar outros cursos nos quais me sentia menos à vontade, como recursos humanos. Nesta disciplina, eu tinha de escrever redações. Embora desconfie hoje que eram muito ruins, eu pedia a um amigo que as datilografasse e também consegui outra nota favorável. Mesmo no primeiro ano universitário, eu não tinha ideia de que acabaria me tornando cientista, estudando nada menos que o complexo e desafiador cérebro humano.

Fora da classe, contudo, eu continuava não gostando de Okinawa. Mais ou menos uma vez por mês, Keith, Bobby, Billy e eu íamos de carro para o topo de uma colina, perto do colégio da base, com uma vista espetacular da ilha de Okinawa. Ficávamos sentados em meu Honda Accord ou no Toyota de Bobby ou Billy, fumávamos e conversávamos sobre nossos planos quando voltássemos para "o mundo". Sentíamo-nos tão isolados dos acontecimentos em nosso país quanto se estivéssemos em outro planeta. Em outras ocasiões, íamos para a Gate 2 Street, movimentada e caótica como Canal Street, em Nova York, e mais ou menos uma vez por semana furtávamos os mais recentes filmes em VHS para assistir no VCR de Billy. Em consequência, conheço muito bem a maioria dos filmes de Hollywood de 1984-85.

O resto de meu tempo livre eu passava malhando ou perambulando com Mark. Ele me fez ler um livro chamado *Bloods*, de Wallace Terry, detalhando os maus-tratos infligidos a soldados negros no Vietnã, em relatos não raro assustadores, em primeira pessoa. Isso me lembrava as histórias que eu ouvira de Paul, cujas memórias pareciam tão vívidas e incontornáveis. Felizmente, durante meu tempo de serviço, não estávamos em guerra.

Na verdade, a guerra era algo tão distante de meu espírito durante o período na Força Aérea que, na única vez em que fui destacado para patrulhar com um M16 para defender minha base, fiquei indignado. Isso foi mais tarde, quando eu estava na Inglaterra. Nós tínhamos bombardeado a Líbia em 1986, em reação ao ataque terrorista contra uma discoteca, na Alemanha, frequentada por soldados americanos. Os aviões que reabasteciam os bombardeiros partiam da base onde eu estava servindo. Ameacei recorrer a meu representante no Congresso contra essa pesada missão antiterrorismo, quando fui convocado. Meus colegas, claro, acharam graça. O fato é que tive sorte de não ter sido obrigado a enfrentar combates, como os outros *brothers*.

Mark também me iniciou no jazz. Quando tocava um disco de Ella Fitzgerald, eu ficava surpreso. Sempre achara que ela tinha voz de branca. Mark explicou que gravações de Ella Fitzgerald teriam sido usadas para dublar atrizes brancas em filmes, causando essa impressão e ocultando a verdadeira origem de seu glorioso som.

Quando Bob Marley cantava a libertação de toda escravidão mental em "Redemption song", eu me identificava e reconhecia ali uma verdade. Eu pensava nas minhas lutas contra o sentimento de inferioridade por ter a pele escura. Sempre soubera que esses pensamentos eram racistas e moralmente condenáveis, claro, isso era perfeitamente óbvio no plano consciente. Ainda assim, achava que tinha me livrado desse negócio, e me sentia mais que confiante. Via-me como alguém incólume.

É impossível crescer num mundo que despreza pessoas que têm a sua aparência e não sucumbir secretamente à insegurança, de vez em quando. A coisa vai comendo você devagar, pelas bordas, com uma vergonha corrosiva, muito difícil de eliminar, pois não é expressa, o que se aplicava em particular a alguém como eu, tão empenhado em ser considerado cool e por cima da carne-seca. De modo que "Redemption song" me comovia. E quando Marley falava da maneira como fomos tirados à força da África para ser escravizados na América, na canção "Buffalo soldier", eu começava a pensar no crime hediondo que estava na raiz da relação dos Estados Unidos com a minha gente.

Pela primeira vez eu não me sentia sozinho. As origens de minha dor tinham nome e eram afinal compartilhadas. Além disso, pessoas brilhantes e talentosas se sentiam do mesmo jeito. Até elas combatiam os mesmos demônios, por dentro e por fora. Elas mesmas, às vezes, tinham sido literalmente ocultadas, como a voz de Ella Fitzgerald, usada na boca de uma branca.

Gil Scott-Heron foi outro artista que descobri através de Mark. Suas letras me pareciam muito estimulantes. Eu comprava todos os álbuns que ele lançava e ouvia atentamente cada canção. Quando satirizou o comercialismo dos Estados Unidos, a cooptação da revolta e sua transformação em mercadoria, em "The revolution will not be televised", senti como se meu mundo e minha experiência fossem magistralmente dissecados e explicados pela primeira vez. A mediocridade de horizontes, como a das novelas, uma constante no panorama do país, era enfatizada em versos como "As mulheres não querem saber se Dick vai ficar com Jane em *Search for Tomorrow*,/ pois os negros estarão nas ruas em busca de dias melhores". A forma como a televisão e as preocupações de escolha da melhor marca de produtos comerciais nos anestesiavam era algo em que eu nunca tinha pensado. Minha mentalidade se diversificava. Com Scott-Heron também aprendi sobre líderes dos direitos civis como Roy Wilkins, da Associação Nacional para o Progresso das Pessoas de Cor (National Association for the Advance of Coulored People, NAACP), mencionado de maneira algo depreciativa em outro verso dessa canção. Músicas como "No knock" me ensinaram o que eu realmente já devia saber sobre o modo como as batidas policiais levam ao abuso de poder. Ela fazia referência ao Pantera Negra Fred Hampton, que ganhou destaque como liderança na década de 1960, criou programas de café da manhã para crianças, promoveu tréguas entre gangues rivais e gerou iniciativas conjuntas contra a brutalidade policial.

Sob a chefia de J. Edgar Hoover, o FBI sentiu-se tão ameaçado pelos Panteras Negras e sua liderança que assassinou Fred Hampton, disparando mais de noventa balas contra seu apartamento enquanto ele estava deitado na cama com a namorada grávida. Essa batida sem aviso prévio (*no-knock*) ocorreu em 1969.[1] O racismo e as violações constitucionais do FBI nesse crime eram tão patentes que a família de Fred Hampton e a de outro Pantera Negra também morto acabariam recebendo indenizações de quase US$ 2 milhões. (O custo deste e de outros exemplos recorrentes de racismo institucionalizado para o contribuinte é substancial.)

Ouvindo a música de Scott-Heron, sentia que Mark e eu não éramos os únicos negros que achavam o materialismo algo vazio e ansiavam por uma mudança significativa. Tínhamos ali um importante artista, alguém que merecia a atenção da maioria, não apenas alguém falando bobagem no gueto, dizendo coisas que todos reconhecíamos como verdade. Um homem que, segundo frisava Mark, fez mestrado e escreveu um romance antes dos 21 anos não era um cara qualquer, passando adiante boatos de rua, mas um autêntico erudito, com alto nível de educação e realmente conhecedor da história. Isso me inspirou, e depois, algumas vezes, me empurrou para adiante, quando me vinham ideias de largar a faculdade. Ao lado dos *brothers* que entendiam Gil Scott-Heron, eu finalmente sentia que tinha encontrado minha gente.

Nos Estados Unidos, contudo, a coisa piorava. As batidas sem aviso prévio da década de 1960 tornaram-se ainda mais habituais com o tempo. Tendo a guerra contra as drogas como justificativa, registravam-se em 2006 mais de 40 mil invasões policiais militares de residências por ano, com a entrada intempestiva, nas casas, de equipes da polícia especial. A maioria ocorria em bairros negros. Em alguns casos trágicos, a polícia invadia endereços errados e matava inocentes.[2]

Infelizmente, embora apenas começasse a entender algumas coisas sobre a história dos negros e nossos reais inimigos, eu também passava a me deixar influenciar por ideias terrivelmente equivocadas sobre drogas, disseminadas por motivos políticos, em reação à chamada epidemia de crack. Tomei consciência do aumento do uso da cocaína durante a licença que tirei antes de ser mandado para o Japão.

Eu tinha sido recebido quase como um herói ao voltar para casa depois de completar o treinamento básico e o que o pessoal da Força Aérea chama de "escola técnica".

Minhas irmãs estavam exultantes, muito orgulhosas de minha proeza. Eu mantivera contato com várias namoradas da época do colégio, com as cartas que escrevera para garantir meu status na hora de distribuição de correspondência. Pude encontrar todas elas e sair com meus amigos. Sentia-me no topo do mundo.

Era o Natal de 1984, e eu me sentia feliz por estar em casa e também por ainda não ter concluído minhas viagens e minha educação. O simples fato de ter me ausentado por um período tão breve me dera uma nova perspectiva a respeito da vizinhança. Mas eu ainda não tinha como entender corretamente como minha cidade natal era afetada por drogas como a cocaína e as duras políticas de combate às drogas que começavam a ser aplicadas. Mas, efetivamente, observava certas mudanças.

Embora o crack ainda não tivesse se disseminado muito em Miami, a cocaína em pó e em pasta já se tornara bastante popular em dezembro de 1984. Em julho de 1981, a revista *Time* se referia à cocaína como "Uma droga com status e uma ameaça", em matéria de capa ilustrada com uma taça de martíni cheia de pó brilhante. No mesmo ano, a *Newsweek* associava cocaína a champanhe, caviar e outros símbolos de riqueza. Antes mesmo disso, "Cocaine", de J.J. Cale, fora um grande sucesso na voz de Eric Clapton, em 1977. Colherinhas de ouro ou prata para cocaína apareciam penduradas no pescoço de celebridades no fim da década de 1970 e início da seguinte, juntamente com alusões (e algumas referências óbvias) na cultura popular, em especial no *Saturday Night Live*,* então no auge da popularidade.

Na comunidade negra – como também entre os brancos, na época –, a cocaína era vista como uma droga de ricos. Mas o preço começou a baixar à medida que o fornecimento aumentava, o que se aplicava particularmente a Miami, ponto fundamental de distribuição, de onde a droga proveniente da América do Sul era distribuída para o resto do país.

Na década de 1970, a maconha era a principal droga ilegal de exportação da América Latina para os Estados Unidos. Miami era um grande ponto de redistribuição. Mas a mobilização de militares americanos para interceptar a maconha destinada ao país contribuiu para aumentar o cul-

* *Saturday Night Live*: programa semanal de comédia, com esquetes de paródia e crítica à vida política e cultural americana; no Brasil, é transmitido, com o mesmo nome, pela TV paga. (N.T.)

tivo e a venda da cocaína, menos volumosa, mais lucrativa e mais fácil de esconder. A partir do fim da década de 1970, o preço da cocaína caiu acentuadamente, pelo menos durante uma década, com a saturação do mercado.[3] A "droga de ricos" começava a se tornar acessível para qualquer um. O tráfico da maconha sul-americana entrou em colapso, mas com o ônus da criação do muito mais lucrativo comércio da cocaína.

Cabem aqui algumas explicações básicas de química e farmacologia, importantes para entender as principais distinções entre cocaína em pó e crack, além dos muitos pressupostos incorretos a respeito dessas formas da cocaína e seus efeitos. A cocaína em pó é conhecida, do ponto de vista químico, como hidrocloreto de cocaína. Trata-se de um composto neutro (conhecido como sal), feito com a mistura de um ácido com uma base, no caso, a pasta-base de cocaína.

Essa forma de cocaína pode ser comida, cheirada ou dissolvida em água e injetada. O hidrocloreto de cocaína, contudo, não pode ser fumado, pois se decomporia no calor necessário para evaporá-lo. Para fumá-lo, é necessário remover quimicamente a parte de hidrocloreto, que de qualquer maneira não contribui para os efeitos da cocaína. O composto daí resultante é apenas a pasta-base da cocaína (também conhecida como crack), que pode ser fumada. O importante aqui é que a cocaína em pó e o crack são qualitativamente a mesma droga. A Figura 1 mostra as estruturas químicas do hidrocloreto de cocaína e da base de cocaína (crack). Como se pode ver, as estruturas são quase idênticas.

Assim, por que tantas pessoas acreditam que a cocaína em pó e o crack são completamente diferentes? Essa crença decorre de um desco-

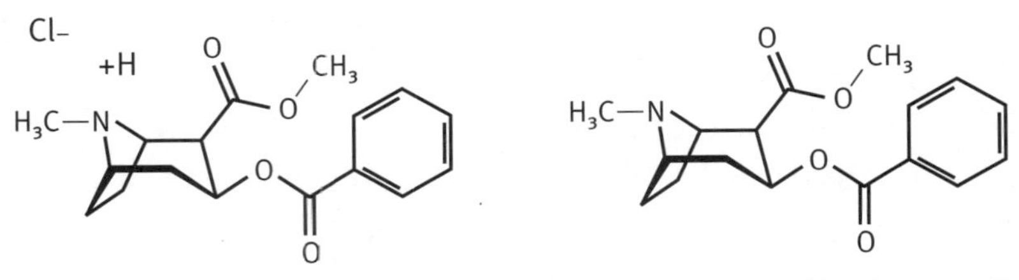

FIGURA 1. Estrutura química do hidrocloreto de cocaína (cocaína em pó), à esquerda, e da base de cocaína (crack), à direita.

nhecimento da farmacologia básica, de informações que podem ajudar a entender os efeitos de qualquer droga, e não apenas da cocaína.

Para afetar o humor e o comportamento, uma droga deve primeiro chegar ao sangue. Daí, terá então de alcançar o cérebro, onde pode influenciar o que sentimos e as escolhas que fazemos. Um importante preceito básico aqui é que, quanto mais rapidamente a droga chega ao cérebro, mais intensos são seus efeitos.

Por conseguinte, se quisermos entender os efeitos de uma droga, é essencial levar em conta a maneira como ela é ingerida, ou, em linguagem farmacológica, a "rota de administração". Trata-se de um fator decisivo para determinar a velocidade com que a droga penetra no cérebro e, portanto, a intensidade da onda.

Como a maioria das drogas, a cocaína pode ser ingerida de várias maneiras. Nos Estados Unidos, raramente é ingerida pela boca, embora em certos países sul-americanos a rota oral seja comum, em especial na mascagem de folhas de coca, a planta da qual é extraída a cocaína. Comer ou engolir uma droga é conveniente e tende a ser mais seguro, pois o estômago pode sofrer uma lavagem em caso de overdose – o que não é possível com superdoses fumadas ou injetadas.

Uma vez no estômago, a cocaína é dissolvida e passa ao intestino delgado, por onde entra no fluxo sanguíneo. Esse processo é conhecido como absorção, e é influenciado por muitos fatores. Se a pessoa acaba de fazer uma grande refeição, por exemplo, a absorção será retardada, e também o início dos efeitos da droga. Em contraste, comer cocaína com o estômago vazio acelera a absorção, gerando efeitos mais rápidos. Como você provavelmente já pôde constatar, o mesmo se aplica ao álcool. Beber com o estômago vazio gera efeitos mais imediatos que beber imediatamente após uma grande refeição.

Depois que a cocaína entra no fluxo sanguíneo pelo sistema digestivo, contudo, sua jornada ainda não está concluída. Antes de chegar ao cérebro, ela terá de passar pelo fígado, em decorrência da anatomia dos vasos sanguíneos pelos quais ela viaja ao deixar o intestino. Como o fígado contém proteínas especializadas na decomposição de substâncias químicas – entre elas a cocaína – para proteger o cérebro e tornar menos destrutivos os venenos que venhamos a ingerir, isso pode reduzir significativamente o impacto das drogas ministradas por via oral.

Esse fenômeno é chamado de metabolismo *pré-sistêmico*. É por causa dele que os usuários habituais de drogas – embora desconhecendo o mecanismo – em busca de ondas intensas não optam por comer as drogas ou por engoli-las sob a forma de pílulas. O barato decorrente de drogas ingeridas por via oral costuma aparecer mais lentamente, são necessárias doses maiores para gerar uma sensação forte, e às vezes fatores como refeições recentes e variações dos processos hepáticos eliminam completamente os efeitos.

Cheirar cocaína em pó, por outro lado, não requer a intervenção do fígado. Os vasos sanguíneos do nariz conduzem a droga diretamente ao cérebro. Em consequência, cerca de cinco minutos depois de cheirar uma carreira, a pessoa já "sente". Em contraste, a administração oral leva meia hora para "bater".

Se você realmente quiser levar drogas rapidamente ao cérebro, as melhores maneiras são a injeção intravenosa ou a inalação. Essas rotas produzem o barato mais intenso, estando associadas a níveis mais altos de vício. Uma vez injetada, a cocaína passa pelo coração e é imediatamente transportada ao cérebro. Portanto, o início dos efeitos psicoativos é quase instantâneo, o que, naturalmente, torna a injeção a forma mais arriscada de consumo de droga, não só porque agulhas contaminadas ou indevidamente esterilizadas podem disseminar o HIV e outras doenças, mas também porque a overdose ocorre na mesma velocidade que a absorção.

Fumar cocaína, por outro lado, evita o risco de transmissão de doenças por via sanguínea, mas leva a droga ao cérebro com a mesma rapidez que uma injeção. Para isso é explorada a ampla área de superfície dos pulmões, que tem muitos vasos sanguíneos para transportar a droga depressa do sangue para o cérebro, mais uma vez dispensando o fígado. Cabe lembrar, todavia, que o hidrocloreto de cocaína não pode ser fumado. As pessoas que salpicam seus cigarros de tabaco ou maconha com pó de cocaína provavelmente perdem a maior parte da droga, pois o processo de aquecimento do pó ao ser fumado tende a destruí-lo. Em contraste, a base de cocaína, ou crack, mantém-se estável em temperaturas que causam evaporação, portanto, fumar uma pedra de crack é tão intenso quanto injetar o pó. Por isso, as duas formas têm o mesmo potencial viciante: a cocaína em pó pode ser injetada, gerando uma onda tão intensa quanto fumar crack ou base.

Diferentes intensidades resultam de diferentes rotas de administração, mas a droga em si é a mesma, o que pode ser ilustrado com a seguinte analogia. Imagine que você está deixando Nova York em direção à South Beach, em Miami Beach, numa limusine de luxo ou num jato particular. Ambos os veículos vão levá-lo a uma praia extremamente agradável, mas o jato o fará mais depressa. Da mesma forma, injetar uma droga na veia ou fumá-la atinge o cérebro mais depressa, produzindo efeito mais imediato e intenso do que a ingerir pela boca. Apesar disso, os efeitos da droga são qualitativamente semelhantes. Por infelicidade, os políticos e legisladores ainda não entenderam essa distinção.

Para ser justo, quando surgiu o crack, a verdade não ficou logo clara. Na década de 1980, até certos pesquisadores não sabiam se se tratava de uma nova droga, o que permitiu que a histeria e os rumores criassem uma imagem diabólica a seu respeito. O desejo dos usuários eventuais de cocaína, aqueles que cheiravam a droga, de se distinguir das pessoas que se injetavam ou fumavam contribuiu para dar força a argumentos sobre níveis inéditos de comportamento viciado ocasionados pela inalação de crack.

Acredita-se que a primeira referência ao crack nos meios de comunicação tenha sido feita pelo *Los Angeles Times*, no fim de 1984.[4] Do outro lado do país, na mesma época, 42% dos detidos em Nova York já apresentavam resultados positivos para alguma forma de cocaína nos testes.[5] Em termos nacionais, 16% dos alunos do último ano do ensino médio declaravam ter cheirado cocaína pelo menos uma vez em 1984.[6] Não há estatísticas relativas a esse ano em Miami, mas pelo menos no meu bairro a cocaína em pó tinha se tornado uma droga consumida por alguns dos meus amigos em ocasiões especiais.

Na verdade, consumir por inalação base de cocaína feita em casa do pó já se tornara popular anos antes de a droga começar a ser comercializada como crack, algo completamente novo – não raro, inadvertidamente, graças ao sensacionalismo de histórias publicadas na imprensa enfatizando a intensidade da onda. Poucos anos antes, o acidente envolvendo Richard Pryor,* em 1980, chamara a atenção de todo o país para a prática de converter cocaína em pó na forma passível de ser fumada. No dia 9 de junho desse ano, o ator sofreu graves queimaduras em metade do corpo. As informações iniciais davam conta de que ele fora queimado quando uma quantidade de base que estava processando com éter explodiu, o que é perfeitamente plausível: o éter é altamente inflamável, e essa maneira de fazer base de cocaína oferece grande risco se a pessoa acende fogo perto dele. Na época, no auge da popularidade, Pryor e suas queimaduras tornaram-se objeto de intensa cobertura nos meios de comunicação.

Em consequência, o uso de base de cocaína logo deixou de ser uma prática marginal pouco conhecida do público para se transformar em algo considerado extremamente perigoso. Isso contribuiu para levar muitos usuários da base a não recorrer ao éter, optando pela técnica muito menos perigosa do "bicarbonato de sódio". Nesse método, cocaína e bicarbonato de sódio são dissolvidos em água e aquecidos, até que se formem cristais de cocaína que produzem um característico estalido (*crack*). Não se lança mão de qualquer elemento químico potencialmente explosivo. Na verdade, muitos acreditam que o "crack" produzido quando a cocaína se cristaliza está na origem do nome da droga assim gerada.

Dessa forma, o crack começou a ser vendido como produto pronto para uso quando os traficantes se deram conta de que podiam industrializar o processo de produção de base com o método seguro e fácil do bicarbonato de sódio. Os preços mais baixos provocados pela superoferta de cocaína levaram à experimentação com novos produtos e a ideias de marketing. De modo oportuno, o incidente protagonizado por Richard Pryor também aumentou a conscientização quanto ao perigo do método utilizando éter. O crack pode ter sido o resultado final de tudo isso. Meus quatro anos na

* Richard Pryor (1940-2005): comediante, ator e cantor americano, vencedor algumas vezes do Grammy, ficou famoso por suas sátiras ao racismo. (N.T.)

Força Aérea – de 1984 a 1988 – coincidiram com a introdução e a rápida disseminação do crack em todo o país. Durante minhas licenças, nesses anos, eu formava uma ligeira ideia da maneira como a droga vinha afetando o bairro, embora inicialmente interpretasse de forma bem equivocada o que via.

Durante a primeira licença, em 1984, comecei a ouvir falar de pasta-base de cocaína. Provavelmente já escutara algo quando estava no ensino médio. Havia dois gêmeos que moravam perto de mim. Eu não os conhecia bem, mas às vezes fumava haxixe com eles. Certa feita, quando já estávamos altos, eles me disseram que mantivesse distância da pasta-base.

– É bom demais, cara – disse um deles.

– É isso aí, você pode cheirar, mas não fumar – avisou o outro.

– Essa porra não é para principiante. É forte demais.

Nesse tempo, em função do meu desejo de estar sempre no controle, não me interessei. Não me agradava a ideia de não conseguir parar de fazer alguma coisa. A noção de uma experiência tão avassaladora não era nada atraente para alguém que dava tanta importância ao autocontrole, como eu. Nem sequer fiquei curioso. Mas nessa época – à parte o que eu ouvira dizer de Richard Pryor – não havia nenhum conhecido sofrendo graves consequências negativas do uso de cocaína. As armas e o risco de violência decorrente de um desentendimento qualquer eram os mesmos de sempre. Não havia novidade.

O uso de cocaína definitivamente se disseminava no período de minha folga no Natal de 1984, e naquele ano ouvi, de fato, comentários a respeito. Circulavam boatos sobre um cara chamado Ronnie, que sempre fora conhecido na vizinhança por ter o melhor carro das redondezas. Era um Monte Carlo azul-celeste, com uma pintura metálica que refletia lindamente a luz. Ele tinha Trues e Vogues, que eram os pneus e aros mais cobiçados. Ronnie gastou tudo que tinha naquele carro. Dizer que o amava seria um eufemismo. Todo mundo que conhecia Ronnie conhecia também seu carro.

Mas agora circulava a história de que o carro se fora "em fumaça", como diziam. O carro virou fumo. Ronnie começou a fumar pasta-base e não ligava para mais nada, era o que me contavam. O Monte Carlo tinha virado fumaça, assim como seu emprego e praticamente tudo que o definia.

"Essa merda é boa demais", falavam. A história de Ronnie corroborava a afirmação de que fumar cocaína acabava com alguém, ideia que abracei sem pensar criticamente.

NA VERDADE, embora eu fumasse haxixe, nunca me ocorreu questionar a política de testes de drogas adotada na caserna. Claro que me preocupava a eventualidade de ser apanhado, e eu tentava minimizar as consequências que teria de enfrentar se isso me acontecesse, mas aceitava a ideia de que as drogas ilegais eram nocivas e considerava adequado expulsar alguém do serviço militar por usá-las.

Eu alternava entre as doideiras na companhia de Keith e seus *homeboys* e as conversas com Mark sobre a consciência negra. Frequentava as aulas e comecei a levá-las a sério – mas também roubava filmes na Gate 2 Street toda semana. Meu comportamento passava por uma transição. Eu ainda não era realmente um aluno sério, mas tampouco era irremediável. O equilíbrio ainda podia se alterar em qualquer direção.

NO INÍCIO DE 1986, soube que Big Mama sofrera um derrame. Tinha sobrevivido, mas não por muito tempo. Em situações assim, a Força Aérea dava licenças especiais. No começo eu não quis ir. Não sei bem por quê, não conseguia acreditar que a morte dela era iminente. Não queria nem pensar nessa ideia.

Por outro lado, faltavam-me apenas seis meses de serviço no Japão, e eu não queria voar 24 horas para ter de fazê-lo de novo alguns dias depois, de retorno a um país que detestava. Meu primeiro-sargento me disse: "Você vai se arrepender." Insistia em que eu ficaria muito infeliz se não visitasse a mulher que tinha desempenhado papel tão importante na minha criação, para me despedir dela.

Para me convencer, ele prometeu providenciar para que eu, se concordasse em tirar a licença a fim de ir aos Estados Unidos, fosse enviado diretamente para a missão seguinte, em vez de voltar a Okinawa. E cumpriu a palavra. Eu peguei um avião para Miami, perguntando-me o tempo todo se de fato conseguiria encontrar minha avó viva. Ao chegar, Big Mama estava nas últimas no hospital. Não conseguia falar e tinha o rosto todo retorcido. Estava num estado lamentável.

Tentando me proteger, minha mãe e minhas irmãs não deixaram que eu me aproximasse muito dela. Na minha família, a morte era assunto de mulheres, e elas achavam que seria demais para mim ficar algum tempo com Big Mama. Pelo menos pude prestar minhas homenagens antes que ela morresse. Além disso, o fato de ela me ter livrado de mais seis meses no Japão me deixou bem grato. Eu também fiquei feliz por estar em casa.

Pouco depois de sua morte, recebi notícias do meu comandante. Ele tinha boas-novas: se quisesse, eu poderia dar prosseguimento ao meu serviço na base aérea de Homestead, em Miami, ou podia ir para a Inglaterra e começar de novo em outro país estrangeiro. Eu me sentia inclinado a ficar.

Depois de duas semanas, eu já me sentia à vontade em casa de novo. Minhas namoradas e amigas mulheres mostravam-se receptivas e calorosas. Depois da falta de companhia feminina por que passara no Japão, aquilo era realmente um alívio e uma alegria. Eu estava nutrido e era desejado, tinha sentido muita falta daquilo. Por que correr o risco de enfrentar no exterior outra missão tão insatisfatória quanto a do Japão?

Como eu não estivera sozinho com meu pai fazia bastante tempo, fui vê-lo. Não estava buscando nenhuma orientação específica; mas não o tinha visitado ainda. Ele sempre passava os fins de semana bebendo na esquina com os amigos, de modo que fui à 79th Street com a 22nd Avenue e perguntei a um dos caras se tinha visto Carl Hart.

– Sei lá, cara – respondeu ele, friamente.

Depois de passar quase vinte minutos perguntando a mesma coisa a várias outras pessoas, voltei ao primeiro sujeito e insisti:

– Ei, eu sou o filho dele, Carl Jr.

Então seus olhos brilharam. Com minha atitude e o corte militar do cabelo, ele não tinha me reconhecido. Achava que eu era um policial que estava perseguindo meu pai. Então cheguei a Carl. Depois de botar algumas coisas em dia, eu lhe falei de minha situação e das alternativas que me eram oferecidas. Acrescentei que me inclinava por permanecer em Miami. Falei de ficar perto da família e besteiras desse tipo.

Mas meu pai não engoliu. Olhou-me bem nos olhos, sabendo perfeitamente o motivo de minha decisão. Eu continuei minha história sobre responsabilidade e ajudar os outros depois da morte de Big Mama. Ele me mandou parar. Carl não costumava me dar conselhos, mas agora achava que precisava se impor.

– Filho – disse –, boceta tem em todo lugar.

Ele tinha identificado imediatamente meus motivos para ficar. Eu estava voltando a me acomodar no meu espaço, possivelmente me preparando para fracassar, por me deixar tragar de volta à vida que já conhecia, em vez de seguir em frente e tentar algo diferente. Ele sabia muito bem como era fácil perder de vista os objetivos e ficar à deriva.

– Não precisa ficar aqui para conseguir isso – acrescentou.

Eu me limitei a assentir. Não queria que ele soubesse que tinha acertado na mosca quanto às minhas razões. Nos dias subsequentes, contudo, eu pensei no que ele dissera e entendi que estava certo. A balança pesava de novo em favor do meu sucesso universitário, que começaria para valer na Inglaterra.

9. "Nosso lar é onde está o ódio"

> "Voltei ao lugar onde nasci e gritei: 'Meus amigos da juventude, onde estão?' E o eco respondeu: 'Onde estão?'"
>
> PROVÉRBIO ÁRABE

– SENHOR, PEDIMOS QUE parasse porque a lanterna traseira não está funcionando – disse o policial. E acrescentou cordialmente: – Era só para avisar o senhor.

Eu estava dirigindo por uma das "rotundas" tão comuns na Inglaterra, semelhantes às ilhas de tráfego americanas. Era a minha segunda missão no exterior, na base Fairford da Real Força Aérea, em Gloucestershire. Estava ao volante do BMW 320 verde, de 1980. Eu tinha comprado o carro pouco depois de chegar ao Reino Unido, pois precisava de transporte próprio para viver fora da base. Era por volta da meia-noite, numa noite de verão ou outono de 1986, e eu voltava para casa, depois de sair com amigos, para vestir o uniforme e cumprir um plantão noturno na sala de informática da base, onde era responsável pela distribuição dos relatórios de abastecimento. Como sempre, chuviscava.

Os policiais pediram minha carteira de habilitação. Enquanto eu lhes entregava os documentos, um deles sentiu cheiro de álcool em meu hálito.

– O senhor bebeu? – perguntou, sempre respeitosamente.

Respondi que tinha tomado um trago, e concordei em fazer o teste do bafômetro. Não me preocupei, pois sabia que não estava bêbado. O teste registrou um nível bem inferior ao considerado incapacitante, e os policiais simplesmente agradeceram e me deixaram ir.

Seguindo meu caminho, contudo, de repente percebi que faltava alguma coisa. Eu me sentia bem, meus batimentos cardíacos pareciam perfeitamente normais. Não estava com a boca seca nem dei nenhum suspiro de alívio. Eu simplesmente tivera um contato com a polícia com muito pouca tensão ou medo. Era algo estranho.

Os policiais não jogaram o facho das lanternas em meu olho, não assumiram nenhuma atitude específica quando viram que eu era negro. Mostraram-se gentis e respeitosos, sem presumir que um negro num bom carro devia ser traficante de drogas ou outro tipo qualquer de criminoso. Mesmo ao sentirem cheiro de álcool, não adotaram atitude de confronto ou julgamento, não presumiram que eu estava bêbado. Embora minha identificação como militar pudesse ter ajudado, ainda assim eu fora tratado como uma pessoa comum, e não como um cidadão de segunda classe ou um estrangeiro esquisito. Eu nunca vivera uma experiência assim.

Lembrei-me de um incidente de tráfego que tivera com a polícia da Flórida, igualmente tarde da noite, quando voltava para casa pela primeira vez depois do campo de treinamento, em 1984. Foi completamente diferente. Alex, meu amigo de colégio, vinha dirigindo seu horrível Ford Pinto marrom-alaranjado. Eu estava no banco do carona. O automóvel – exatamente o modelo que passara por recall por apresentar risco de explosão se fosse abalroado por trás – tinha pelo menos dez anos e devia parecer o dobro.

Nós paramos no estacionamento de uma loja de conveniência – a boa e velha U'Tote'M que frequentávamos quando garotos. Ela estava feericamente iluminada, o que em geral significava que estava aberta. Pouco depois de pararmos, Alex deu a volta até o meu lado com uma enorme chave de fenda, necessária para forçar a porta amassada do carro e me deixar sair. Mas logo nos demos conta de que nem era preciso, a loja estava fechada.

Foi então que apareceram dois carros de polícia disparando as sirenes e nos cegando com suas luzes.

– O que é que estão fazendo aqui, garotos? – berrou um dos policiais, cheio de maldisfarçado desprezo.

Apresentei minha carteira de identidade militar, achando que podia melhorar a situação. Afinal, eu agora fazia parte da equipe americana de segurança, exatamente como eles, ou pelo menos era o que eu achava. Ao mesmo tempo, Alex tentava explicar o problema da porta do carro. No entanto, em vez de acalmar os policiais, isso os indispôs ainda mais. Embora soubesse que não tínhamos cometido nenhum crime, eu estava cheio de medo. Todos ali sacavam como a situação podia acabar. Imagens de brutalidade policial passavam pela minha cabeça.

Um dos policiais disse:

– Onde está sua carteira de identidade do estado? Você sabe que tem de andar com ela.

Eu queria dizer que a identidade militar era reconhecida em toda a federação e devia ser respeitada, mas a essa altura já tinha entendido que a melhor coisa a fazer era ficar de boca fechada.

Enquanto isso, os policiais não tiravam os olhos da chave de fenda na mão de Alex.

– O que estão fazendo por aqui? – voltaram a perguntar. – Estavam querendo arrombar a porta?

Ele insinuava que tínhamos parado numa loja fechada para arrombá-la.

Felizmente, como não havia nada contra nós, eles acabaram nos liberando depois de alguns minutos de tratamento desrespeitoso e intransigente. Alex então achou graça de minha ingenuidade. Ele disse:

– Você pensou que essa droga dessa carteira militar ia ajudar, aeronauta? Essa porra não serve para nada.

A mesma cena humilhante pela qual eu e incontáveis outros *brothers* tivemos de passar seria descrita de maneira pungente alguns anos depois nos versos de Ice Cube em "Fuck Tha Police", do N.W.A. A análise indignada, mas brilhante, de Cube descreve a maneira como a polícia invariavelmente intimida e persegue jovens negros, sobretudo por causa da raça e das roupas, que podem estar de acordo com alguma visão estereotipada da maneira como traficantes de drogas e criminosos se vestem.

Voltando para casa naquela noite, na Inglaterra, fiquei pensando em como as coisas podiam ser diferentes. Meu segundo posto no exterior fora uma experiência em que aprendi muito, de várias formas. Embora tivesse começado a carreira universitária no Japão – onde também tivera contato pela primeira vez com ideias sobre consciência e política negras –, foi na Grã-Bretanha que realmente comecei a entender os efeitos profundos da raça nos Estados Unidos e o que significava ser negro e proveniente de um meio como o meu. Claro que eu sempre soubera que aquilo era uma merda. Mas não tinha uma linguagem clara e precisa para descrever a situação ou entender a melhor maneira de reagir.

Depois de iniciado por Mark no Japão, eu agora iniciava os *brothers* mais jovens na Inglaterra. E, como pode confirmar qualquer bom educador, convencer os outros da superioridade de seus argumentos muitas vezes é a melhor maneira de dominar essas ideias e também de se convencer plenamente delas. Na Grã-Bretanha, me vali do traquejo social e do potencial de liderança que tinha desenvolvido na juventude para interessar os outros em Gil Scott-Heron e Bob Marley. Mergulhei na música deles e estudei suas letras com um espírito hermenêutico. Elas tornaram-se meus textos sagrados.

Pronto para sair na noite, na Inglaterra, em meu período na Força Aérea.

Eu assistia a documentários na BBC, como a série *Eyes on the Prize*, da PBS, aprendendo mais sobre o movimento dos direitos civis e as histórias reais das pessoas por trás da luta contra a segregação e outras formas de discriminação. Também vi *Cry Freedom* e participei de iniciativas contra investimentos financeiros na África do Sul, a fim de acabar com o apartheid. Comecei a lamentar ter perdido a militância e o movimento de conscientização da década de 1960 e do início da seguinte.

Ironicamente, no momento em que começava a me lamentar por ter nascido tarde demais para entrar no movimento dos Panteras Negras ou protestar contra a Guerra do Vietnã, eu não sabia que uma nova investida contra os negros era lançada em meu país. Era a guerra contra as drogas promovida por Ronald Reagan.

Em 1986, houve nos Estados Unidos protestos isolados contra Reagan – e, no Reino Unido, uma revolta muito mais visível contra a primeira-ministra conservadora Margaret Thatcher –, mas a coisa toda empalidecia em comparação com o que eu perdera no período do Black Power. Eu não me dava conta do que estava errado na época, nos Estados Unidos.

Mas o fato de estar na Inglaterra me posicionava a uma distância vital a partir da qual analisar os americanos. Embora a Grã-Bretanha não fosse nenhum paraíso isento de preconceitos, sua política racial era diferente da nossa, em virtude da obsessão nacional com questões de classe e o fato de o tráfico de escravos ter sido abolido muito cedo. Lá eu não deparava constantemente com pessoas que me desprezavam antes mesmo de me dirigir a palavra. E as mulheres brancas da Inglaterra certamente não encaravam os homens negros como as americanas brancas de Miami. Na verdade, o pessoal militar americano – inclusive os negros – era visto como privilegiado, pelos empregos bons e as oportunidades melhores em relação à classe trabalhadora britânica. Nossas perspectivas econômicas eram encaradas de modo positivo, o que estava longe de acontecer no sul da Flórida.

Nos Estados Unidos, uma das formas mais flagrantes de racismo que eu podia observar tinha a ver com namoros inter-raciais, especialmente entre negros e brancos. Assim, quando comecei a sair com Anne, uma morena alta e de traços delicados que conheci cerca de três meses depois de chegar à Inglaterra, não podia deixar de me sentir particularmente consciente de nossas respectivas raças. Na adolescência, eu sempre precisara esconder meus breves encontros com garotas brancas no colégio. Tinha perfeita consciência de que aparecer com elas em público só serviria para criar problemas, de modo que evitava. Se eu estivesse na rua ou numa loja em Miami com uma menina branca, teríamos de passar por um autêntico corredor polonês de olhares e comentários sussurrados, ou coisa pior. Mas em Londres, e mesmo em cidades menores da Grã-Bretanha, ninguém estava nem aí. Passei a morar com Anne pouco depois de nos conhecermos.

Embora ela achasse que precisava me preparar bem até sentir que eu estava pronto para conhecer seus pais, sua preocupação nesse sentido tinha mais a ver com questões de classe, e não de raça. Anne vinha de uma família da classe média alta britânica. De certa maneira, era considerada a vergonha da família, por não ter cursado universidade. Seu pai era aviador e trabalhava para o sultão de Omã; seus pais passavam a maior parte do tempo nesse país.

Como membro da Força Aérea dos Estados Unidos, contudo, eu era considerado um "bom partido", pelas oportunidades econômicas abertas para mim no meio militar e pelo fato de ser cidadão americano. Em comparação com os britânicos que ela tinha namorado antes, eu era decididamente um passo adiante. Seus pais nem sequer fizeram objeção quando passei a morar com ela na casa da família. Eles tinham uma enorme casa de quatro quartos em Wootton Bassett, subúrbio de Swindon. Era para onde eu me dirigia quando fui interceptado pela polícia naquela noite. A fim de aplacar um pouco o leve desconforto causado pelo fato de "vivermos em pecado", eu pagava um aluguel.

Antes de me apresentar aos pais, Anne me ensinou com diligência a usar corretamente os talheres e outras etiquetas à mesa, que até então eu ignorava. Não achei que aquilo fosse condescendente nem inadequado. Pelo contrário, era educativo. Eu tinha uma atitude de esponja e estava decidido a absorver qualquer tipo de conhecimento que pudesse ser útil. Não me sentia intimidado pelo sistema britânico de classes porque, apesar do que sabia sobre os graves problemas americanos, ainda assim preservava certa ideia de superioridade do nosso país.

Aprendi muito com Anne e com a observação das atitudes dos britânicos. A maneira como eles encaravam as ideias americanas sobre raça e o apoio que davam aos direitos civis e à igualdade dos negros nos Estados Unidos confirmaram para mim que essas posturas eram normais; era assim que qualquer pessoa ponderada devia pensar sobre tais questões. Lutar pelos direitos civis não era pedir nenhum "favor especial" nem se recusar a deixar para trás a "história antiga", como muitas vezes os brancos americanos apresentavam o problema. Naturalmente, criticar os Estados Unidos era fácil para os britânicos, pois viviam em outro país, não encaravam suas próprias contendas. E a tolerância deles estava longe de ser perfeita: ainda havia no país brutalidade policial contra minorias étnicas, além de um persistente estereótipo dos negros jamaicanos como "preguiçosos". Mas, mesmo assim, isso já era um avanço para mim.

Assistir a uma apresentação de Gil Scott-Heron numa pequena boate, com um público multirracial de cerca de cinquenta pessoas, reforçou ainda mais meu sentimento de pertencer a uma comunidade consciente. Estávamos todos sentados no chão, e ele interagia e conversava conosco, como se fosse uma festa íntima e nós fizéssemos parte da música, e não fôssemos apenas uma plateia. Anne e eu estávamos juntos. Ocasiões assim – e o fato de levar outras pessoas a se interessar pela arte de Scott-Heron – me estimulavam a passar à ação e a aprender mais.

Foi muito importante o fato de, na Inglaterra, eu ter começado a ser insistentemente instigado, tanto pelos professores com quem estudava formalmente quanto pelos homens aos quais falava da experiência negra. Eles achavam que eu tinha algo de especial, que podia e devia usar meu cérebro para ajudar os outros. Minha função na base era o controle de estoque e abastecimento, encomendando os itens necessários com a ajuda de um computador bem primitivo. Do arroz à pista de voo e aos uniformes do time de basquete, se alguma coisa tinha de ser adquirida e fornecida, nós é que pedíamos, às vezes somando milhões de dólares de uma só vez. Mas, em geral, aquela não era uma função que exigisse muito. Sobrava muito tempo para pensar e estudar. Inspirado por Scott-Heron e por minhas conversas anteriores com Mark no Japão, decidi me tornar um orientador e trabalhar para seguir uma carreira de assistência a jovens carentes.

Eu tinha um segundo emprego como atendente no ginásio da base e jogava no time de basquete da Força Aérea toda sexta-feira à noite e nos sábados de manhã, além de treinar diariamente depois do trabalho. Matriculei-me em cursos de seis a nove créditos por semestre na Universidade de Maryland, que oferecia aulas na base. Também jogava em dois times britânicos de basquete: o Swindon Rackers e o Swindon Bullets. Minha vida era muito estruturada, e tudo isso me mantinha bem cansado a maior parte do tempo.

Os professores, contudo, começaram a prestar atenção na minha capacidade intelectual. Esse reforço me estimulou ainda mais. Eu era inspirado por eles e também lhes mostrava, e a mim mesmo, que era capaz de dar alguma contribuição em termos acadêmicos.

Seguindo os cursos obrigatórios de literatura, comecei a entender a poesia e a identificar o significado oculto das alusões e referências que até então ficavam obscuras para mim, por causa da linguagem antiga e das palavras raras. Li Auden, Shakespeare e mergulhei nas obras de Gwendolyn Brooks, Claude McKay, Langston Hughes e Sterling Brown. Era emocionante entender, apreciar e sobretudo analisar por mim mesmo o que os intelectuais faziam. Eu me orgulhava de ser considerado inteligente e capaz por pessoas que levavam uma vida acadêmica. Era como se tivesse descoberto algum código secreto e entrasse num mundo de cuja existência até então eu nem sequer suspeitava. Quando não ficava exausto, me sentia eufórico.

Foi na Inglaterra que comecei a frequentar cursos universitários e a gostar deles. Foi lá que comecei a estudar não só porque era obrigado, mas porque gostava de aprender, porque queria saber mais e me saía bem nesse empenho. Eu tivera alguns breves momentos assim na infância, com a matemática. E alguns outros lampejos dessa possibilidade me haviam chegado no Japão. No entanto, nada disso se comparava à minha capacidade de mergulhar completamente nos estudos na Grã-Bretanha. Meus professores começaram a ver uma centelha brilhando em mim, o que me motivava cada vez mais, aumentando minha confiança.

Contudo, eu ainda era profundamente ignorante do mundo lá fora. Ainda não sabia nada sobre a infinidade de carreiras que o talento na matemática podia descortinar para mim. Provavelmente nunca tinha conhecido um cientista, um estatístico ou um matemático. Não fazia a menor ideia de quanto a ciência depende da matemática, e ainda não conseguia me imaginar seguindo alguma carreira voltada para os estudos e o mundo intelectual.

Na verdade, meu histórico deixava tanto a desejar em matéria do que costuma ser chamado no meio acadêmico de "capital cultural" – do tipo que é acumulado nos Estados Unidos quando se é branco e se cresce na classe média ou alta – que eu cometia certos erros ainda hoje vexatórios. Capital cultural é o conhecimento da maneira como uma cultura – seja a cultura de uma instituição, de um país ou de uma comunidade, ou a cultura de uma classe social – realmente funciona. Significa saber as coisas que "todo mundo sabe" nessa classe ou nesse lugar, e as coisas que todo mundo automaticamente presume que os outros saibam.

No meu bairro, por exemplo, eu tinha um nível muito elevado de capital cultural. Nele, as pessoas com capital cultural sabiam quais empregadores tinham mais probabilidade de contratar negros, onde conseguir os melhores preços de alimentos e roupas, que quarteirões podiam ser considerados "nossos" e quais não, quem corretava apostas e quem tinha as melhores redes de bens roubados. Eu sabia das coisas que as pessoas de status elevado na comunidade deviam saber, aquilo que me mantinha no topo.

Mas num bairro de classe média, o capital cultural geralmente inclui coisas como saber quais as faculdades da Ivy League,* a lista das melhores do país, por que isso é importante, além das informações específicas sobre quem tem status, quem consome drogas e quais são as melhores lojas e os melhores restaurantes. A falta do capital cultural é uma das coisas que mantêm a clara divisão entre os que vivem em eterna pobreza e o chamado *mainstream*, as correntes principais da sociedade. Por exemplo, é ela que faz com que faculdades particulares um tanto duvidosas e certos "institutos" que não oferecem cursos respeitados – e às vezes nem sequer oferecem capacitações realmente necessárias – se aproveitem dos pobres. Quando eu estava no Japão, quase me matriculei num desses cursos de "ensino a

* Ivy League: inicialmente, liga esportiva formada por oito das mais antigas universidades americanas; hoje designa o grupo de instituições acadêmicas de maior prestígio no país e no mundo: universidades Brown, Columbia, Cornell, Harvard, Princeton, Yale, da Pensilvânia e o Darthmouth College. (N.T.)

distância" (hoje oferecidos como cursos on-line), que depois seria fechado. As pessoas pobres com frequência não dispõem do capital cultural que lhes permite saber que essas escolas não são bem consideradas pelos empregadores e pelos que de fato dispõem desse tipo de informação cultural.

Eis um exemplo do pouco que eu sabia sobre a vida acadêmica antes de começar minha carreira. Um dos cursos oferecidos pela Universidade de Maryland nas bases europeias da Força Aérea americana era estudos femininos. Eu achava aquilo perfeito para mim. Sem dúvida queria entender as mulheres e passara boa parte da vida tentando imaginar como conseguir com que elas fizessem o que eu queria. Embora eu tivesse muito a ganhar se acabasse estudando Angela Davis, bell hooks,* Toni Morrison e Gloria Steinem, minha ideia de estudos femininos não era exatamente a mesma que a delas. Eu nunca ouvira falar de feminismo, muito menos da variante negra americana conhecida como *womanism*.

Embora hoje ache graça, as consequências dessa falta do capital social e cultural do *mainstream* nem sempre são inofensivas. A gente se envergonha da ignorância, as tentativas de escondê-la podem impedir o aprendizado e perpetuar o problema. Quando deixamos claro em público que não sabemos o que "todo mundo" sabe, a experiência pode ser muito embaraçosa. Muitas das dificuldades enfrentadas por aqueles que tentam transitar do gueto para o *mainstream* têm a ver com a falta desse tipo de conhecimento, que os identifica como estranhos, outsiders, e pode levar à repetição de experiências humilhantes.

Acabei descobrindo, antes de me matricular no curso, que os estudos femininos não ofereciam o tipo de informação que eu buscava, porém, eu ainda era suficientemente ingênuo para acreditar que o segredo para entender e manipular as mulheres podia estar na psicologia. A cadeira Psi 101, que cursei, consistia na maior parte em conceitos freudianos, e eu achava incrível que as pessoas fossem pagas para gerar ideias sobre nossa mente e nosso comportamento. Julgava que era capaz de fazer

* Pseudônimo (escrito propositadamente com iniciais minúsculas) da feminista americana Gloria Jean Watkins (1952). (N.T.)

exatamente o mesmo. Decidi então estudar psicologia, o que seria útil para minha possível carreira, trabalhando com jovens negros, e para minha vida pessoal. Minha relação com Anne, meus cursos e a própria Força Aérea me ajudaram a começar a acumular capital cultural do tipo *mainstream*.

Na verdade, uma de minhas professoras, uma negra chamada Shirley Bacote, ensinou-me então algo muito prático, que contribuiu para mudar minha vida. Como faziam muitos negros da Força Aérea vindos de um contexto como o meu, eu mandava dinheiro para a família sempre que podia. Isso era algo que se esperava, até obrigatório. Visto de fora, parece louvável e altruísta, ajudar o pessoal em casa que não tem as mesmas oportunidades que você. Mas também pode ser uma armadilha, impedindo-o de investir em seu próprio futuro. Shirley observava como os negros não confiam em si mesmos o suficiente para investir no que lhes importa. Ela não falava diretamente para mim quando dizia essas coisas, estava dando um curso de sociologia sobre raça e classe nos Estados Unidos, no qual haviam se matriculado apenas um negro e algumas *sisters*. Mas suas palavras tinham ressonância em mim. Sei que ela devia considerar que, na maioria dos casos, nós nos "sentíamos obrigados".

Shirley explicava que, embora fosse importante ajudar a família e outras pessoas necessitadas, a prioridade devia ser nossa própria educação. Na escola, a gente sabe que está desenvolvendo capacitações úteis no mercado e que o dinheiro ali empregado contribui para criar um futuro melhor. A família sempre terá alguma nova necessidade. Invistam em vocês mesmos, recomendava ela, é a maneira mais sensata de investir na família a longo prazo. Se não o fizerem, não poderão progredir o suficiente e dispor da segurança necessária para prestar uma ajuda efetiva.

Guardei as palavras de Shirley. Eu vinha contribuindo para o sustento de minha família desde os doze anos, quando comecei a receber dinheiro por baixo do pano. Aquilo sempre me incomodara, mas eu não fora capaz de entender exatamente o motivo. Sabia que meus trabalhos na adolescência não eram como os empregos de verão dos garotos de classe média, destinados a obter um troco e talvez servir de lição no terreno das responsabilidades a serem assumidas. Na verdade, eu estava ajudando a botar comida na mesa.

Se minhas irmãs e eu não tivéssemos trabalhado, não haveria grande coisa no armário da cozinha ou na geladeira. Sem nossos empregos na infância, uma situação difícil teria se tornado ainda pior. Nunca me ocorrera que não era assim que devia funcionar a vida em família. Os pais é que deviam sustentar os filhos, financeira e emocionalmente, e não o contrário, pelo menos durante a infância. Só ao deixar o país é que me dei conta de como a pobreza e a raça tinham influenciado profundamente minha vida. Agora eu enxergava muito mais claramente a maneira como o racismo prejudicava os Estados Unidos.

Para mim, o lar era de fato onde estava o ódio, não só literalmente, mas de todas as maneiras simbolicamente sugeridas por Gil Scott-Heron em seu lamento, composto da perspectiva de um negro viciado em heroína. O herói da canção "Home is where the hatred is" tenta em vão usar drogas para aliviar a dor, uma dor tão forte que ele até pensa em nunca mais voltar para casa. Ouvindo essa música, comecei a entender por que alguém busca esse tipo de fuga, comecei a sentir alguma solidariedade – e de um modo que não me fora possível quando eu fumava maconha e achava a alteração da consciência mais desnorteante que libertadora.

Mas eu ainda tinha uma visão convencional das drogas como algo que acaba com a vida de alguém, e durante muitos anos continuaria comprando a ideia de que o crack era o principal fator de devastação do meu bairro e de outras comunidades negras no país. Mas também começava a desenvolver diferentes perspectivas e a reconhecer que a questão era mais complexa do que eu admitira até então. Desse ponto de vista, os problemas pessoais que Gil Scott-Heron iria enfrentar depois com a cocaína pareciam-me ainda mais trágicos.

Por infortúnio, a perspectiva da opinião pública sobre a questão pessoal dele com as drogas e sobre suas músicas que têm a ver com o tema de certo modo perpetuava mitos sobre o uso de drogas. A maneira como ele usava a droga parecia muito patológica – além de ter um impacto negativo tão evidente sobre ele em etapas posteriores de sua vida –, e isso tendia a corroborar os estereótipos de que o uso sempre leva a um vício devastador, sendo a verdadeira causa dos problemas dos negros. Muitas de suas canções antidrogas reafirmavam esse senso comum, sem a penetrante análise que ele costumava evidenciar no trato de temas políticos.

Ouvindo-as na época, contudo, eu ainda não era capaz de reconhecer isso. Do meu ponto de vista, as drogas estavam em oposição à consciência negra, representavam um obstáculo a ela. Combater as drogas, ouvir as canções antidrogas de Scott-Heron e compartilhá-las eram uma maneira de lutar contra a opressão, uma forma de mostrar que estávamos certos. Eu ainda não sacava que o modo como combatíamos as drogas agravava a opressão. Achava que o problema estava nas drogas, e não em nossa ideologia a respeito delas ou nas políticas de tratamento e repressão dos drogados.

Ao voltar para os Estados Unidos de licença, em 1987, adquiri a firme convicção de que o crack era a causa de tudo que agora eu considerava errado em nossa comunidade. Ainda não sabia, mas tinha reformulado mentalmente muitas coisas que via ao meu redor. Na época, eu cometia os mesmos erros de avaliação que nossos líderes. Por exemplo, comecei a achar que a violência, a presença de armas no gueto e a disposição das pessoas que conhecia para portá-las eram causadas pelas drogas. Mas estava deixando de fora as peças que não se encaixavam, como as experiências de minha própria família com a violência doméstica, a ausência dos pais e minhas experiências pessoais com roubos à mão armada.

Eu sempre tomara como exemplo meus cunhados e os outros caras mais velhos do nosso grupo de DJs, considerando-os os *brothers* mais irados do mundo. Mas, quando voltava para casa, começava a ouvi-los se referir com desprezo a "essa garotada de hoje". Eles diziam que o crack estava transformando garotas legais em "putas chupadoras de pau" e garotos normais em "bandidos prontos para matar". Não paravam de falar do aumento dos desatinos cometidos pelos *brothers* mais jovens.

Naturalmente, eles mesmos tinham me ensinado as sutilezas do respeito e da falta de respeito quando eu era menor. Tinham feito minha introdução à cultura sulista da honra, na qual nem a menor das ofensas, como uma pisada sem querer ou um olhar enviesado, podia ficar por isso mesmo. Era como se nós não tivéssemos carregado armas e, em certos casos, não tivéssemos chegado a usá-las para vingar incidentes que pessoas de fora decerto teriam considerado triviais ou mesmo absurdos.

Na verdade, no início da década de 1980, um dos meus cunhados tinha sido preso porque seu carro de cores berrantes fora usado num tiroteio que resultara na morte de duas pessoas. Ninguém foi condenado pelo crime, pois jamais se identificou o autor dos disparos – mas a sucessão de acontecimentos que levaram às mortes começara quando alguém se sentiu ofendido. Não havia drogas no caso.

As motivações dos jovens que se envolvem nesses atos, às vezes fatais por causa de ofensas à honra, muitas vezes são apresentadas como reações excessivas e irracionais. Mas essas altercações de causas aparentemente irrisórias são de longe o principal motivo de atos de violência mortal, contribuindo para um número significativamente maior de crimes que os efeitos farmacológicos das drogas. Em seu famoso estudo sobre homicídios em Detroit, Martin Daly e Margo Wilson concluíram que os jovens envolvidos, longe de se mostrarem irracionais, "podem agir pelo frio cálculo das possíveis vantagens e desvantagens das alternativas que se apresentam a eles".[1]

Eis como pode se dar esse cálculo. Antes de tomar alguma iniciativa para vingar uma ofensa à honra, há riscos a se considerar, como a perda da reputação e do status por ser visto como um covarde. Em sentido inverso, entre as possíveis vantagens estão causar boa impressão às mulheres ou a outros homens, levando ao aumento das chances de sobrevivência a longo prazo e, a um só tempo, ao êxito na reprodução.

Entre os possíveis preços a serem pagos por atos de vingança, naturalmente, estão morte, ferimentos ou prisão. Mas Daly e Wilson constataram que apenas 10% dos envolvidos que sobreviveram acabaram condenados por um crime mais grave que homicídio culposo, pois os tribunais reconheciam que tinham agido em autodefesa. Portanto, eles tendiam a cumprir penas curtas de prisão. Desse modo, não podemos concluir que essas pessoas agiam sem pensar nas consequências. Muitos dos riscos eram perfeitamente visíveis. Também é possível observar que esses crimes envolvem, na esmagadora maioria, jovens do sexo masculino que têm pouco a perder, contando com poucos recursos e limitadas perspectivas de futuro. Esse tipo de comportamento caracterizava os jovens do sexo masculino no meu bairro muito antes de o crack ter sido inventado.

Mas agora meus cunhados e os demais Bionic DJs alegavam que os jovens tinham ficado diferentes, e tudo por causa do crack. Aquela garotada não tinha um código pelo qual se pautar: "Eles matam como quem se coça. Fazem merda com muito mais facilidade", diziam. Segundo os mais velhos, com o "novo" negócio da cocaína, os mais novos não seguiam mais regra nenhuma em matéria de respeito. Ouvindo tudo isso, comecei a acreditar que o crack realmente tinha mudado as coisas. E outro aspecto que também contribuía para que tudo aquilo parecesse novo era o som quente do rap, com sua relação ambígua com as drogas, às vezes glorificando traficantes e prostitutas, às vezes alegando simplesmente falar de coisas "reais", outras, ainda, tentando assustar os *brothers*.

Certa noite, durante minha licença, eu estava dirigindo pela área com meu irmão Gary. Num sinal, o carro de trás bateu em nós. Merda, pensei, vamos ser assaltados. Eu tinha ouvido falar desse tipo de golpe, no qual os caras eram abatidos à queima-roupa quando saíam do carro para ver o estrago. E se fossem os caras das drogas, achando que estávamos entrando em seu território? Ou assaltantes, pensando que tínhamos grana e estávamos dando bobeira? Ou talvez Gary tivesse feito alguma merda de que eu não soubesse, e estivéssemos a ponto de ser assassinados... Eu não conseguia tirar da cabeça aquelas imagens de garotos capazes de matar por qualquer motivo.

Gary, que provavelmente portava uma arma, saltou do carro primeiro para tentar prevenir algum problema. Mas logo voltou rindo: o carro de trás era dirigido por uma jovem. Ela e as amigas achavam que nós éramos atletas profissionais ou gente de grana visitando a área – provavelmente porque estávamos dirigindo um Buick Electra 225 novinho. Queriam apenas flertar conosco, nada de sinistro. Com o coração ainda batendo feito louco, fui dar uma olhada. Gary pegou o telefone de uma das garotas. Já eu, não estava a fim.

Eu achava que o bairro estava ficando cada vez mais ameaçador. Constantemente via nos jornais e na televisão matérias sobre a "epidemia de crack" destruindo tudo ao redor. Pelo noticiário, parecia que a matança sem sentido se generalizava, impossível de ser contida. Em 1986, as revistas *Time* e *Newsweek* publicaram, cada uma, cinco matérias de capa sobre o crack. Só nesse ano, os meios de comunicação nacionais saíram com mais de mil reportagens sobre o "flagelo". Ronald e Nancy Reagan foram a uma cadeia nacional de televisão falar de "tolerância zero" com as drogas, chamando-as de "câncer" e convidando os americanos a participar de uma "cruzada" contra elas.

Eu não sabia na época, mas o que de fato tinha mudado no meu mundo não era o surgimento de uma onda inédita de violência gerada pelas drogas e um novo grupo de jovens predadores sem códigos morais. Era a maneira como nossas questões passavam a ser descritas e explicadas. No caso dos meios de comunicação, políticos em busca de reeleição – de ambos os partidos – tinham espalhado que as drogas eram a causa dos problemas nos bairros pobres, e que declarar guerra a elas resolveria as coisas. As empresas de comunicação reproduziam essa história, sem questionar seus pressupostos.

No caso dos meus cunhados, a mudança também tinha a ver com o fato de terem crescido. Eles tinham se assentado na vida, com empregos, hipotecas e filhos. Não estavam mais preocupados exclusivamente com seu status na rua. Essas coisas todas – trabalho, casamento, filhos – constituem importantes reforços alternativos, que não estão disponíveis nem se mostram atraentes no período da adolescência à juventude, mas se tornam recompensadores no início da idade adulta, quando se altera a visão do que é apropriado e aceitável para a faixa etária.

A partir do momento em que esses reforços alternativos se tornaram mais importantes para meus cunhados, eles começaram a encarar de uma perspectiva mais madura e sofisticada pequenos incidentes que antes teriam considerado desafios à honra. Essas ofensas não eram mais supervalorizadas como na adolescência. Sobretudo o emprego e a família permitiam que eles se considerassem masculinos sem precisar se defender de qualquer insulto. E, claro, os filhos e o emprego também significavam que tinham muito mais a perder.

Os caras mais jovens não eram realmente mais rebeldes que nós. Na verdade, nós reagíamos exatamente da mesma maneira quando tínhamos a idade deles. Alguns códigos, a moda e a música eram diferentes. Mas o consumo de drogas estava caindo: em 1979, 54,2% dos alunos do último ano do ensino médio afirmavam ter feito uso de alguma droga ilegal no ano anterior; em 1986, o percentual havia caído para 44,3%.[2]

O mesmo se aplicava aos índices de homicídio. Em 1980, houve 10,2 homicídios para cada grupo de 100 mil pessoas da população americana; em 1986, esse número caíra para 8,6. Além disso, no dia 25 de setembro de 1986, o *Los Angeles Times* publicou um artigo resumindo descobertas de um relatório da Drug Enforcement Administration (DEA) sobre o crack. O texto afirmava que a cobertura dos meios de comunicação "tem representado uma distorção da perspectiva da opinião pública quanto ao alcance do uso do crack, em comparação com o uso de outras drogas". A DEA observava também que o crack nem sequer estava disponível na maioria das cidades, com exceção de Nova York e Los Angeles. Os problemas relacionados ao crack e o posterior aumento dos homicídios ligados ao tráfico tinham chegado depois da onda de interesse dos meios de comunicação pelo problema, e não antes. Em outras palavras, as histórias assustadoras sobre uma droga que causava "vício imediato" e provocava atos de violência contribuíram para a disseminação do crack, e não para descrever de maneira fiel sua utilização na maior parte do país.

O efeito do crack, quando ele chegava a produzi-lo, foi sobretudo exacerbar os problemas que eu constatava em casa e no meu bairro desde a década de 1970. Não foi ele que criou o mundo de traficantes, prostitutas e viciados celebrado por rappers, nem a economia subterrânea que eu sempre conhecera. Tratava-se apenas de uma inovação de marketing que vinha adicionar um novo produto ao mundo das drogas. A farmacologia da droga não gerava excesso de violência. Entretanto, sempre que uma nova fonte de lucro ilícito é introduzida, a violência aumenta, até se definirem e preservarem os territórios de venda, e em seguida decai, uma vez demarcado o território e estabilizado o mercado. Foi o que aconteceu em Miami, primeiro com a cocaína em pó, depois com o crack. O mesmo padrão seria observado em inúmeras outras cidades, com muitos tipos de droga.

Ao contrário, porém, da imagem apresentada pelo hip-hop, de riqueza desmedida para praticamente qualquer um que entrasse na brincadeira, a realidade era que a maior parte dos traficantes ganhava mais ou menos o mesmo que receberia se estivesse trabalhando no McDonald's. O sociólogo Sudhir Venkatesh documentou detalhadamente a economia do tráfico de crack em seu estudo sobre uma gangue de rua de Chicago.[3] Tendo passado vários anos nas ruas com a gangue, ele conquistou a confiança dos líderes e dos integrantes logo abaixo na escala hierárquica, descobrindo exatamente o que cada pessoa ganhava e como os lucros eram distribuídos.

Embora os riscos envolvidos na venda de crack, superficialmente, não pareçam valer a pena, em vista dos ganhos obtidos, para muitos jovens ela ainda se afigurava como a melhor saída. Nas cadeias de fast-food e outros empregos de baixa remuneração, esses jovens teriam de usar uniformes desajeitados e se submeter a um tratamento muitas vezes humilhante por parte de patrões e clientes (em geral) brancos, cumprir horários rígidos e com poucas chances de progredir. Mas a venda de crack permitia escolher horários, oferecia a possibilidade de trabalhar com amigos e abria caminhos bem visíveis para o sucesso, além de melhor status entre conhecidos e potenciais namoradas. A possível glória a ser alcançada tornava aceitável o risco de prisão e morte.

Como acontece nas carreiras da música ou dos esportes, contudo, o tráfico de crack só representava muito dinheiro para alguns poucos privilegiados, situados no topo da pirâmide. As leis aprovadas para "combater" o problema criaram uma armadilha ainda mais cruel para os que sucumbiam aos atrativos da droga, fossem eles usuários ou traficantes.

Isso porque, infelizmente, embora o crack em si mesmo não fosse um fenômeno inédito, na década de 1980, mudou o modo como os líderes da nossa comunidade encaravam o sistema policial e judiciário. Quando eu estava crescendo, nós nos referíamos à polícia como "a besta", e os negros tinham se unido na oposição às práticas de "repressão" ao crime, pois sabíamos como elas eram promovidas de maneira injusta. Com a chegada do crack, no entanto, os próprios negros começaram a reivindicar mais policiais e penas mais longas de prisão, considerando que a droga estava transformando seus filhos e filhas em monstros que não poderiam mais ser salvos.

A insistência dos meios de comunicação em formas extremamente patológicas de comportamento por parte de usuários de crack nos levou a acreditar em histórias incríveis. Por exemplo, um dos equívocos mais disseminados a respeito do crack era de que a pessoa podia ficar viciada só com uma dose. Abordando essa questão na época, o professor de psiquiatria Frank Gawin, da Universidade Yale, disse à revista *Newsweek*: "A melhor maneira de reduzir a demanda seria fazer com que Deus reconfigurasse o cérebro humano para mudar o modo como a cocaína reage com certos neurônios."[4] Isso é apenas uma hipérbole. Mesmo no auge da disseminação do consumo, apenas 10 a 20% dos usuários de crack ficavam viciados. Outro persistente estereótipo era de que, em sua maioria, os usuários de crack são pessoas impulsivas, que só pensam em conseguir mais droga. O que pude constatar em minhas pesquisas (e nas de outros estudiosos) é que essa afirmação também está errada. Nos procedimentos que realizo, imponho prazos muito rigorosos aos usuários de crack; eles são obrigados a um considerável esforço de planejamento, a inibir condutas (por exemplo, o uso de drogas) que possam interferir nos organogramas do estudo e a abrir mão da gratificação imediata. Em sua maioria, eles atendem a essas exigências sem muitos problemas.

Mas a mudança para uma perspectiva de "ordem pública" foi efetiva. Os que antes se opunham a uma brigada de "endurecimento com o crime", que preconizavam um esforço de reabilitação e o serviço comunitário, agora se uniam aos que queriam mais cadeia e menos condescendência. Democratas e republicanos no Congresso mostraram-se igualmente enfáticos em favor da aprovação da Lei contra o Abuso de Drogas, de 1986, que afinal criava para o crack penalidades mais severas que para qualquer outra droga. Era grande a competição para ver quem se mostrava mais rigoroso contra o crack.

Na verdade, quando o astro de basquete universitário Len Bias morreu, no dia 19 de junho de 1986, a histeria chegou a um ponto ainda mais alto.

Inicialmente, acreditou-se que o jogador de 22 anos tivesse morrido por ter fumado crack, mas depois se soube que ele tinha cheirado cocaína em pó. Com seus 2,2 metros de altura e a cesta suavemente certeira, o aluno da Universidade de Maryland era o próximo contratado do time do Boston Celtics. Morreu ao comemorar por ter sido escolhido para fazer parte do time que acabava de ganhar o campeonato da NBA. Sua morte teve enorme impacto, porque o presidente da Câmara dos Representantes, na época, o democrata Tip O'Neill, era da região de Boston e um grande torcedor do Celtics. Em seu elogio fúnebre de Bias, o reverendo Jesse Jackson disse: "Nossa cultura precisa rejeitar as drogas como forma de entretenimento, recreação e escapismo. ... Perdemos mais vidas para o vício do que para as cordas da Ku Klux Klan."

A morte, no mesmo mês, do *back* defensivo Don Rogers, da equipe de futebol Cleveland Browns, por motivos atribuídos ao uso de cocaína, tornou as coisas ainda piores.[5] As mortes muito próximas desses dois jovens atletas no apogeu contribuíram para disseminar na opinião pública a crença de que os efeitos da cocaína eram perigosamente imprevisíveis. Mas elas não foram situadas no contexto dos milhões que tinham usado ou estavam usando a droga sem que produzissem esses efeitos.

Em minha pesquisa, realizei quase vinte estudos nos quais dei cocaína aos participantes sem qualquer incidente. Embora ela possa, em casos raros, exacerbar problemas cardíacos já existentes, seus efeitos nesse sentido são comparáveis aos que ocorrem quando as pessoas se entregam a outras atividades vigorosas, como exercícios intensos. Com o aumento das doses, obtemos aumentos previsíveis de medidas fisiológicas, como batimentos cardíacos e pressão arterial. Todavia, sem audiências no Congresso nem maiores avaliações das possíveis consequências negativas, a malfadada legislação de 1986 foi aprovada às pressas.

Cabe lembrar aqui que o crack e a cocaína em pó, na verdade, são idênticos do ponto de vista farmacológico. E também que, poucas décadas antes, o Congresso tinha aprovado pesadas sentenças ligadas às drogas, para em seguida revogá-las, quando se verificou que não surtiam os resultados esperados. Quase imediatamente, também ficou claro que a aplicação das leis tinha um efeito distorcido, não porque elas tivessem intenções racistas, mas pela maneira como de fato funciona e o modo como o próprio crack é vendido.

Vou explicar por quê. Naturalmente, é muito mais fácil prender pessoas vendendo drogas em mercados ao ar livre do que quando elas atuam a portas fechadas. Além disso, quanto mais transações um traficante ou um consumidor fizer, maior será a probabilidade de ser apanhado e detido, porque o maior número de transações corresponde a mais oportunidades de ser pego em flagrante. Uma das chaves do sucesso do crack no mercado era a venda de doses muito pequenas a preço baixo, o que obviamente aumentava o número de transações necessárias para que o traficante tivesse lucro; e como as doses de cocaína contida no crack vendido nas ruas são baixas, os usuários deviam fazer várias compras. Como era um produto novo, o marketing de rua também era importante para gerar vendas.

Ao contrário da cocaína em pó, o crack era vendido em doses menores, o que o deixava ao alcance de pessoas com pouco dinheiro. Esses usuários têm mais probabilidade de comprar e vender na rua e de efetuar transações com mais frequência. O crack intensificou a prevalência dos mercados de rua e das transações frequentes em muitas comunidades negras. Os organismos de repressão mobilizaram consideráveis recursos nas comunidades negras, com o objetivo de deter traficantes e consumidores. Essa combinação de fatores significava que o estabelecimento de sentenças diferentes para o crack inevitavelmente levaria mais negros à prisão, e por períodos mais longos, mesmo que não houvesse qualquer intenção racista. Assim, em Los Angeles, por exemplo – cidade de quase 4 milhões de habitantes –, no auge da epidemia de crack, nem um só branco foi detido nos termos das leis federais sobre o crack, muito embora habitantes brancos da cidade usassem e vendessem a droga.

Entretanto, um dos principais líderes da guerra ao crack era o deputado negro Charles Rangel, eleito pelo Harlem, Nova York, e na época presidente da Comissão de Abuso e Controle de Narcóticos da Câmara dos Representantes. Em 1985, ele tinha criticado o governo Reagan por sua "velocidade de tartaruga" na repressão às drogas.[6] Em 1986, sua voz foi das mais ativas em favor da adoção de medidas duras de combate ao crack.

Em vez de levar em conta o que acontecia em Nova York com uma legislação igualmente dura, que não tinha "resolvido o problema das drogas", resultando no encarceramento em massa de negros e mulatos, Rangel apoiou entusiasticamente as mais draconianas políticas de combate às drogas – incluindo a disparidade de cem para um nas sentenças envolvendo crack e cocaína em pó, respectivamente, que se estabeleceu nas decisões da Justiça Federal a partir da lei de 1986. Dezessete dos 21 membros da Convenção de Parlamentares Negros, da qual Rangel foi um dos fundadores, apoiaram essa lei.[7]

Pelo texto de 1986, uma pessoa condenada pela venda de cinco gramas de crack devia cumprir uma pena mínima de cinco anos de prisão. Para receber a mesma sentença pelo tráfico de cocaína em pó, um indivíduo precisava portar quinhentos gramas – cem vezes a quantidade de crack. Em termos práticos, cinco gramas de cocaína rendem de cem a duzentas doses, e quinhentos gramas rendem de 10 mil a 20 mil doses. Do ponto de vista científico ou farmacológico, a disparidade não se justificava, não refletindo de maneira precisa qualquer diferença real em termos dos danos provocados pelas drogas. E logo a Lei contra o Abuso de Drogas, de 1988, estenderia as penalidades relativas à cocaína em pasta a pessoas condenadas pela simples posse, mesmo que não tivessem antecedentes. O porte de qualquer outra droga ilegal, inclusive cocaína em pó ou heroína, por uma pessoa sem antecedentes acarretava pena máxima de um ano de prisão.

A esmagadora maioria dos encarcerados com base nas leis federais de combate ao crack era negra: em 1992, por exemplo, o percentual foi de 91%, e em 2006, de 82%.[8] Embora a intenção não fosse racista, a consequência – ausência de protestos e persistência no mesmo rumo, apesar do número desproporcional de negros do sexo masculino condenados, encarcerados e que perdiam seus direitos – certamente o era. O resultado, em muitas comunidades negras, foi um desastre que ainda hoje tem repercussões.

Na passagem da década de 1980 para a de 1990, eu comecei a constatar na minha família e entre meus amigos o que então julgava ser efeitos do crack. Meus primos Amp e Michael eram os casos na família. Num dos meus períodos de licença em casa, nessa época, descobri que tinham sido expulsos da casa de minha tia Weezy por consumirem crack. Aqueles primos que antes me serviam de exemplo, que tinham me iniciado na sexualidade e na masculinidade, foram expulsos da casa da própria mãe...

Em vez de procurar um lugar próprio para morar, eles tinham começado a viver num depósito, no quintal de casa, o mesmo, por sinal, no qual tínhamos buscado sem sucesso nos esconder quando fomos apanhados ainda meninos tentando fumar nossos primeiros cigarros. Meus primos agora dormiam naquele lugar apertado, entre ancinhos e cortadores de grama.

Quando fui visitá-los, o barraco estava sujo, nojento. Não tinha eletricidade nem encanamento, claro. Onde estavam aqueles caras cool que eu admirava e costumava seguir? Podiam ser os mesmos *brothers* em cujo exemplo me mirava, dos quais tinha recebido orientação quando tive minha primeira e embaraçosa experiência sexual?

Nessa época, Amp e Michael não estavam trabalhando nem cuidando da família, roubavam da própria mãe para comprar crack. Certa vez, foram apanhados tentando roubar a máquina de lavar da mãe para vendê-la e comprar drogas. Para mim, o comportamento deles só fazia sentido se fosse resultado do uso de drogas. Na época, eu não era capaz de identificar o papel desempenhado por fatores como não terem concluído o colégio e o desemprego crônico de Anthony. Não pensava que todos nós tínhamos nos envolvido em atos criminosos, mesmo sem drogas. Eu não sabia como Michael tinha feito aquele percurso, de homem casado e empregado como motorista de caminhão até viver num barraco na casa da mãe. Não pensava na diferença que a vida militar tinha representado para mim. A única coisa que parecia me diferenciar deles era o uso de drogas.

Num posterior período de licença em casa, tentei encontrá-los para chamá-los à razão. Mas eles se esquivaram do meu papo moralista. Não podiam se deixar humilhar. Também sabiam que eu só podia lhes oferecer palavras vazias. A retórica do "Diga não", dessa época, não dava resultados com adultos que tinham opções limitadas de emprego e já haviam dito sim. Na verdade, era só o que eu lhes podia oferecer.

No caso de um dos meus amigos, porém, foram ainda piores as consequências do fato de não termos identificado os verdadeiros problemas por trás da "epidemia de crack". Eu sabia que, quando entrei para a Força Aérea, Melrose e alguns outros colegas tinham começado a vender pedras de crack na esquina. Costumavam se vangloriar comigo sobre o fato de as garotas fazerem "qualquer coisa" para conseguir crack e alardeavam o dinheirão que iam ganhar. Eu não tinha dado muita importância na época, porque sabia que, por mais vantagens que contassem, eles ainda moravam em casa com as mães ou em outras condições mais ou menos precárias. Naturalmente, não estavam ganhando dinheiro.

Eu achava que era pura conversa aquela história de tráfico, como tantos outros delitos que tínhamos planejado no colégio, sem nunca levar a cabo. Nós sempre estávamos para botar a mão numa grana espetacular, a qualquer momento, sempre a ponto de alcançar a riqueza e a fama que sabíamos estar logo ali ao nosso alcance. Minha experiência na Inglaterra tinha deixado claras para mim a inutilidade e a improbabilidade de êxito dessas empreitadas, que agora pareciam meio tristes e até embaraçosas. Eu não esperava que aquela cultura dos pequenos golpes acabasse levando a alguma coisa, fosse ela boa ou ruim.

Mas, aparentemente, Melrose vinha vendendo crack regularmente no bloco 3.900 da Southwest 28 Street, em Carver Ranches. Ele não lidava com quantidades grandes nem podia ser considerado um chefão. De todos os meus amigos, Melrose jamais seria aquele que eu esperaria ver envolvido em atos de violência, embora ostentasse uma incrível forma física e impusesse respeito com sua aparência, era realmente uma pessoa de bom coração. Na infância, fora mandado para uma escola "especial", onde não recebera nada que se considerasse semelhante a uma educação de verdade, mas era um sujeito gentil e não representava ameaça para ninguém. No dia 14 de agosto de 1990, ele passara horas comemorando o primeiro aniversário de sua filha Shantoya. E então foi para a esquina.

Os caras que decidiram assaltá-lo – pequenos traficantes de outro bairro que tinham na mira o seu ponto – não tinham ideia de que ele acabava de sair da festa de aniversário de uma criança pequena. Não sabiam que meu amigo era a pessoa mais honesta e boa do mundo. Simplesmente não o conheciam. Apareceram de carro e puxaram as armas antes que

Melrose e os seus garotos da rua pudessem esboçar uma reação. Botaram todo mundo deitado de barriga para baixo, roubaram as drogas e o dinheiro. E então, sabe-se lá por quê, atiraram na cabeça de Melrose.

Em apenas três minutos, eles foram apanhados e presos pela polícia. Mas a assistência médica não chegou com a mesma rapidez. Não apareceu nenhuma ambulância para atender Melrose. A mãe de seu amigo Michael, Annie, telefonou quatro vezes para o número da emergência, tentando conseguir que alguém o levasse para o hospital. A irmã de Michael, Jackie, correu até um quartel de bombeiros ali perto, mas os homens continuaram de braços cruzados, indiferentes a seus pedidos de ajuda.

Annie tinha coberto Melrose com um cobertor e ficou sentada a seu lado durante os vinte minutos em que ele esteve ali, jogado na rua, até que afinal apareceram os paramédicos. Uma multidão enfurecida de quase cem pessoas marchou mais tarde até o quartel de bombeiros, indignada com a falta de socorro. As autoridades alegaram que o atendimento não podia ser autorizado enquanto a polícia não chegasse ao local para se certificar de que o tiroteio havia terminado. Mas as detenções tinham ocorrido em questão de minutos – e não havia motivo para acreditar que ainda houvesse atiradores soltos no local.

Derrick "Melrose" Brown deixou quatro órfãos. Jamais saberemos se poderia ter sido salvo por um atendimento de emergência mais eficaz. Melrose nunca teve sua chance. Muitas experiências e políticas condenáveis o levaram até aquela esquina, a começar por uma lastimável história educacional e a falta de oportunidades econômicas que ela representava. Na época, eu atribuí a culpa toda ao crack. Se não estivesse no tráfico, se não houvesse rivais atrás dele, ele ainda estaria aqui hoje, eu pensava. Esquecendo minha própria experiência ao ver minha irmã alvejada sem o menor motivo, assim como as mortes sem sentido do irmão do meu amigo e do motociclista branco que vi ser abatido em retaliação, eu me convenci de que o crack estava levando todo mundo à loucura. Logo depois, tomei a decisão de me envolver em pesquisas que considerava suscetíveis de contribuir de alguma maneira para resolver o problema.

10. O labirinto

> "Uma coisa é mostrar a um homem que ele está errado, outra é dar-lhe acesso à verdade."
>
> JOHN LOCKE

TODO MUNDO NO DEPARTAMENTO de Psicologia sabia daquele curso. Alguns alunos chegaram a mandar confeccionar camisetas com a inscrição "Eu sobrevivi à psicologia experimental", que passaram a ostentar com orgulho. A disciplina estava entre os cursos mais difíceis de todo o currículo, uma daquelas matérias obrigatórias que tendem a deixar para trás os distraídos, preguiçosos, indiferentes e perplexos em geral.

Mas ninguém esperava dar de cara com uma versão humana do labirinto radial. Todos nós tínhamos visto esse dispositivo circular de oito braços no laboratório de experiências com ratos, além de ler a respeito em nossos manuais. Nenhum dos trinta e tantos alunos sabia muito bem o que fazer quando nos vimos, num belo dia ensolarado da Carolina do Norte, no centro de uma enorme estrutura de madeira sem pintura, do tamanho de meia quadra de basquete.

Estávamos mais ou menos na terceira semana do meu último ano na faculdade, em 1990. Eu me encontrava no campus de Wilmington da Universidade da Carolina do Norte. Não tinha a menor ideia de que essa turma e meu professor, Rob Hakan, iriam mudar o rumo de minha vida. Sabia apenas que estava de olho na recompensa, que na época, para mim, era simplesmente me formar em psicologia. Também tinha uma vaga ideia de que queria trabalhar com crianças negras carentes. Mas, à parte concluir o curso universitário, não descortinava ainda nenhum caminho específico para conseguir esse tipo de trabalho. Embora a meta estivesse incrivelmente próxima, se eu não tivesse entrado para o curso de Rob, não creio que teria me tornado cientista.

A psicologia experimental centrava-se em métodos de pesquisa, e o exercício do labirinto me parecia irritante. Não era exatamente um desafio determinar qual dos braços oferecia, no fim, um pote de Skittles ou M&M's. Eu me sentia ligeiramente insultado pelo fato de ser literalmente tratado como um rato de laboratório. Entretanto, como conhecia Rob e confiava nele, fui em frente, imaginando que devia ter algo importante a demonstrar ao submeter a turma àquele exercício.

De fato, mais tarde, ao tentar resumir os resultados, imediatamente entendi o objetivo da experiência. Precisei voltar para conferir o número de braços do labirinto, os marcadores que pareciam pontos vermelhos e azuis de tinta, ajudando a distinguir os braços que tinham recompensas dos que levavam a nada, além de outros elementos que naquela hora eu não percebera como essenciais. Compreendi que aqueles detalhes eram relevantes, que a observação e mensuração durante os experimentos são fundamentais.

À medida que o semestre avançava, também comecei a descobrir a ordem e o objetivo que estavam por trás de boa parte do que até então me parecia sem sentido na psicologia. Havia certa beleza na estrutura dessa ciência, e também métodos para entender o comportamento. Os aparentes detalhes e as exigências obscuras da pesquisa eram, na verdade, maneiras relevantes de evitar a tendenciosidade. Eram necessárias para controlar as condições e assegurar que as variantes em estudo estavam ligadas ao resultado apresentado, não sendo apenas incidentais, mas causais. Era uma forma de olhar por sob a capa da experiência humana, liberando-a de certas complexidades que geram confusão. E era algo quantitativo, matemático, sólido.

Acima de tudo, eu estava aprendendo a pensar e a me comunicar como cientista. Descobria por mim mesmo a profunda verdade do comentário de Einstein: "Tudo deve ser feito da maneira mais simples possível, mas não mais simples que isso." No curso de Rob, nós realizávamos uma experiência por semana, e isso significava muita prática, exatamente o que eu precisara para me sair bem no basquete. E, como no basquete, a prática me ajudou a entender e a aprender a trabalhar dentro das regras. À medida que as aprendia, eu me tornava mais competente e confiante. No percurso, meu comportamento era constantemente recompensado pelos "Muito bem" de Rob, e nos testes e dissertações, pelas boas notas.

Nesse processo de despertar, Rob pôde ver que eu me mostrava cada vez mais empenhado e estimulava minhas perguntas. Ele não era um desses professores carismáticos e fascinantes que deixam os alunos boquiabertos com sua personalidade e seu intelecto fora do comum, pelo contrário, era um sujeito tranquilo e discreto. Mas era jovem e atraente, e seus exercícios criativos e desafiadores, assim como seu entusiasmo, o tornavam muito interessante. Media cerca de 1,90 metro e tinha cabelos ruivos.

Eu comecei a ficar depois das aulas para conversar com Rob e, além disso, jogar basquete com ele no time do Departamento de Psicologia. Ele me apresentou a cantores de que eu nunca ouvira falar, como Joni Mitchell e Bob Dylan. Parece estranho, hoje, imaginar que eu, aos 23 anos, não conhecesse a música desses ícones antes de ficar amigo de Rob. Mas no meu mundo acanhado aparentemente não havia espaço para cantores folk brancos. Rob também me apresentou a livros como *O lobo da estepe*, de Hermann Hesse, que ajudou a me ligar ao mundo acadêmico. Eu me identificava com o sentido de isolamento selvagem mostrado no livro, tinha a mesma sensação de não estar integrado a uma sociedade educada. Como o personagem principal, que se considera um "lobo da estepe", além de ser humano, eu também me sentia dotado de uma natureza dual.

Na época, eu vivia com uma moça chamada Terri Howard, uma negra esbelta e de pele clara, com enormes olhos castanhos que a faziam parecer gêmea do cantor Prince. Ela estava cursando administração, e nós ficaríamos juntos por quatro anos. Embora eu tentasse parecer respeitável e tratasse com toda a formalidade sua pretensiosa mãe republicana e o novo marido dela, eles aparentemente achavam que um homem como eu, com três dentes de ouro e uma fala cheia do pesado linguajar das ruas, não era exatamente o que sua Terri merecia. Senti-me muito reconfortado ao saber que um importante intelectual alemão que tinha vivido mais de um século antes se debatera com questões semelhantes.

Além disso, Rob Hakan deixou claro que havia lugar no mundo das pesquisas para gente como eu, que não tinha seguido o tradicional caminho acadêmico das classes média e alta. Na verdade, a equipe de seu laboratório na época era um plantel de aparentes desajustados – e todos eles alcançariam sucesso mais tarde, na medicina e na pesquisa. Um dos alunos era um autêntico roqueiro, com direito a cabelo comprido, barba e toda a parafernália hippie. Outro, no começo, era um magrelo tão estabanado e inquieto que precisava fumar maconha para se acalmar. Sua intensidade deixava os outros nervosos. Havia também um casal muito decidido, que chamávamos de "os cônjuges" (seu nome de família era Strauss), e cuja competitividade chamava a atenção na tranquila UNC-Wilmington.

Quando obtive uma das mais altas notas em sua matéria, Rob me estimulou a me matricular num curso avançado independente que seria supervisionado por ele. Na época, a cadeira era conhecida como psicologia fisiológica avançada, mas hoje seria etiquetada de neurociência comportamental. Para preencher todos os requisitos do curso, contudo, eu devia ter novas capacitações. A primeira coisa que Rob queria que eu aprendesse era trabalhar com cérebros de ratos. Embora eu estivesse muito mais interessado em ajudá-lo na pesquisa que então realizava sobre sexualidade humana, as verbas para o projeto tinham chegado ao fim. Ele me convenceu de que se aprendesse a pesquisar cérebros de ratos eu poderia contribuir para desvendar os segredos do cérebro humano, curar vícios ou pelo menos fazer carreira na investigação científica. Fiquei lisonjeado com a atenção e desejoso de novos elogios da mesma ordem. Inicialmente, não tinha muita certeza, mas com o tempo comecei a achar que era capaz de fazer esse tipo de pesquisa.

Boa parte de minha confiança decorria do fato de Rob ter deixado bem claro para mim que o que mais importava era trabalhar com afinco. Como ele insistia sempre nessa ideia, não fiquei assim tão intimidado com a matéria e as cirurgias cerebrais que deveria efetuar.

"Pessoas como eu e você temos lugar na ciência", dizia Rob, referindo-se aos que não eram obviamente nerds nem *geeks*, aqueles cuja persistência e diligência seriam capazes de superar eventuais déficits educacionais. Minha deficiente educação média não me proporcionara a formação científica e o vocabulário esperados em um pesquisador, mas Rob percebia que eu estava disposto e seria capaz de fazer o necessário para remediar a situação. Eu já havia mostrado a ele e a mim mesmo que não tinha medo de trabalhar muito, mesmo que isso significasse voltar reiteradas vezes ao labirinto.

Mas eu tivera de resolver um labirinto muito próprio antes de conhecer Rob Hakan e os dois outros mentores que me orientaram pelo mundo da ciência. Quando saí da Força Aérea, ainda não estava claro para onde ia meu futuro. Depois de deixar o serviço, em 1988, primeiro voltei para casa, em Miami. Ainda faltavam cerca de trinta créditos para eu concluir a faculdade, e eu pretendia fazê-los no Bethune-Cookman College (atualmente Bethune-Cookman University), em Daytona Beach. Tinha economizado alguns dólares e estava muito satisfeito comigo mesmo.

Depois de passar pela Inglaterra e pela vida militar, onde tinha consideráveis responsabilidades, a volta ao Sul dos Estados Unidos pareceu um passo atrás no tempo. Meus velhos amigos nem se imaginavam fazendo muitas das coisas a que eu me dedicara na Força Aérea. Sua visão de futuro era comprometida pela falta de educação e a inexperiência com qualquer coisa além da pequena vizinhança onde tinham passado praticamente a vida toda. Agora eu era capaz de enxergar os limites desse ponto de vista, em vez de simplesmente aceitá-lo, com a frase: "É assim que as coisas são."

Outra experiência veio reforçar ainda mais a sensação de que algo devia estar à minha espera. Alguns meses depois de deixar a vida militar, fui entrevistado na empresa Rent-A-Center, que na época estava surgindo, para um emprego na gerência. Essa cadeia aluga móveis, computadores, utensílios domésticos e outros artigos para pessoas com pouco dinheiro e/ou sem crédito na praça, cobrando juros altos e oferecendo a perspectiva de efetiva aquisição, caso se mantenham em dia com os pagamentos.

A essa altura, eu já estava preocupado com a possibilidade de que o dinheiro que tinha economizado durante o serviço militar chegasse ao fim. Também queria economizar para financiar a conclusão de meus estudos. O gerente regional que me entrevistou reconheceu minha capacitação e meu talento. Na verdade, quase de imediato me sugeriu que eu trabalhasse numa das lojas, por um breve período, a fim de ter contato com o serviço e me preparar para gerir um ponto próprio dali a alguns meses.

Contudo, meu primeiro dia na Rent-A-Center seria o último. A loja ficava em Carol City, na esquina de 183rd Street e 27th Avenue, região que eu conhecia bem. A clientela era negra em sua esmagadora maioria, no entanto eu era o único empregado negro da loja. Pior ainda, o gerente me tratava com desprezo. Incumbia-me de tarefas braçais e invariavelmente me tratava como um paspalhão, recebendo salário mínimo e sem o menor futuro – e não como candidato a uma posição de gerência. Dirigia-se aos clientes com comiseração, fazendo comentários sutilmente depreciativos e se recusando a sintonizar a estação de rádio que transmitia nossa música preferida. Larguei o emprego no fim do dia. Não podia mais aceitar ser tratado daquela maneira. Eu sabia que merecia mais respeito, e comecei a perceber que não ia conseguir isso no meu velho bairro.

Pessoas como meu primo James e MH acharam que eu tinha ficado maluco. Para eles, eu tinha deixado um bom emprego sem motivo algum. Eu não conseguia lhes explicar. Sabia que não podia levá-los àquele tipo de debate intelectual sobre livros, letras de músicas e poesia que me ajudara a ficar mais consciente quando estava no serviço militar. Eu não achava que pudesse sensibilizá-los, de modo que nem tentei. Hoje me dou conta de que eles deviam julgar que eu me achava bom demais para aquele tipo de trabalho, mas eu não sabia como transpor a crescente defasagem entre nós. Na verdade, nem sequer sabia como entender essa defasagem.

Uma das poucas pessoas com quem me relacionei ao voltar foi Yvette Green, antiga namorada que na época estudava enfermagem. Nós costumávamos ir à mesma Denny's de que certa vez eu "saíra correndo" com meus colegas de colégio, e agora eu passava horas com ela, lendo e falando de literatura. Ela me apoiava, me reconfortava e me dava alguma paz de espírito. Na verdade, um dos meus maiores arrependimentos na vida foi perder o contato com Yvette ao deixar a Flórida.

Quando estava em casa, contudo, eu me sentia deslocado. Esperava me encaixar de novo naquele mundo, educar as pessoas e mostrar-lhes como eu era cool, exibindo as capacitações que tinha adquirido para alcançar o sucesso. Mas constatava invariavelmente que não sabia como fazê-lo. Até a minha cidade começava a parecer cada vez mais estranha. Na Força Aérea, eu abandonara inconscientemente os hábitos mentais que me tornavam imune ao desgaste cotidiano de ser tratado com paternalismo e desrespeito, mas ainda não tinha encontrado uma maneira adequada de transmitir minha nova perspectiva àqueles que ainda precisavam dessas defesas.

Eu achava cada vez mais difícil manter um relacionamento com os amigos mais próximos e os parentes. Queria debater as grandes questões sociais que mantinham tantas pessoas como nós aprisionadas naquelas terríveis condições. Mas eles estavam mais preocupados com problemas imediatos: como pagar o aluguel e botar comida na mesa para as crianças. Era pouco o seu interesse e pouco o tempo que podiam dedicar àquilo que alguém chamou de minhas "masturbações acadêmicas".

Eu queria trabalhar para mudar o mundo, eles queriam apenas trabalhar. Eu não me encaixava em lugar nenhum. Era como aquele terrível período da adolescência em que a gente se sente ainda só meio formado, não sendo mais menino, mas longe de ser homem. De certa forma, tudo parecia fora do lugar. Logo saquei que não podia ficar ali, a menos que estivesse disposto a abrir mão do meu novo self e da visão diferente do futuro que havia adquirido na Força Aérea. Para ficar entre os meus sem enlouquecer, eu teria de abraçar de novo uma visão de mundo e um padrão de comportamento que passara a considerar limitados. E sabia que precisava resistir a isso.

No momento em que se intensificava esse conflito entre o meu novo self e o meu velho estilo de vida, entrei em contato com minha prima Betty. Ela tinha se mudado para Atlanta depois do divórcio e me convidou para ficar com ela. Eu podia cumprir os créditos que me faltavam para obter o diploma na Universidade do Estado da Geórgia, em Atlanta. Também em Atlanta se encontrava Patrick, meu bom amigo e companheiro de Força Aérea na Inglaterra, que também tinha deixado o serviço há pouco. Ele era uma das poucas pessoas de minhas relações que entendiam a transição pela qual eu passava depois de deixar a vida militar.

Considerando-se minhas experiências no meu bairro, eu achava que qualquer outro lugar seria um avanço. Quando cheguei à Geórgia, Betty tinha uma casa em Stone Mountain, nas imediações da região metropolitana de Atlanta. Mas foi obrigada, por falta de dinheiro, a se mudar para um apartamento menor, na mesma cidade. Infelizmente para mim, contudo, Atlanta não era muito diferente de Miami. Não achei que a mudança fosse propícia para alcançar minhas metas educacionais ou pessoais. No entanto, conheci Melissa, a moça que me levou para a cocaína – e, por ironia, meu relacionamento com ela foi o que me conduziu a Wilmington e ao curso de Rob Hakan.

Minha introdução à cocaína e a Melissa começou com uma péssima experiência com maconha. Esse incidente não foi só o início de meu relacionamento com a erva, mas me levou a entender melhor os efeitos da maconha e a forte influência de fatores ambientais na experiência com drogas. Além disso, deveria ter me deixado mais cético quanto ao que ouvia nas ruas sobre o uso de drogas e ao que viria a ouvir mais tarde de pesquisadores sobre o vício, porém, na época, ainda não pensava em termos suficientemente críticos para saber disso.

Conheci Melissa numa manhã do verão de 1988, na lavanderia do prédio onde eu morava com Betty. Eu estava em casa, porque ainda não me matriculara na faculdade, e fazia alguns turnos da noite na UPS para ganhar algum dinheiro antes de voltar. Melissa era uma mulher linda, de cabelos longos e pele cor de caramelo. Usava lentes de contato azuis, o que me pareceu desconcertante. Sua tia, que também era extremamente atraente e mais ou menos da mesma idade que ela, estava na lavanderia quando conheci Melissa.

Durante a conversa, fiquei sabendo que as duas fumavam maconha – e, como qualquer cara que se preze sabe muito bem, quem possui drogas consegue garotas. Eu disse que tinha alguns contatos e convidei Melissa a passar na casa de Betty aquela noite, para batermos um papo. Telefonei então para Patrick, que costumava ter pelo menos um bagulho à mão, e disse que aparecesse.

Naquela tarde, também assisti ao programa de Oprah Winfrey, que na época estava no auge da popularidade entre o pessoal negro que se achava por dentro, de modo que eu o assistia diariamente. Nesse dia, participava do programa um grupo de jovens mulheres atraentes conhecidas como "As bandidas do Rolex". Seu golpe consistia em procurar homens com relógios Rolex em bares e clubes, deixá-los tão bêbados ou chapados que não viam grande dificuldade para seduzi-los e roubar seus caros relógios. Eu não estava prestando muita atenção, mas entendi do que se tratava.

No início da noite, Betty saiu com o namorado. Melissa chegou não muito depois, inesperadamente acompanhada da tia. Eu entendi: ela ainda não me conhecia, e queria dar tempo ao tempo. Ir sozinha à casa de um homem à noite podia criar expectativas equivocadas.

Conversa vai, conversa vem, nós três começamos a fumar um baseado. Embora eu tivesse continuado a fumar maconha eventualmente na Inglaterra, nunca perdera de vista o fato de que podia ser submetido a um teste de urina a qualquer momento. Em geral, não tragava muito – por isso e também porque ainda achava certos efeitos psicodélicos desconfortáveis e perturbadores. Fumei um pouco em Atlanta, com Patrick, mas não tinha muita tolerância à droga.

Entretanto, querendo parecer cool para impressionar a mulher que me interessava, fumei muito mais do que pretendia naquela noite. No começo passamos um bom momento juntos, rindo muito, contando piadas bobas. Depois de mais ou menos uma hora, contudo, comecei a ficar paranoico. Pintou uma incômoda inquietação, até que passei a desconfiar que aquelas duas mulheres estranhamente belas que eu encontrara eram bandidas do Rolex como as que eu vira no programa da Oprah.

Nem é preciso dizer que eu não tinha nenhum Rolex, nem havia no apartamento de Betty nada de grande valor para ser roubado. Melissa e a tia não se comportavam de maneira suspeita, de modo algum. Era altamente improvável que, no mesmo dia em que eu tinha visto no programa da Oprah uma entrevista sobre mulheres que assaltavam homens depois de seduzi-los, eu mesmo vivesse essa experiência.

Ainda assim, a ideia não saía de minha cabeça, e eu não conseguia me livrar dela. Tudo parecia me dizer que boa coisa aquelas mulheres não estavam buscando. Tentei me acalmar, mas de nada adiantava. A paranoia tornava-se quase insuportável. Eu precisava fazer alguma coisa. Para surpresa geral, de repente me levantei e disse:

– Tratem de se arrancar logo daqui!

Aquela noite agradável de repente ficara estranha. As duas olharam para mim e perguntaram:

– O quê?

– Vão saindo logo. Agora – disse eu.

Minha voz assumira um tom muito sério. As duas congelaram e começaram a pegar suas coisas para sair.

Sem dúvida eu me sentia atraído por Melissa, e ela parecia gostar do meu jeito. Mas naquele momento achei que ela apenas queria me usar. Fiquei tão paranoico e maçante – e provavelmente assustador – que a festinha acabou ali mesmo, na hora. Achei que nunca mais voltaria a vê-la.

Por mais absurda que pareça, retrospectivamente, a experiência ilustra algumas importantes questões envolvendo o uso de drogas, que têm implicações decisivas para a maneira como entendemos o problema e lidamos com ele. Os efeitos de uma droga são determinados não só pela dose e a maneira como é administrada no corpo, mas também por diferentes características do usuário e de seu ambiente.

O guru do LSD, Timothy Leary, que em certo momento deu conferências em Harvard, foi o primeiro a popularizar os conceitos de disposição e contexto como fatores cruciais na experiência psicodélica. Disposição, para ele, é a inclinação mental da pessoa que ingeriu a droga: seus pressupostos a respeito da substância, as expectativas quanto aos efeitos, o estado de ânimo e a fisiologia de seu organismo. Contexto diz respeito ao ambiente: o cenário social, cultural e físico em que ocorre o consumo da droga. Acontece que esses dois fatores afetam todas as experiências com drogas, e não só as psicodélicas. Embora certos aspectos da abordagem de Leary tenham sérios limites, os conceitos de disposição e contexto são úteis e representam fatores cruciais na compreensão dos efeitos das drogas. A questão principal aqui é que os efeitos psicoativos que elas têm não são determinados apenas pela farmacologia. É a interação entre a biologia (os efeitos das drogas no cérebro) e o ambiente que determina os efeitos das drogas no comportamento humano. Por isso as tentativas de caracterizar os efeitos das drogas no comportamento humano exclusivamente pelo exame do cérebro depois da administração de uma substância são inadequadas e ingênuas.

Minha disposição e meu contexto no dia em que expulsei Melissa e a tia do apartamento de Betty não eram particularmente favoráveis a uma "boa onda". O episódio do programa da Oprah suscitara em minha cabeça a possibilidade de que aquelas mulheres tão atraentes fossem predadoras e trapaceiras, e minha disposição mental dificilmente me deixaria confortável curtindo um barato com mulheres que eu não conhecia e não mereciam minha confiança. Meu nível reduzido de tolerância também aumentava as chances de que eu entrasse em paranoia por fumar mais do que estava acostumado. No caso do THC (tetra-hidrocanabinol), o principal ingrediente ativo da maconha, o consumo de doses maiores por usuários inexperientes aumenta a probabilidade de efeitos colaterais negativos, como paranoia ou ansiedade.

Os conceitos de disposição e contexto explicam muita coisa quanto à variabilidade dos efeitos relatados por usuários que tomam a mesma droga e o fato de diferentes ambientes gerarem reações comportamentais diversas às drogas. As reações diversificadas dos animais do Parque dos Ratos (Capítulo 5) – desprezando a morfina em favor da família e da socialização com outros ratos, ou os ratos isolados, que tomavam dose após dose da droga – são um exemplo disso. Outro pode ser encontrado nas distintas experiências de ingestão de cocaína por inalação vividas por operadores de Wall Street e entre sem-tetos. Estes últimos têm muito mais paranoia e medo que os executivos porque os usuários mais ricos se defendem melhor das consequências assustadoras, como a prisão. O ambiente de uso da droga pode influenciar de forma radical comportamentos muitas vezes atribuídos às próprias drogas.

Na noite em que fiquei doidão com Melissa e a tia, não consegui dormir. Hoje sei que uma quantidade suficiente de horas de sono é essencial para a saúde e a sobrevivência de um indivíduo, e que uma severa privação de sono, mesmo sem uso de drogas, pode provocar alucinações e paranoia. Portanto, no dia seguinte, quando tentei fazer um depósito no banco, eu ainda estava paranoico. Na fila, eu tinha a sensação de que as câmeras de vigilância se voltavam especificamente para mim. Fiquei tão apavorado que saí sem fazer o depósito do meu contracheque. Mas logo percebi que aquela sensação decorria do fato de eu ter fumado muita maconha, e então resolvi esperar que o efeito passasse.

Por sorte – e, como ficaria claro mais tarde, para meu futuro acadêmico – Melissa realmente gostava de mim. Vários dias depois, quando voltamos a nos encontrar por acaso, ela logo me perguntou se estava tudo bem. Eu achei graça do incidente com ela, e não demorou para que começássemos a sair. Melissa seria minha namorada por um ano e meio.

Cerca de um mês depois, Melissa introduziu-me à cocaína. Um dos traficantes locais também estava interessado nela, embora não lhe causasse grande impressão. Ele perguntou se ela gostava da droga, vendo aí uma oportunidade de se aproximar. Melissa respondeu que sim, mas muitas vezes escondia a cocaína que ele lhe dava, para que a consumíssemos juntos. Eu não estava muito interessado na droga, mas quando ela me apresentou, não achei que fosse cool recusar.

Ainda estávamos em 1988. Na época, bastava ligar a televisão ou abrir um jornal para dar de cara com uma história sobre os horrores do crack. Eu ainda não sabia nada sobre drogas além do folclore das ruas, mas àquela altura da década de 1980 a cocaína em pó ainda possuía entre as pessoas do meu conhecimento toda uma série de associações glamorosas com riqueza, celebridade e sexo. Cheirar cocaína era considerado divertido, e não arriscado ou viciante. Eu não via nenhum mal em tentar, e achava que Melissa sabia o que estava fazendo, embora depois percebesse que ela não era uma usuária experiente.

Ao cheirar minha primeira carreira, achei o máximo. Fiquei com uma sensação de controle e aliviado em relação às eventuais ansiedades que estivesse sentindo naquela noite. Embora a droga deixasse Melissa agitada e falante, eu achei que a cocaína era calmante, que me tornava mais contemplativo, talvez porque eu estivesse bebendo licor de malte Schlitz enquanto cheirava as carreiras. (Curiosamente, embora a maioria das drogas não seja ingerida sozinha, são poucas as pesquisas voltadas para o exame dos efeitos da combinação de drogas.)

Como tantos fãs de Gil Scott-Heron, eu também começara a escrever poesia. Depois de cheirar algumas carreiras, eu adorava escrever. Como acabam por descobrir muitos apreciadores de cocaína, apesar de a droga gerar euforia e clareza mental, também passamos a considerar brilhantes as ideias mais banais. Sob influência da cocaína, pensamentos costumeiros ou desinteressantes às vezes parecem mais significativos do que o seriam em condições normais. Esse é um dos principais motivos pelos quais as pessoas consomem drogas: alterar o estado de consciência. Até onde sabemos, os seres humanos tentam alterar seu estado de consciência com agentes psicoativos (não raro extraídos de plantas) desde que habitam o planeta, e é provável que essas tentativas não tenham fim. Em outras palavras, nunca houve uma sociedade sem drogas, e provavelmente nunca haverá. De modo que slogans como "Nosso objetivo é uma geração livre de drogas" não passam de retórica política vazia.

Embora tivesse gostado muito da droga, não cheguei a desenvolver um desejo intenso de cocaína nem um uso compulsivo. Eu sabia que, se adquirisse o hábito de consumir cocaína, estaria comprometendo minha capacidade de ganhar dinheiro, o que por sua vez comprometeria o acerto de moradia com Betty. Sem dinheiro nem lugar para morar, duvido que Melissa continuasse interessada em mim. Assim, quando havia disponibilidade de cocaína – e Melissa e eu cheirávamos mais ou menos duas vezes por mês, durante alguns meses –, muitas vezes eu queria mais, porém desfrutávamos o que tínhamos. Quando a droga acabava, eu nunca abria o pacote para ver se restava alguma coisa, não catava restos no espelho nem pensava na possibilidade de sair para comprar. Decerto a sensação era agradável, sem dúvida eu gostava do sentido de clareza mental que a cocaína me dava. Mas aquilo não era irresistível a ponto de me levar a pôr em risco as coisas – os ganhos do trabalho, a moradia e Melissa – que me permitiam desfrutá-la.

Eu vivera a experiência da maioria dos usuários de drogas, essa história nem tão interessante assim de ausência de vício que nunca é contada. Eu estava no grupo de 80 a 90% de usuários de cocaína que não desenvolvem problemas com a droga, aquele grupo que jamais se manifesta sobre suas experiências por não ter muito a dizer ou por temer ser aviltado por consumir uma substância ilegal. No atual clima político, não surpreende que muitos usuários de drogas não falem de suas experiências. Participei como testemunha abalizada em muitos casos judiciais nos quais as mães perdiam a custódia dos filhos simplesmente por admitir que fumavam maconha. Meu depoimento em favor delas, explicando que não faz sentido concluir que alguém tem problemas com drogas só por admitir que consome uma droga ilegal, não parecia importar muito. Como a tendência é prestar atenção naqueles problemáticos 10 a 20%, a experiência deles é indevidamente considerada a norma.

Quando comecei a pesquisar as drogas como cientista, logo de entrada descartei minha experiência pessoal como algo aberrante, cedendo à pressão da propaganda, que continuamente coloca a patologia no centro do diálogo. Ignorei minha própria história, como fizera quando não saquei que os problemas da minha vizinhança que viriam a ser atribuídos ao crack na verdade o antecediam.

Como minha ligação com Atlanta não era particularmente forte, quando Melissa propôs que eu me mudasse com ela para a Carolina do Norte a fim de trabalhar no restaurante de sua mãe, concordei. Tornei-me da noite para o dia cozinheiro de pratos rápidos e gerente. A ideia era que o restaurante fosse um enorme sucesso e que nós ganharíamos muito dinheiro. Ao mesmo tempo, em 1989, matriculei-me na Universidade da Carolina do Norte em Wilmington (UNC-W), ainda interessado em obter meu diploma, e consegui uma bolsa de estudos. Se não desse certo, achava que pelo menos o restaurante iria funcionar.

Não fosse minha relação com Melissa, talvez eu nunca tivesse me tornado neurocientista. Se não a tivesse conhecido, eu não teria me mudado para Wilmington nem entrado para o curso de psicologia experimental de Rob Hakan, na UNC-W. Além disso, não conheceria meus dois outros orientadores decisivos nessa universidade, Don Habibi e Jim Braye. Não creio que tivesse concluído minha formação sem esses três homens. No entanto, em vista do meu trabalho aparentemente interminável no restaurante, quase desisti, poucos meses depois de começar.

Gerenciar um restaurante e pegar pesado na cozinha ao mesmo tempo não é exatamente um emprego de tempo parcial. Não demorou e eu já estava trabalhando entre doze e dezesseis horas por dia, por um salário irrisório, colocando o lixo para fora quando meu turno chegava ao fim, à 1h da manhã, me perguntando como eu fora parar naquele lugar. Eu cheirava a suor e a óleo de cozinha, e cada pedaço do meu corpo estava doído. Todas aquelas horas de trabalho significavam que eu não podia dar muita atenção a minhas aulas, e menos ainda às tarefas de casa. No primeiro semestre, mal consegui atingir a nota C.

Sem me dar conta, comecei a me afastar da vida acadêmica. O objetivo visado na Força Aérea, de me tornar orientador de jovens negros, começava a parecer um castelo no ar. Fui chamado pelo Departamento de Ajuda Financeira da universidade, porque precisava manter uma média para continuar recebendo a bolsa, mas minhas notas eram tão baixas que eu corria o risco de perdê-la.

Nessa mesma época, contudo, também me matriculei num curso de filosofia com um jovem professor branco chamado Don Habibi. Aquele era seu segundo semestre como professor, e ele era a pessoa intelectualmente mais curiosa que eu jamais conhecera. Dava a impressão de sempre saber algo sobre qualquer coisa, e no entanto me tratava como se minha perspectiva também fosse única e importante. Nós nos dávamos bem. Como judeu que se sentia meio deslocado no Sul, creio que ele também entendia um pouco do meu alheamento.

Depois, quando me mudei para o prédio onde Habibi morava, ficamos mais chegados, e ele me estimulou a aproveitar as oportunidades acadêmicas que começavam a pintar. Ele era solteiro e admirava minha capacidade de conhecer mulheres. Eu respeitava suas realizações intelectuais e o levava a clubes negros. Em troca, ele me ensinava muitos aspectos essenciais do capital cultural associados ao pertencimento à classe média branca. Quando comecei a frequentar seu curso, todavia, ainda não estava bem claro para mim se eu conseguiria continuar na universidade.

Felizmente eu também encontrara outro orientador que se recusava a desistir de mim. Jim Braye era um dos três únicos negros que na época ocupavam uma posição profissional no campus. Ele não ensinava, mas trabalhava na administração, como diretor de planejamento de carreira e alocação. Era coronel reformado do Exército, com uma profunda e sonora voz de barítono parecida com a de Paul Robeson.* Eu deixara a Força Aérea imbuído de grande respeito pelos negros que tinham galgado sucessivas posições na carreira militar, em especial tão precocemente quanto ele, na época da Guerra da Coreia. Fôramos apresentados por um amigo meu que também estivera na vida militar. Eu me liguei a Jim, e na verdade foi ele que me ajudou a me matricular na UNC-W. Como tantas vezes acontecera em minha juventude, a sorte me dava uma oportunidade. E eu tratei de agarrá-la como se fosse um bote salva-vidas.

Logo Jim passava horas comigo, ensinando-me um novo vocabulário e até a pronunciar palavras que às vezes me enrolavam a língua, como "apocalipse". Ele tinha um calendário no qual havia sempre a "palavra do dia" a ser aprendida, e treinava comigo, com o passar das semanas. Quando percebeu que o serviço no restaurante estava atrapalhando minha formação, Jim começou a ficar de olho em oportunidades de trabalho no terreno da psicologia para as quais me considerava qualificado. Treinava comigo falsas entrevistas em seu escritório. Mostrou-me o inferno que os homens negros – inclusive os bem-formados – enfrentam no mundo branco.

Muitas vezes, contudo, Jim simplesmente deixava que eu ficasse por ali, me embebendo de sua sabedoria. Eu não temia parecer "burro" ou

---

* Paul Robeson (1898-1976): renomado ator, atleta, cantor, escritor e ativista dos direitos civis dos negros nos Estados Unidos.

"não cool" na frente dele, pois era evidente que sabia muito mais do que eu. Logo, logo era como se ele fosse a minha família. Eu via que ele entendia a minha luta. Às vezes, quando eu chegava, Jim olhava para mim e dizia: "Está precisando de uma injeção na veia." Ele sempre percebia quando eu precisava de uma infusão de ânimo. Fechava então a porta de seu escritório e dizia à secretária que não nos interrompesse. Eu adorava ouvi-lo falar, porque ele demonstrava muita segurança e era um sujeito sábio. Não me deixava perder a coragem.

A maioria dos outros alunos não reconhecia o que Jim tinha a oferecer porque não tinha passado pela vida militar. Mas eu via que ele havia aprendido a sobreviver num mundo injusto, e prestava atenção. Eu queria o que ele tinha e desejava saber exatamente como o conseguira. Foi por causa de Jim que finalmente deixei o emprego no restaurante da família de Melissa e consegui um lugar num hospital psiquiátrico infantil para ganhar experiência, função que não requeria formação completa e me propiciava as horas de estudo. Por isso, quando entrei para o curso de psicologia experimental de Rob Hakan, no último semestre, estava em condições de aprender e de me deixar inspirar.

Meu melhor amigo e colega de turma, Walt, era um *brother* com quem eu costumava ouvir os mais recentes LPs do Public Enemy. Nós ficávamos horas criticando cada letra e tentando relacioná-la à nossa situação na UNC-White (nome que os estudantes negros davam à universidade, em virtude do baixo número de alunos e professores negros, apesar de ela estar situada numa cidade de grande população negra). Walt não entendia por que eu passava tanto tempo com sujeitos como Rob e Don. Eu tinha de explicar que precisava do apoio de pessoas que tinham forjado o tipo de carreira que eu buscava. Por mais diferentes que parecessem de nós, eles eram mais parecidos conosco que nossos colegas, dizia eu. Walt não conseguia entender.

As pesquisas mostram que o fato de contar com um orientador branco do sexo masculino é vantajoso para mulheres e minorias no universo das ciências. Quando há em determinado campo de investigação poucos membros de grupos historicamente excluídos, contar com um orientador pertencente à maioria privilegiada pode abrir portas. Num estudo sobre sociólogos, por exemplo, constatou-se que os negros orientados por professores brancos do sexo masculino tinham mais probabilidade de almejar um cargo e conseguir posição numa grande universidade voltada para a pesquisa, o que levava a publicações em periódicos de qualidade e maior produtividade acadêmica.[1] Para mim, tanto na universidade quanto na pós-graduação, fez uma grande diferença contar com vários orientadores que tinham experiências e capacitações diversificadas. Eu aceitava com prazer todo conhecimento e ajuda, de onde quer que viesse.

Naturalmente, dispor de vários orientadores significa reconhecer as respectivas especializações. Um orientador branco do sexo masculino pode ser útil com sugestões no campo da ciência, mas nem tão versado ou eficaz no aconselhamento quanto aos desafios relacionados à raça enfrentados por um aluno negro.

Mesmo depois de encontrar meus três orientadores, contudo, eu não deixara minha vida anterior completamente para trás. O dinheiro era um problema permanente. Nenhum dos empregos que consegui pagava mais de US$ 6 por hora, e depois de me aproximar de Rob eu passava cada vez mais tempo no laboratório, que no começo não me remunerava. Quando Melissa e eu rompemos, em novembro de 1989, eu precisava encontrar um lugar para morar, pois até então ela pagava metade do aluguel. A dona de uma loja de discos especializada em reggae deixou-me ficar ali por algum tempo, até que me apresentou a um jamaicano chamado Dwight, que precisava de um companheiro para dividir o aluguel.

Dwight era um *brother* cool de longas tranças rastafári que costumava cobrir com um chapéu, e também traficante de maconha de alto nível. Tinha operações em Miami e no Brooklyn, além de Wilmington. Eu não me importava, não tinha nada a ver com o fato de ele ser traficante, não ia me meter na vida de ninguém. Precisava de um lugar para morar cujo aluguel estivesse ao meu alcance, e ele oferecia isso. Dwight sabia que eu sabia, mas não falávamos a respeito. Além disso, sua posição no mundo das drogas era alta, o que significava que ele nunca tinha maconha em seu poder, e eu não precisava me preocupar com eventuais batidas da polícia no apartamento ou com incursões violentas de traficantes rivais. Ele era um sujeito tranquilo e discreto que também tinha trabalhado na construção civil. Na verdade, não trabalhara de verdade em construção, limitara-se a pagar a contribuição sindical para fingir que tinha um trabalho honesto.

Cerca de dez anos mais velho que eu, Dwight logo ficaria impressionado ao me ver estudando e envolvido num trabalho em laboratório científico. Via meu vocabulário melhorar à medida que eu praticava, acabou achando que eu era um crânio e começou a fazer propaganda de mim e do meu futuro científico entre seus amigos. Enquanto isso, eu vivia muito acima de minhas possibilidades, quase estourando os limites dos muitos cartões de crédito que na época eram mandados para os estudantes universitários, como se os bancos distribuíssem dinheiro. Quando chegaram as faturas, botei no prego o saxofone que tentara aprender a tocar. Depois perguntei a Dwight como fazer para entrar no tráfico.

Ele não quis nem saber. Como alguém que me via como exemplo do cara que tinha alternativas na vida, Dwight não queria que eu fosse puxado para baixo. Disse que era ridículo eu pensar nessa possibilidade, que seria um desperdício da minha inteligência. Mas permitiu que eu começasse a esconder dinheiro para ele. Às vezes eu o guardava no quarto onde ficavam os ratos da minha pesquisa. Não sei se de fato precisava que eu fizesse aquilo ou se apenas queria me dar a oportunidade de não me sentir dependente de sua caridade. O fato é que me ajudou a superar a crise financeira e foi, na minha vida, mais uma pessoa que se recusou a permitir que eu desistisse de mim mesmo. (Infelizmente, Dwight seria morto a tiros no Brooklyn, e desconheço as exatas circunstâncias de sua morte.) Aos poucos, fui me livrando das dívidas e consegui me manter estável financeiramente. Com a ajuda de Dwight, consegui continuar com a cara enfiada no trabalho.

Melissa e eu tínhamos rompido porque já não compartilhávamos os mesmos valores. O que nela me parecia uma espontaneidade despreocupada e alegre começou a pintar como irresponsabilidade. Eu encarava minha carreira com mais seriedade e buscava alguém parecido comigo, e foi isso que me atraiu em Terri, a ambiciosa estudante de administração cujos pais não gostavam de nosso relacionamento.

No último semestre, quando me formei, fiquei sabendo que eu estava na lista de honra do reitor: nada de notas baixas. Mal conseguia acreditar. Depois de receber a boa notícia, fui para uma área de lazer próxima com Terri. Ela era uma estudante aplicada e metódica, e eu a achava extremamente inteligente, e também via que se esforçava nos estudos.

Sentada no balanço, Terri disse-me:

– Você chegou lá. Pode fazer o que quiser em termos de educação.

Olhou-me bem nos olhos para se certificar de que eu tinha entendido. Eu sabia que ela também estava tendo sucesso. O fato de dizer aquilo a meu respeito realmente significava algo. Pela primeira vez eu acreditava que ia conseguir fazer o doutorado. Mas antes de chegar à pós-graduação, ainda precisava remediar algumas deficiências.

Logo eu passava doze horas seguidas no laboratório, pelo menos cinco dias por semana. Rob começou a me ensinar a fazer cirurgia nos cérebros dos ratos que estávamos estudando. Depois de superar o medo e o nojo iniciais, vi que era bom naquilo. Em pouco tempo estava fazendo verdadeiras cirurgias cerebrais com facilidade, usando instrumentos que pareciam concebidos para bonecas minúsculas.

Meu trabalho na graduação universitária também ocorreu numa época de incrível entusiasmo pela neurociência, o que também ajudou a me inspirar, em períodos nos quais a motivação parecia ceder. Em 1990, como já mencionei, o Congresso e o presidente George H.W. Bush declararam que aquela seria "a década do cérebro", exortando a um maior interesse nacional pela neurociência, junto com o aumento das verbas destinadas ao setor. Parecia que importantes descobertas eram feitas a cada dia. Achávamos que em breve se encontrariam respostas para as mais difíceis e profundas indagações sobre pensamento, desejo e ação, perguntas que durante séculos tinham desafiado as mentes mais brilhantes. Eu estudava o núcleo do sistema considerado responsável por proporcionar prazer e impulsionar o desejo, uma rede específica de dopamina no centro do cérebro. Nós achávamos que estávamos perto de entender como ele funcionava. Eu julgava estar aprendendo algo, que esse conhecimento era importante e vital. Se pudéssemos entender a dopamina, seríamos capazes de decifrar o desejo e desvendar os segredos do vício. A ciência em si mesma era empolgante. Com o entusiástico estímulo de Rob, Don e Jim, logo eu estaria a caminho da pós-graduação. O garoto negro que um dia fora mandado para a salinha dos alunos com deficiência de aprendizado, que fora relegado no colégio à contabilidade e à patrulha de estacionamento estava agora a caminho do doutorado. Agora eu enxergava a saída do labirinto.

11. Wyoming

"Direitos iguais."

Lema do estado de Wyoming

Era uma noite fria em Wyoming, não daquelas de arrebentar, quando o rosto fica embotado até durante a mais breve exposição, mas ainda assim gelada o suficiente para um originário da Flórida ficar sem palavras e não saber o que fazer. MH e minha irmã Brenda tinham enfrentado o clima de fim de inverno para me visitar. Eu estava entregue a meus estudos de pós-graduação na Universidade de Wyoming, em Laramie. Havia neve por toda parte. Como observou o escritor John Edgar Wideman em *Brothers and Keepers*, nevava tanto em Wyoming que faria um adulto chorar.

Eu levara minha mãe e minha irmã para um passeio pela sonolenta cidadezinha onde morava, trazendo-as depois de volta ao campus. Queria mostrar-lhes meu laboratório. Nas noites de inverno, o campus costumava ficar escuro e abandonado, e os estudantes e professores em sua maioria não saíam de casa. Comecei a procurar as chaves, preparando-me para fazê-las entrar. Mas MH hesitava. Apesar da temperatura de congelar e do nosso desejo de sair do frio, eu via relutância em seus olhos. Seu casacão pesado não bastava para protegê-la, porém ela estava com mais medo de entrar no prédio que dos elementos naturais. Achava que podíamos ter problemas, talvez até ser presos. Embora eu dissesse que tinha minhas próprias chaves e trabalhava ali dia e noite, ela ficou preocupada. Uma parte sua ainda não acreditava que um negro pudesse entrar no prédio de uma universidade à noite, que seu filho era um estudante graduado que passava muitas longas noites fazendo pesquisas científicas naquele lugar estranho.

Esse momento ficou na minha lembrança como uma vívida demonstração da maneira como minha família e eu tínhamos internalizado clichês racistas do tipo "conhecer o seu lugar". Nessa época, Brenda trabalhava para a Delta Air Lines, no guichê de reservas, e tinha direito a algumas passagens, por isso elas tinham ido me visitar. Como eu, Brenda começava a alcançar algum sucesso no *mainstream* americano, mas cada conquista era obtida com dificuldade e luta permanente. Todos nós tínhamos passado por anos de condicionamento, dando a entender que um negro seria visto com suspeita nessa tal situação. Para mim, a natureza insidiosa desses sinais inconscientes que modelam nossos sentimentos e comportamentos ficou cristalizada naquele momento.

Minha família tinha me dado toda a ajuda que estava ao seu alcance, mas sem o apoio emocional e acadêmico de meus orientadores, das namoradas e dos amigos, eu nunca teria sido capaz de sobreviver à transição para a pós-graduação, finalmente obtendo o doutorado. As habilidades sociais que eu aprendera na infância tinham permitido que eu chegasse àquele lugar, eu precisaria delas mais do que nunca para ter êxito agora. Ninguém – muito menos alguém com a minha origem – seria capaz de prosperar ali por conta própria.

À medida que eu avançava na carreira, percorria meios cada vez menos negros. Wyoming era o mais branco de todos. Fosse em termos do ambiente físico de inverno ou do verdadeiro mar de rostos brancos no campus, aquele era o lugar mais descolorido que eu já vira. Na verdade, a última vez em que eu trabalhara em um ambiente integrado fora no período da Força Aérea, na Inglaterra. À proporção que minha carreira científica avançava, o número de colegas negros ao meu redor encolhia, até que, muitas vezes, eu era o único negro no ambiente. Quando obtive o doutorado, em 1996, eu era o único negro a receber esse título na neurociência nos Estados Unidos, naquele ano.

Entretanto, embora Wyoming fosse incrivelmente branca, sua brancura era de um caráter diferente da encontrada na UNC-Wilmington. Lá o campus tinha uma esmagadora maioria de brancos, apesar de cercado por uma grande comunidade negra, e eu tinha mais experiências de hostilidade aberta em relação a pessoas com a minha aparência. Em lugares como a Carolina do Norte e até Nova York, os estereótipos sobre os negros muitas vezes eram reforçados pelo que as pessoas viam ao redor. Em Wilmington, por exemplo, com frequência eu era o único estudante negro fazendo pesquisa e envolvido em funções relacionadas a pesquisa, e a maioria dos negros do campus tinha empregos de baixo escalão ou de prestação de serviços, e não posições acadêmicas ou administrativas. Como já observei, por isso é que muitos negros de Wilmington se referiam à universidade como UNC-White. No leste do país, os brancos viam os negros e provavelmente pensavam em rappers, pobres ou até criminosos. Suas primeiras associações não eram com estudantes, muito menos com cientistas.

Mas em Wyoming a grande maioria branca simplesmente refletia a população de fato. Os negros que eventualmente aparecessem no campus costumavam ser estrelas, atletas ou estudantes que se destacavam. Não teriam nenhum outro motivo para estar no remoto Wyoming. Havia tão poucos negros que as outras pessoas nos viam quase como celebridades, o que aparentemente lhes permitia nos enxergar mais como indivíduos e menos pelas lentes dos estereótipos negativos de grupo.

Quando fui pela primeira vez ao campus de Laramie, no início de 1992, aquele que viria a se tornar meu orientador de pós-graduação levou-me a um jogo de basquete da universidade.

– Provavelmente você nunca mais verá tantos negros juntos num mesmo lugar – disse-me Charles Ksir, apontando para os jogadores.

Estávamos cercados de milhares de rostos brancos na torcida, alguns pintados com as terríveis cores amarela e marrom dos Cowboys. A multidão estava em delírio. Num campus de aproximadamente 15 mil pessoas, provavelmente havia algumas dezenas de negros, em sua maioria integrantes dos times de basquete ou futebol.

Ksir, que eu logo passaria a chamar de Charlie, fora o orientador de Rob Hakan na pós-graduação. Rob me incentivara a me candidatar ao curso em Wyoming e a seguir seus passos na universidade. E este acabou sendo o único curso de pós-graduação em psicologia e neurociência que me aceitou. Embora minhas notas fossem boas e meu trabalho no laboratório excelente, meus resultados no teste que costuma ser aplicado para admissão na pós-graduação, o GRE, foram péssimos – especialmente na parte verbal. E foi só com muita ajuda que obtive esses resultados.

Trabalhei com afinco no vocabulário, mas na época da faculdade ainda não dominava as palavras como se espera de alguém que quer fazer doutorado. A falta de contato com a linguagem dominante nas primeiras etapas da vida era outro obstáculo que eu devia superar. Rob comprou para mim livros de vocabulário e me apresentou testes que incluíam novas palavras, mais ou menos uma vez por semana. Jim também contribuíra para a expansão de minha capacidade de expressão verbal. Na época em que fiz o GRE, contudo, eu ainda não progredira o suficiente para superar o grave déficit inicial, pelo menos do ponto de vista da mensuração nesse teste padronizado. Ao contrário dos alunos mais abastados que apresentavam resultados abaixo do esperado, eu não podia pagar cursos intensivos, só contava com meus orientadores e amigos.

Charlie logo me fez ficar à vontade em Wyoming. Ele se transformaria numa das peças fundamentais da nova rede social de apoio que construí para fazer o doutorado. Charlie era professor de psicologia e na época estudava os efeitos da nicotina na dopamina. Quando o visitei, estávamos em fevereiro, no auge do inverno. Passei pelo estande montado para comemorar o Mês da História Negra e saquei que os atendentes eram todos brancos. Eu nunca vira coisa igual, não havia nenhum estudante negro naquela função.

Charlie percorreu comigo todo o campus. Na livraria, mostrou-me um livro apresentado com destaque: *Black Robes, White Justice*. Era a autobiografia do juiz Bruce McMarion Wright. Perguntou-me então se eu a lera. Eu não havia lido, mas sabia que o juiz Wright era conhecido em Nova York como "Bruce solta eles", por suas sentenças consideradas benevolentes demais pela polícia e pelos promotores. Ele era negro e destacado militante pelos direitos civis. Charlie usou o livro para puxar uma conversa em que deixou transparecer para mim que pensara profundamente sobre a questão racial nos Estados Unidos, e que seus conhecimentos e interesses intelectuais iam além da neurociência.

Isso era importante para mim, porque eu sabia que haveriam de esperar de mim mais do que esperariam de um branco na mesma posição. Por exemplo, esperariam que eu soubesse de alguma forma por que havia tão poucos neurocientistas negros e como enfrentar o "problema das drogas". Aquela conversa com Charlie dava a entender que ele também sabia disso, o que era estimulante e me deixava mais tranquilo.

Em nossa caminhada e depois, de volta a seu escritório, conversamos francamente sobre raça e justiça nos Estados Unidos. Era uma questão que os brancos com quem eu havia interagido na Carolina do Norte sempre tratavam de evitar. Quando ela surgia, até meus orientadores brancos mais bem-intencionados costumavam recomendar que eu assumisse uma atitude que me levasse a aproveitar da melhor maneira possível as oportunidades apresentadas. Eles nunca admitiam como era terrível e desestabilizante eu ter de enfrentar esse dilema, ou que o problema fundamental fosse o racismo, e não minha reação a ele. Isso fazia com que parecesse que era uma questão pessoal minha, o que produzia irritação.

Em contraste, Charlie já começava botando tudo claramente na mesa. Dizia ele: "É assim mesmo, eu vejo perfeitamente e sou branco, não tem nada de errado com você." Falava de sua juventude em Berkeley, na Califórnia, na época dos Muçulmanos Negros,* e de como era fácil entrar no discurso liberal politicamente correto. Mas participar de verdade e trabalhar com os outros para tentar fazer algo a respeito era algo completamente diferente. Charlie tinha entrado várias vezes em debate com os Muçulmanos Negros e passara a ser chamado de "Diabo de olhos azuis" por causa disso. Ele sabia lidar com conflitos raciais e políticos de uma maneira muito delicada e pessoal.

---

* Muçulmanos Negros: organização religiosa americana, também conhecida como Nação Islâmica, fundada por Wali Farad, que na década de 1950 declarou guerra aos brancos, à religião cristã e à integração racial; na década seguinte, iria afirmar a superioridade racial dos negros. (N.T.)

Ali mesmo eu decidi que, se fosse aceito, faria minha pós-graduação em Wyoming, e Charlie tornou-se meu principal orientador. Eu sabia que tinha o que aprender com ele, já que se mostrava tão direto, em vez de omitir certos pressupostos ou motivos incômodos de tensão, ou negar o peso do racismo. E assim, quando afinal tive minha matrícula aceita, em abril de 1992, estava ansioso por começar.

Na verdade, para seguir o conselho de Rob, de superar em esforço aqueles que tivessem outras vantagens, decidi começar cedo. Charlie contratou-me para trabalhar em seu laboratório no verão anterior ao início das aulas. Eu faria então as experiências que quisesse para minha tese antes

Na visita à Universidade de Wyoming para apresentar minha candidatura, Charlie levou-me para esquiar. Foi a primeira e última vez.

de começar a frequentar as aulas em setembro. Essa pesquisa consistia em estudar os efeitos da nicotina na dopamina, no nucleus accumbens, região considerada importante na experiência do prazer e da recompensa. Essa era uma questão que se alinhava aos interesses do próprio Charlie. Eu tinha passado mais tempo com os ratos, fazendo mais cirurgias cerebrais, e sabia que estava bem-preparado para o trabalho no laboratório.

Mas eu não estava tão seguro assim quanto ao curso. Felizmente, antes de começar a frequentar a pós-graduação, passei uma semana, em maio, com o pai de Terri, minha namorada. Ele morava em Longmont, Colorado, e me ensinou algo fundamental para abrir o caminho do sucesso na pós-graduação. O pai de Terri passara pela vida militar e era consultor de tecnologia da informação, e ele disse que o mais importante para mim na pós-graduação era fazer perguntas sempre que não entendesse algo. Concordei com polidez quando ele disse isso, parecia tão óbvio. Quando você não entende alguma coisa, deve perguntar. Eu sempre funcionara assim, nunca me envergonhara de fazer perguntas que pudessem ser consideradas bobas. Essa fora sempre uma das chaves do meu sucesso educacional. Mas ele me interrompeu. Estava percebendo que eu não o ouvia.

– Não, de verdade – disse. – É importante. Quando a gente não sabe, deve perguntar.

De repente eu me dei conta do motivo daquela insistência: ele achava que, por já ter um diploma, eu podia pensar que devia começar a fingir que sabia coisas que desconhecia. No novo patamar a que chegara, talvez eu me sentisse embaraçado de admitir ignorância em alguma coisa. Ele estava certo. Se eu não tivesse seguido seu conselho, provavelmente nunca teria concluído meu mestrado, muito menos alcançado o doutorado. Com o meu passado e as falhas na base de minha educação, havia muitas coisas importantes que eu desconhecia. Eu precisava ter coragem de fazer perguntas consideradas óbvias. Deixar de aprender coisas importantes para o meu trabalho seria pior que parecer ignorante. Muitas vezes, como vim a constatar, outros alunos de pós-graduação ficavam igualmente perplexos com as coisas "bobas" que eu achava que devia saber.

Por isso é que os professores muitas vezes dizem que não há perguntas bobas. As descobertas mais importantes decorrem do questionamento de pressupostos aparentemente mais axiomáticos. Um deles, durante minha pós-graduação, era que a dopamina atuava como o neurotransmissor "do prazer", e que drogas como cocaína e nicotina davam prazer ao aumentar a atividade desse neurotransmissor no cérebro. Os principais indícios em apoio a esse ponto de vista tinham sido obtidos em estudos de ratos treinados para pressionar uma alavanca a fim de receber injeções intravenosas de cocaína ou nicotina. Por exemplo, quando os ratos têm a possibilidade de aplicar cocaína em si mesmos, não hesitam em fazê-lo de maneira abundante. Mas quando recebem uma droga que bloqueia a dopamina vários minutos antes de terem essa oportunidade, os ratos bem treinados no começo fazem tudo para receber injeções de cocaína, mas acabam desistindo, presumivelmente porque o sinal da dopamina está sendo bloqueado. Os pesquisadores interpretaram a reação impulsiva inicial dos ratos como uma tentativa de compensar a falta de prazer decorrente do bloqueio da dopamina.

No caso da nicotina, contudo, em condições idênticas, os ratos não reagem com a mesma impulsividade, pelo contrário, logo param de reagir. Apesar da diferença no comportamento dos ratos em função da droga – cocaína ou nicotina –, muitos pesquisadores persistiram na mesma interpretação. Ou seja, em ambos os casos, considerava-se que os animais não eram mais capazes de conseguir a experiência de prazer que tinham passado a esperar, pois a dopamina estava sendo bloqueada. Minha pergunta era: como interpretar da mesma maneira uma reação para mais e uma reação para menos?

Nunca obtive uma resposta satisfatória. Na melhor das hipóteses, alguém dizia: "Boa pergunta." Depois, comecei a perceber que a vinculação dopamina-prazer era muito mais complexa do que vinha sendo apresentada. Quanto mais eu estudava as drogas, mais tomava conhecimento dessas incoerências básicas em nossas ideias a respeito delas. Na época, contudo, eu estava simplesmente empolgado com o fato de participar da conversa científica, e não insisti muito. Logo encontrei um parceiro de pesquisa – o que seria mais uma chave para o meu sucesso –, e meti a cara no trabalho. Minhas tarefas de pós-graduação consistiam não só em fazer pesquisa e assistir às aulas, mas também em dar aulas para estudantes de graduação. No primeiro ano, trabalhei como assistente de Charlie em seu curso sobre drogas e comportamento. Nos três últimos anos da pós-graduação, eu dava sozinho o curso. Ao concluir meus estudos, já tinha adquirido muita experiência como professor.

Outro orientador acadêmico também me inspirou nesse período. Jim Rose era diretor do programa de pós-graduação em neurociência e o mais completo cientista que conheci. Charlie apresentou-me a ele em minha primeira visita ao campus, levando-me ao laboratório onde Jim estudava salamandras. Eu nunca tinha visto antes um desses animais aquáticos de um marrom-esverdeado. Mas fiquei impressionado com a ampla gama de experiências que Jim fazia para investigar o comportamento e o cérebro das salamandras. Do nível molecular à rede neural, chegando ao comportamento, ele explorava com sistematicidade o estresse e a conduta sexual desse anfíbio.

Jim tampouco podia ser considerado o típico neurocientista. Tendo praticado luta livre e maratona no colégio, ele se mantinha em tão boa forma física que, apesar de 25 anos mais velho que eu, me deixava para trás quando malhávamos juntos. Sua tolerância à altitude talvez contribuísse para isso, e muitas vezes ele me largava esbaforido no caminho. Jim mostrou-me que era possível ser viril e cientista, e, com sua mulher, cuidava de mim não só fisicamente, mas também do ponto de vista emocional. Toda semana eu almoçava com sua esposa, Jill, no Godfather's Pizza, onde ela era tão conhecida do pessoal que havia sempre uma garrafa de seu molho de salada preferido na cozinha.

Jim me ajudou a lidar com a política da universidade, além de me ensinar neuroanatomia, neuropsicologia, neurociência do sono e como fazer uma conferência científica. Suas críticas ao meu trabalho eram tão rigorosas que eu sabia que, se passasse no "teste Jim", estaria pronto para me apresentar ao mundo.

Em Wyoming, naturalmente, também continuei a passar horas e horas no laboratório. Mais tarde, Charlie me diria: "Eu nunca tive um aluno

Charlie, MH e eu no dia em que obtive meu diploma de doutorado.

de pós-graduação tão dedicado e que trabalhasse tanto tempo. Outros estudantes se mostravam interessados, claro, mas não se empenhavam durante tantas horas, não eram obstinados como você. Você se mostrou muito empenhado."

Na verdade, eu soube que realmente estava a caminho de me tornar cientista quando me vi trabalhando no laboratório, nas tardes de sábado, durante o campeonato de futebol. O lugar não ficava longe do estádio onde os Wyoming Cowboys jogavam, e toda vez que eles faziam um *touchdown*, um tiro de canhão era disparado, podendo ser perfeitamente ouvido no laboratório. Eu ainda era um grande torcedor, de modo que optar por não ir a um jogo importante ali tão perto era um sinal de dedicação. Eu tinha fome de conhecimento e experiência científica.

Naturalmente, eu também sentia uma pressão extra no sentido de competir à altura, sendo um negro no meio de brancos. Disse-me Charlie certa vez: "Andei tentando entender se a raça teria sido uma vantagem ou uma desvantagem para você. Claro que, sob certos aspectos, foi um pouco de cada coisa. Pode ter aberto algumas portas, no sentido de fazer com que certas pessoas se mostrassem dispostas a lhe dar oportunidades. Mas também tenho a sensação de que houve muita má vontade ou inveja pelo fato de você ir mais longe do que achavam que iria." Era como se as pessoas ficassem cheias de si por me darem uma chance, mas perplexas quando eu botava abaixo os estereótipos dos quais se supunham livres, ao me tornar um competidor de verdade.

Isso ficou bem claro desde o início de meu período em Wyoming. A experiência que tive numa festa ilustra uma das maneiras como a questão se impunha. Provavelmente no segundo semestre, fui a uma festa na casa de um dos professores do curso de neurociência. Nós dois tínhamos uma relação difícil, ele não era apreciado por muitos dos alunos, pois seu método de ensino era obtuso, e nós enfrentávamos dificuldade em suas aulas. Para agravar as coisas, ele humilhava os alunos e não nos demonstrava o menor respeito. Em suma, nós o achávamos um chato. Ele fora criado em Long Island, e meu sucesso parecia deixá-lo particularmente incomodado. Ele fazia comentários do tipo "Fulano era tão rico que tinha uma empregada negra e um mordomo negro – sem querer ofender, Carl", de um jeito que deixava clara a desconsideração ou a malícia. Eu tinha quase certeza de que era mesmo malícia, mas ficava difícil dizer.

Os professores e alunos de neurociência costumavam se reunir para drinques ou jantares periódicos, no laboratório ou na casa de alguém. Esse era praticamente o único tipo de socialização para muitos de nós, porque os estudos de pós-graduação quase não deixam tempo livre. Naquela semana, era a vez de ele nos receber.

A certa altura, o professor me chamou a um canto e disse que queria me mostrar uma coisa. Subimos até seu quarto, onde ele apanhou uma enorme Magnum 44 de cano longo. Era evidente que estava tentando mostrar poder e masculinidade. E eu entrei na dele. Soltei interjeições de espanto enquanto ele descrevia as características técnicas da arma e algumas de suas aventuras com ela. Eu disse então:

– Puxa, supermaneiro.

Mas aí acrescentei, impassível:

– Quando for à minha casa, vou lhe mostrar minha Uzi.

O queixo dele caiu. Seu pescoço ficou vermelho. Não tinha a menor ideia do que responder. Ele não entendeu que eu estava de gozação. Suas ideias sobre os negros eram de tal ordem que ele considerava perfeitamente possível que eu tivesse uma Uzi em meu apartamento. Então eu disse:

– É isso aí, cara, da próxima vez me lembre de lhe mostrar minha Uzi – e voltei para a festa.

Ele entendeu que eu saíra por cima. Como não tinha certeza se eu era suficientemente maluco para ter uma Uzi, desistiu do comportamento hostil em relação a mim, pois eu demonstrara que não podia ser levado na conversa.

Esse foi apenas um pequeno exemplo do que eu enfrentei enquanto tentava concluir meu mestrado em psicologia, preparando-me para o doutorado. Um incidente racial no campus logo me levaria à primeira experiência de militância.

O FATO QUE DESENCADEOU as coisas não foi particularmente chocante. O jornal do campus, *Branding Iron*, tinha publicado um ensaio ingênuo declarando que a ação afirmativa de cotas raciais não tem eficácia, que os estudantes negros contam com uma vantagem injusta, em prejuízo dos brancos. Poucas pessoas teriam se contrariado à simples publicação do artigo, a universidade é um lugar de exploração de ideias e argumentos, a liberdade de expressão significa que também pode circular algum material ofensivo ou inadequado. O verdadeiro problema ocorreu porque o jornal, que geralmente publicava artigos de resposta, não o fez neste caso.

Um grupo de atletas e alguns outros estudantes negros e latinos me procuraram para saber minha opinião sobre a melhor maneira de reagir. A essa altura, eu já era bem conhecido na universidade, pois costumava frequentar o centro multicultural, comparecia ao maior número possível de eventos esportivos, para torcer pelos times, e a maioria dos atletas negros tinha frequentado meu curso sobre drogas e comportamento. Chegamos à conclusão de que queríamos publicar uma réplica. Eu achei que seria fácil.

Mas quando me encontrei com o estudante que editava o jornal, ele disse que não. Inesperadamente, a conversa tomou o rumo do antagonismo. Ele declarou que o jornal era dele, ninguém ia lhe dizer o que publicar. Eu procurei o reitor da universidade e relatei a situação, pedindo-lhe que ponderasse com o editor. Ele nos recebeu e depois esteve com o editor, que não recuou. Tentando fazer a mediação, o reitor nos ofereceu US$ 300 para comprar um anúncio de página inteira na próxima edição do jornal, a fim de que os estudantes dessem a declaração que desejassem.

Embora essa solução não representasse uma resposta editorial propriamente dita, mas apenas uma conveniente resposta comercial, respondi que aceitávamos o dinheiro. Publicamos o anúncio propondo boicote ao jornal e descrevendo os acontecimentos. No anúncio, dizíamos também que contávamos com o apoio do reitor da universidade e do Departamento de Psicologia, embora não tivéssemos obtido autorização oficial de nenhum dos dois para afirmar isso no anúncio.

A coisa toda chamou atenção no sonolento Wyoming. Ao mesmo tempo, descobrimos que o orçamento do *Branding Iron* era engordado pelas anuidades dos estudantes, inclusive as nossas. Mas só havia estudantes brancos na equipe do jornal. Quando anunciamos que ocuparíamos os escritórios administrativos, a história aumentou de dimensão, chegando à imprensa local, às estações locais de televisão e até à National Public Radio. Não demorou, e eu estava me encontrando com o governador, que era democrata, e sendo convidado por líderes do Partido Democrata a representar o estado num encontro de lideranças estudantis.

Enquanto isso, também travávamos as habituais lutas de militância em torno de estratégias e lideranças. Quando comecei a me manifestar sobre questões raciais, meu relacionamento com alguns dos brancos ao meu redor mudou, o que me deixou ainda mais desconfiado. Jim Rose deu-me um dos melhores conselhos que já recebi, dizendo que eu devia me colocar diante de cada pessoa de uma maneira nova. Em vez de presumir, na defensiva, que meus pontos de vista ou meus atos tinham modificado a relação, eu precisava me mostrar aberto e permitir que a reação da outra pessoa – e não minhas expectativas ou apreensões – determinasse minha própria reação. Esse cuidado com o momento presente permitiu-me enfrentar a situação tal como ela se apresentava para mim, e não como eu achava que devia ser, o que me ajudou incrivelmente no mundo acadêmico.

Em última análise, ainda que não conseguíssemos a publicação de nossa resposta no jornal, os estudantes que protestaram se tornaram mais ativos politicamente no campus. Pouco depois, Wyoming elegeu o primeiro presidente negro para um organismo estudantil; para o conselho estudantil, foram eleitos vários representantes de minorias. Muitos deles chegariam a ter emprego na universidade, mas infelizmente a maioria não persistiu na militância. Como é muito comum acontecer, muitos são recompensados quando, uma vez parte do sistema que antes criticavam, se comportam de maneira semelhante aos que estão a seu redor.

De qualquer maneira, eu sacara que era capaz de organizar as pessoas para tomar medidas efetivas. Eu continuava a crescer e a aprender como cientista. Embora só muito mais tarde assumisse uma clara atitude de militância política, a experiência foi galvanizadora e educativa. Eu descobria não só que podia ter êxito no mundo acadêmico, como ainda seria capaz de mudá-lo.

O RELACIONAMENTO MAIS IMPORTANTE que comecei em Wyoming, contudo, foi com a mulher que viria a se tornar minha esposa e a mãe de dois de meus filhos. Robin e eu nos vimos pela primeira vez quando trabalhei como assessor da Sociedade Honorífica de Psicologia da cidade, em 1992. Na época, ela estava se formando em psicologia. Fiquei profundamente impressionado com sua inteligência. Na verdade, desconfiava que ela era mais inteligente do que eu. Aos 26 anos, já tinha diplomas universitários em estudos internacionais e francês.

Robin é branca e também uma das mais belas mulheres que já conheci. Tinha um estilo impressionante, sempre usava chapéus e cachecóis sofisticados, e não apenas as habituais roupas funcionais de inverno. Enquanto a maioria dos estudantes no campus parecia estar chegando do rancho depois de alimentar o gado, Robin tinha a aparência de uma habitante de Manhattan, apesar de ter sido criada em Montana.

Ela tem pele morena e olhos verdes, lindos cabelos castanho-escuros. Nós éramos amigos antes de nos envolvermos amorosamente, mas, quando nos encontramos na mesma turma, em 1994, eu soube que teria de tomar a iniciativa. Quando ela trouxe uma planta de presente para meu escritório, percebi que também estava interessada em mim. Em pouco tempo seríamos inseparáveis.

Infelizmente, não muito depois de começarmos a namorar, tive de deixar Wyoming. No verão de 1993, ganhei uma muito disputada bolsa de minorias para trabalhar no National Institutes of Health (NIH), que aceitava, por ano, o formando ou estudante de medicina de alguma minoria de qualquer parte dos Estados Unidos. Eu nem pensara na possibilidade de me candidatar, mas Charlie insistiu e acabei aceitando.

Para minha grande surpresa, ganhei a oportunidade de passar o verão trabalhando no laboratório de Irv Kopin. Ele estava estudando a neurobiologia do estresse, tentando entender quais seriam os neurotransmissores e metabólitos envolvidos no processo. Mais impressionante ainda era o fato de o laboratório no qual eu trabalhava ser o mesmo no qual Julius Axelrod tinha realizado boa parte do trabalho que lhe deu em 1970 o Prêmio Nobel de Medicina. Axelrod resolveu problemas decisivos para entender de que maneira as células do cérebro se intercomunicam, descobrindo mecanismos envolvidos na estocagem, liberação e desativação de neurotransmissores. Era emocionante trabalhar num laboratório onde essas descobertas decisivas tinham sido feitas – e ainda mais empolgante ser convidado a voltar no verão seguinte, depois de concluir o mestrado, para trabalhar ali no doutorado. Mas isso significava deixar Robin em Wyoming.

Quando Robin e eu começamos a namorar, tudo parecia simples. Nós nos sentíamos fortemente atraídos um pelo outro, física e intelectualmente. Mas também estávamos num ponto de nossas carreiras acadêmicas no qual dispúnhamos de pouco tempo para um relacionamento de longo prazo. Eu achava que aquilo ia ser uma coisa casual, uma diversão agradável de nossas obrigações acadêmicas.

Com o tempo, contudo, as coisas foram ficando cada vez mais intensas. Passávamos juntos todo o nosso tempo livre – por mais limitado que fosse pelo nosso trabalho – e conversávamos sem parar. Eu me abri com ela como nunca havia feito, e ela compartilhava seus problemas comigo. Estávamos sempre falando de livros e ideias. Ela foi a primeira mulher que me deu livros de presente: na conclusão do mestrado, deu-me *Makes Me Wanna Holler*, de Nathan McCall, repórter do *Washington Post*. Li o livro enquanto suportava a tediosa cerimônia.

Logo percebi que Robin era o tipo de mulher que eu buscava como parceira, e acho que ela pensava da mesma forma. Sob quase todos os aspectos, ela era perfeita. Exceto, claro, por ser branca. Eu não sabia muito bem como lidar com isso, apesar de detestar o fato de esse aspecto ter algum peso. Era legal ter um caso com uma branca em Wyoming – mas eu não podia nem imaginar formar uma família com uma branca, considerando-se a bagagem que as relações inter-raciais representavam no nosso universo. Juntos, líamos *Faces at the Bottom of the Well*, de Derrick Bell, especialmente o conto alegórico "The last black hero", que conta a história trágica de um militante negro que se apaixona por uma branca e enfrenta os paradoxos de lutar pela igualdade das raças vivendo num mundo desigual.

Como o militante da história, eu não me sentia bem contemplando o futuro com uma mulher não negra. Ficava imaginando o que as menininhas negras pensariam vendo tantos negros bem-sucedidos casando com brancas. Eu queria ser uma dessas histórias de sucesso, mas não desejava decepcionar as pessoas que se miravam no meu exemplo. Decerto não queria reforçar a imagem de que as mulheres negras não eram boas o suficiente para os negros bem-sucedidos.

Assim, quando me preparava para partir para o NIH, Robin entendeu que algo estava acontecendo e que precisávamos conversar. Levou-me até um lugar alto na montanha, com uma vista espetacular do céu aberto. Caiu a noite e apareceram as estrelas. Parecia que estavam em toda parte naquele friozinho do fim da primavera, enquanto ficávamos ali sentados no carro. E começamos a conversar.

Eu não queria magoá-la, mas sabia que, se nos aproximássemos muito, isso seria inevitável. Tratei então de explicar o mais gentilmente possível o que vinha pensando. Disse-lhe que não sabia se seria capaz de encarar minha comunidade e ser o homem que queria ser se estivesse na companhia de uma branca. Deixei bem claro que não tinha nada a ver com ela pessoalmente, que nossa relação era maravilhosa. Eu não queria ter de tomar aquela decisão. Para surpresa minha, contudo, ela entendeu de imediato. Não queria que eu fosse embora, mas também não desejava se interpor no meu caminho.

Eu não pretendia romper com Robin, só queria examinar a situação, mas, aparentemente, era o que estava acontecendo. Foi doloroso, porém decidimos nos manter em contato e ser amigos. Eu estava detestando aquilo – e detestando o fato de não conseguirmos escapar da raça –, mas não era capaz de encontrar outra saída. Fui para o NIH achando que nossa relação tinha acabado.

12. Ainda e sempre um neguinho

> "Ser negro neste país, e ser relativamente consciente, é ficar com raiva quase o tempo todo."
>
> James Baldwin

"Negros viciados em cocaína são uma nova ameaça no Sul." Este era o título do "artigo de jornal" com que deparei ao tentar encontrar a referência de um estudo que lera a respeito da cocaína. Estava em busca de referências históricas sobre os primeiros casos conhecidos de crises de abstinência. Os autores mencionavam essa referência com uma ressalva: "Relatos sobre pacientes com sintomas semelhantes foram publicados no início da década de 1900, mas como estavam profundamente mesclados a elementos de histeria racista, nunca foram levados a sério." Ainda assim, eu não estava preparado para o que encontrei ao ler o artigo inteiro.

Claro que eu sabia que essas formas grosseiras de racismo eram comuns até na literatura médica, na chamada era Jim Crow,* e que não podia esperar que esses trabalhos históricos atendessem a padrões modernos. Estava preocupado apenas com os aspectos científicos. Se o autor descrevesse a abstinência de cocaína de maneira objetiva, poderia ser uma citação útil, pensava eu.

* Leis de Jim Crow: em vigor entre 1876 e 1965 em certos estados dos Estados Unidos, especialmente no Sul, determinavam a segregação racial em escolas, transportes coletivos e outros lugares públicos. O nome Jim Crow, sinônimo de "negro" na cultura popular, remete a uma figura popularizada no mundo do entretenimento no século XIX, um ator branco maquiado de negro. (N.T.)

Estávamos em março de 1996, e eu concluía minha tese de doutorado, sentado na biblioteca da Universidade de Wyoming. Meu trabalho tratava da influência de certas mudanças em partes de células nervosas conhecidas como canais de cálcio sobre os efeitos comportamentais da nicotina. Na parte inicial da tese, eu devia descrever a fundamentação lógica das experiências que fizera. Para isso, teria de comparar os efeitos da nicotina aos da cocaína, e queria citar trabalhos relevantes sobre a influência da cocaína no comportamento humano. Como eu aprendera que, quando a gente tem alguma ideia, alguém provavelmente já a explorou, resolvi recuar o máximo possível no tempo, em busca de referências.

O estudo que mencionava o artigo de título provocador mencionava-o para apoiar a alegação de que mortes e outros problemas relacionados ao uso de cocaína tinham sido relatados muito cedo na história da droga. Eu queria constatar por mim mesmo quais eram os argumentos. Apesar de inicialmente chocado com a linguagem do título, também fiquei muito interessado, pois jamais vira qualquer referência a esse documento. Se o encontrasse, talvez pudesse impressionar meus professores com um relato muito antigo, em meu trabalho, sobre a cocaína.

Minha primeira surpresa ocorreu quando li a referência toda: o "jornal" em que o artigo fora publicado não era, aparentemente, nenhuma augusta publicação médica. De modo curioso, aparecia apenas como "*New York*", talvez abreviado por engano. Não me lembro como, mas acabei verificando que se tratava, na realidade, do *New York Times*, e mesmo sabendo agora que era apenas uma matéria publicada a 8 de fevereiro de 1914,[1] decidi obter uma cópia do artigo inteiro.

Atravessei o campus coberto de neve até a Biblioteca Coe, a principal da universidade. Os jornais antigos estavam estocados em microfilmes de incômoda utilização, e não na biblioteca científica especializada onde eu fazia a maior parte de minhas pesquisas. Comecei a procurar a citação num enorme índice encadernado de capa espessa e gasta. Então solicitei os rolos de microfilmes e os vi desfilar confusamente pela tela até as imagens buscadas. Era assim que se fazia pesquisa antes da internet.

A primeira coisa com que deparei depois do título foi o subtítulo: "Assassinatos e loucura aumentam entre negros de classe baixa porque começam a 'cheirar', ao se verem privados de uísque pela Lei Seca."

Fiquei surpreso com o choque que senti ao ler isso. Eu sabia que havia manifestações grosseiras impressas de racismo, e que naquela época era aceitável publicar coisas dessa natureza em jornais respeitáveis, mas tudo sempre me parecera abstrato e distante. Era muito diferente ler palavras assim em preto e branco nas páginas do *New York Times*, ainda hoje considerado um "jornal de referência", a mesma diferença entre ler sobre a escravidão num livro de história e pegar grilhões de ferro usados um dia para acorrentar um ser humano. Ou a diferença entre aprender sobre o Holocausto nos livros de história e visitar Auschwitz e ver de perto os sapatos das crianças ali dizimadas.

O que me chocou foi sobretudo constatar a semelhança entre o artigo e a moderna cobertura jornalística sobre crack, em meados da década de 1980. O autor, um médico, escrevia:

> Em sua maioria, os negros são pobres, analfabetos e preguiçosos. ... Uma vez criado o hábito, o negro não pode mais se curar. A única maneira de impedi-lo de tomar a droga é encarcerá-lo. E trata-se de uma terapia apenas paliativa, pois, ao ser libertado, ele invariavelmente retoma o hábito da droga.[2]

Essa era uma retórica incomodamente moderna. Basta lembrar, por exemplo, o que o dr. Frank Gawin declarou à revista *Newsweek* em 16 de junho de 1986: "A melhor forma de reduzir a demanda seria fazer com que Deus reconfigurasse o cérebro humano, para mudar a maneira como certos neurônios reagem à cocaína." A mensagem é que os usuários de crack são irrecuperáveis, salvo intervenção divina. Naturalmente, em 1986, já não seria aceitável uma referência racial explícita nesse contexto. Os problemas relacionados ao crack eram apresentados como característicos sobretudo dos "guetos" e "áreas urbanas problemáticas". Hoje, essas expressões são um código para se referir aos negros.

O dr. Edward H. Williams, autor do artigo sobre os "Viciados", prosseguia:

> [A cocaína] gera várias outras condições que tornam o "viciado" um criminoso particularmente perigoso. Uma dessas condições é a imunidade temporária ao choque – uma resistência ao "golpe decisivo", aos efeitos de ferimentos fatais. Balas disparadas contra partes vitais, que derrubariam um homem sadio, não detêm o "viciado".[3]

Em outras palavras, a cocaína torna os negros homicidas e pelo menos temporariamente imunes a balas. Por sinal, o autor relatava efeitos da cocaína consumida pelo nariz. Tentando reforçar seu argumento, ele acrescentava casos relatados por xerifes do Sul, alegando necessitar balas de mais grosso calibre para derrubar esses "viciados" negros. Também observava que a cocaína melhorava a capacidade de tiro dos negros, tornando-os mais perigosos para a polícia e a sociedade.

Comecei a me indagar quantas "verdades" sobre as drogas, que eu então considerava óbvias, teriam sido igualmente determinadas por preconceitos raciais. Logo compreendi que reportagens sensacionalistas como essa tinham em grande medida contribuído para a proibição das atuais drogas ilegais no plano estadual, primeiro, e depois nacional. Li histórias como a famosa *The American Disease: Origins of Narcotic Control*, de David Musto, de 1973, que me ajudaram a entender ainda melhor que as leis de proibição de drogas como cocaína, opioides e maconha baseavam-se menos em questões farmacológicas que em difamação e discriminação raciais.

A título de exemplo, entre 1898 e 1914 foram publicados na literatura científica e na imprensa popular vários artigos exagerando a associação de crimes hediondos ao uso de cocaína por parte de negros. A matéria do *New York Times* não era exceção, mas um exemplo. Como explicava Musto, vários "especialistas" tinham declarado em depoimento ao Congresso que "a maioria dos ataques a mulheres brancas no Sul é resultado direto de um cérebro negro enlouquecido pela cocaína".[4] Portanto, não foi difícil conseguir a aprovação da Lei Harrison de Impostos sobre Narcóticos, de 1914, que na verdade proibia o uso da droga.

Antes de tomar conhecimento dessa reportagem, eu achava que a situação legal de determinada droga era estabelecida basicamente por seu teor farmacológico. Mas vim a constatar que não havia motivos farmacológicos sólidos e racionais para o fato de o álcool e o tabaco serem legais e a cocaína e a maconha, não. Tratava-se sobretudo de um problema de razões históricas e sociais, de escolher os perigos relacionados a drogas que seriam ressaltados para alimentar a preocupação da opinião pública e os que seriam ignorados. Parecia que os verdadeiros motivos farmacológicos quase nunca eram levados em conta ou eram minimizados.

As medidas de proibição do uso de drogas inevitavelmente eram antecedidas de uma cobertura noticiosa histérica, cheia de histórias assustadoras sobre o uso de drogas entre minorias desprezadas, não raro imigrantes e pobres. Como relata Musto, no caso da cocaína os temores estavam ligados aos negros do Sul, no da maconha eram os negros e mexicanos os bichos-papões e no do ópio, os ferroviários chineses. Nos três casos, o noticiário sensacionalista era acompanhado de perfis lascivos de homens desses grupos fazendo uso de drogas para facilitar o estupro ou a sedução, ou ambos, de mulheres brancas.[5] Até a Lei Seca, sobre bebidas alcoólicas, fora aprovada com o objetivo de controlar o comportamento daqueles que as correntes majoritárias da sociedade viam como grupos minoritários assustadores. Nesse caso, eram sobretudo alemães afeitos à cerveja e outros imigrantes pobres, durante o envolvimento dos Estados Unidos na Primeira Guerra Mundial e um pouco antes.

Meu ceticismo quanto à natureza do problema das drogas foi aos poucos aumentando durante a formação acadêmica. Por um lado, sob a orientação de Charlie Ksir, eu tinha começado a dar um curso sobre drogas e comportamento, como seu assistente. Nas aulas e no manual por ele escrito para nosso uso (eu seria creditado como coautor em edições posteriores), os mitos sobre as drogas eram constantemente debatidos e desmascarados.

Por exemplo, numa das aulas, lembro-me da cuidadosa explicação de Charlie, de que bebês expostos ao uso de cocaína não se saíam pior que os que haviam sido expostos à nicotina durante a gravidez. Em outra ocasião, lembro-me de que ele telefonou ao Office of National Drug Control Policy (ONDCP, mais conhecido como gabinete do "czar das drogas") para perguntar sobre a fonte de determinada informação. Um anúncio dado a público por eles alegava que a cada minuto nascia um número elevado de crianças expostas ao uso de cocaína. Mas quando Charlie pressionou o representante do ONDCP a esse respeito, ficou claro que o número fora obtido mediante extrapolação de outros dados. Na melhor das hipóteses, não era a estratégia ideal; na pior, exagerava absurdamente as estatísticas verdadeiras.

De início, achei difícil acreditar nesses fatos, em virtude de tudo que tinha ouvido até então sobre os perigos do crack. Mas entendi que minha posição se apoiava exclusivamente em elementos que eu agora identificava como mero sensacionalismo dos meios de comunicação. Jim Rose tinha inculcado em mim a necessidade de fundamentar todas as minhas afirmações em rigorosos dados empíricos, e quando comecei a aplicar minha capacidade de pensamento crítico àquilo que julgava saber sobre as drogas, restou muito pouco.

Boa parte do que aprendemos como cientistas envolve o questionamento crítico da metodologia usada para conduzir as pesquisas e o empenho em descartar todas as possíveis manifestações de prejulgamento. Mas os meios de comunicação não aplicam esses métodos ao noticiário, com frequência apresentando um quadro muito simplista e distorcido.

Será que já estávamos entendendo a cocaína de uma perspectiva científica mais sofisticada, ou nos limitáramos a mudar a linguagem a seu respeito, de maneira a esconder os estereótipos racistas tão óbvios em 1914? A partir da pós-graduação, comecei lentamente a questionar tudo que achava que sabia sobre drogas à luz desses perturbadores paralelos e das origens de nítido teor racial das leis antidrogas.

Uma experiência pessoal que tive no NIH, onde começara a trabalhar no doutorado, depois de concluir o mestrado em Wyoming, também me levou a pensar mais a esse respeito. Com sede em Bethesda, Maryland, o braço principal dessa agência parece o centro médico de um grande campus universitário. É um mundo em si mesmo, com dezenas de prédios altos e laboratórios semelhantes a hospitais. Tem até um banco próprio, o NIH Credit Union, situado no Prédio 36, e fica a cerca de cem metros do principal centro clínico, onde eu trabalhava, no Prédio 10.

Trabalho de pesquisa para o doutorado no National Institutes of Health (NIH).

A caminho do banco, eu parecia um clássico cientista distraído, com a mente concentrada nas amostras em que trabalhava e nos dados que precisava coletar, e não no mundo ao redor. Na época, eu brincava com amigos dizendo que temia perder o traquejo social, por passar tanto tempo sozinho ou com ratos – mas não era puro humor, pois eu tinha certo receio de que isso acontecesse. Estava completamente mergulhado em meu trabalho.

Ao deixar o banco, depois de depositar meu contracheque ou tirar algum dinheiro, dois homens se aproximaram de mim. Eles me olhavam tão fixamente quando passei pela porta que minha primeira impressão foi de que eram dois gays me paquerando. Eu usava um moletom vermelho-escuro que estava na moda entre os jovens negros, na época, e levava pendurado ao pescoço o crachá metalizado do NIH. Na mão, um extrato bancário. Reparei no olhar intenso dos dois, mas a essa altura ainda estava pensando em meu trabalho no laboratório.

Ao se aproximarem, contudo, eles se identificaram como policiais – o campus do NIH era tão grande que tinha sua própria força policial. Um deles me disse:

– Um crime acabou de ser cometido, e queríamos saber se você pode nos ajudar.

Eu respondi:

– Claro, em que posso ser útil?

Eu não tinha a menor ideia de que era o suspeito. Identifiquei-me como estudante de doutorado fazendo uma pesquisa e mostrei meu extrato bancário.

Os dois policiais disseram que houvera um assalto à mão armada perto do banco e que o suspeito estava usando roupas escuras. Foi tudo que falaram. Concluí que o suspeito era negro, mas não soube disso pelos policiais. Tampouco me informaram sobre altura, peso ou qualquer outra característica do suspeito. O evidente, contudo, é que os dois policiais encarregados do caso também não eram brancos: um era negro, o outro, filipino.

Naturalmente, seria muita estupidez da parte de um assaltante de banco voltar à cena do crime para fazer outra transação – quanto mais apresentar um extrato bancário cheio de informações capazes de identificá-lo –, mas isso não importava. Ser um jovem negro usando roupas escuras era o suficiente para que eu "correspondesse à descrição". Tampouco importava que os próprios policiais pertencessem a minorias. Em muitos casos, sendo o racismo institucional tão disseminado em certas organizações policiais, o comportamento de agentes pertencentes a minorias é mais brutal que o de seus colegas brancos, em parte porque todos na organização sabem o que é recompensado e o que é punido. O risco de eu ser maltratado é muito maior que o de um colega branco, que pode ser filho ou parente de alguma "pessoa importante".

Os policiais perguntaram se eu concordava em caminhar até um dos prédios do campus para que a vítima tentasse fazer a identificação. Queriam que eu participasse sozinho de uma identificação policial improvisada, algo nada confiável. Eu não tinha escolha senão concordar. Caminhei em direção aos carros de polícia que agora podia ver do outro lado do estacionamento e fui informado de que a vítima me observava por trás de uma das janelas. Fizeram então com que eu virasse de um lado, depois de outro, para que a pessoa pudesse me ver bem. Passados cerca de vinte minutos, fui liberado, porque a vítima não me reconhecera. A coisa toda foi terrivelmente embaraçosa, bem no centro do campus, onde qualquer dos meus amigos ou colegas poderia me ver.

Ao ser liberado, fiquei aliviado, mas também reprimindo a raiva, algo em que, a essa altura, já tivera de me tornar extremamente hábil. Fui ao encontro do meu orientador no NIH, mas ele não entendeu por que o incidente tinha me afetado tanto. Tentou fazer uma comparação com o episódio em que ele próprio – um homem branco de certa idade – foi detido numa área de população negra em Washington por policiais que lhe perguntaram por que se encontrava ali.

Isso tornou as coisas ainda piores, pois não refletia a realidade. Como tantos outros negros, eu já me habituara a esperar esse tipo de negação

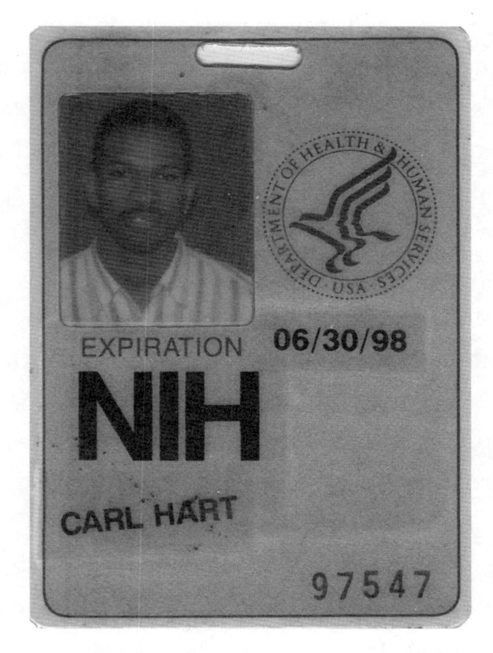

O crachá do NIH que eu usava quando fui detido por policiais do próprio NIH e submetido a uma operação de reconhecimento.

ou subestimação por parte dos brancos – muitos deles pareciam encarar o reconhecimento da injustiça racial como uma admissão de culpa, ou uma indicação de que seus privilégios não eram merecidos. Ainda assim, eu me achava de certa forma traído pelo fato de ele não reconhecer meu ponto de vista, e me sentia ainda pior do que antes de procurá-lo.

Lá estava eu com meu crachá do NIH pendurado ao pescoço e meu extrato bancário na mão, e ainda assim era visto como um possível assaltante de banco que atacara um cliente à mão armada. Ou como um "negro viciado em cocaína". Aqui, nos Estados Unidos, eu ainda não passava de mais um neguinho, não importando o número de horas que tivesse dedicado aos estudos ou à realização de minhas experiências. Quando me encontrei com Levon Parker, negro que dirigia os programas estudantis da instituição, e Leroy Penix, neurologista negro que eu costumava acompanhar, os dois ficaram chateados, mas não surpresos. Os profissionais negros que eu respeitava não falavam a esse respeito em público, mas todos já tinham passado pela mesma experiência. Entendi então por que alguns negros que eu conhecia na instituição se referiam ao lugar como "plantation". Em sua esmagadora maioria, os cientistas eram brancos, e a maior parte da equipe de apoio era de negros.

Parker entrou em contato com Harold Varmus, que na época chefiava o NIH. Fui convidado a me encontrar com o diretor para debater a situação. Não demorou, o meu telefone tocava a toda hora, muita gente queria aplacar o meu ímpeto e impedir que o acontecido fosse divulgado e se transformasse em motivo de embaraço para a instituição. Queriam que eu me encontrasse com os policiais do NIH para lhes dizer como deviam se comportar, embora eu não tivesse qualquer habilitação para a tarefa, além de ser negro. Mesmo naquele momento fui capaz de perceber que se tratava só de uma reação *pro forma*.

No entanto, como eu estava apenas no começo do doutorado, não queria atrair esse tipo de atenção para mim. Conversei com Varmus pelo telefone (ele estava viajando) e fui recebido por sua equipe. Disse-lhes o que pensava, mas saquei que, quando a opinião pública não é informada nem se promovem mudanças específicas de normas, esses incidentes raramente levam a alguma transformação. Era como a "reunião de cúpula regada a cerveja" que o presidente Obama teria mais tarde com o policial de Cambridge, Massachusetts, que deteve o professor Henry Louis Gates Jr., de Harvard, quando este tentava entrar em sua própria casa. Em vez de enfrentar e mudar as políticas que geravam esses resultados institucionalmente racistas, os eventos eram tratados de maneira simbólica, como mal-entendidos isolados. O sistema que os gerava ficava intacto.

EMBORA EU TIVESSE TENTADO cortar meus laços com ela, o "rompimento" que Robin e eu tínhamos negociado não durou. Menos de um mês se passou até eu sacar o quanto sentia sua falta. Comecei a achar que havíamos cometido um grande erro. Eu tinha amigos em Washington, mas ninguém tão próximo quanto ela. Embora Robin estivesse cursando doutorado em psicologia clínica em Wyoming, nos falávamos com frequência pelo telefone, e seu apoio quando quase fui preso não podia ter sido mais firme. Ela me ajudou a escrever as cartas aos funcionários do NIH enquanto os fatos ainda estavam quentes. Embora saísse com outras mulheres, comecei a sentir vontade de vê-la. Convidei-a para ir me ver, ela aceitou.

Nunca esquecerei o vestido que ela usava quando chegou a Washington, no dia 10 de junho de 1994. Era de um azul forte e brilhante, com uma recatada gola branca. Nosso reencontro foi apaixonado, intenso. Embora só viesse a saber alguns meses depois, foi naquela noite que concebemos nosso filho Damon.

Quando ela telefonou, semanas depois, para dizer que estava grávida, eu não soube o que fazer. Não estava certo se queria formar família com uma mulher branca, e me preocupava muito com as questões que Derrick Bell tão bem descrevera como aquelas que contribuem para tornar essas relações tão frágeis. Mas de uma coisa eu tinha certeza: não queria deixar uma criança sem pai. À medida que a gravidez avançava, percebi que teria de tomar uma decisão sobre voltar ou não para Wyoming e para a vida com Robin.

Assim, quando Damon nasceu, a 13 de março de 1995, eu estava presente na sala de cirurgia. Acompanhei, perplexo, Robin suportar horas de trabalho de parto. Tínhamos um espaçoso quarto particular no Iverson Hospital, em Laramie, Wyoming. Ela quisera e conseguira um parto sem medicação.

Eu levara meus CDs para tocar música suave para ela, e ouvimos Bob Marley enquanto as contrações se intensificavam. Fiquei pasmo com a beleza e a elegância de Robin ao longo de todo aquele processo confuso e até assustador. Na verdade, momentos antes de Damon nascer, pude perceber uma preocupação no olhar do médico ao descobrir que o cordão umbilical estava enrolado em torno do pescoço do bebê – mas ele só nos informou do que acontecera quando a criança já estava a salvo em nossos braços. Eu não conseguia acreditar que era pai. Nunca tinha vivido algo semelhante.

Jamais me sentira tão feliz ou tão próximo de alguém quanto junto de minha pequena família, quando carregamos Damon pela primeira vez nos braços. A responsabilidade que tínhamos em relação àquele serzinho tão novo parecia ao mesmo tempo uma bênção e um fardo quase insuportável. Eu estava lendo *Fatheralong*, de John Edgar Wideman, enfatizando a difícil tarefa enfrentada pelos pais negros na proteção dos filhos. Sentia-me humilde diante do desafio que me era imposto: manter um menino negro em segurança enquanto crescia nos Estados Unidos que eu conhecia muito bem.

Também parecia difícil acreditar que permitissem que pessoas inexperientes como nós levassem para casa uma criatura tão frágil. Ao mesmo tempo, queria dar a meu filho tudo que sempre desejara receber de meu pai. Percebi que não tinha a menor ideia do que estava fazendo. Sabia que minha vida teria de mudar.

Para começo de conversa, reconheci que tinha de passar a levar a sério minha relação com Robin e resolver meus conflitos internos a respeito de formar um casal inter-racial. Ainda não sabia muito bem como fazê-lo, mas de uma coisa eu tinha certeza: queria criar bem o meu filho. Queria a segurança de um lar com pai e mãe para meu bebê. Sem dúvida, não desejava que um filho meu tivesse em casa o tipo de vida caótico que eu tivera.

Acabei decidindo não continuar no NIH, onde pretendia concluir o doutorado. Voltaria a Wyoming, para ficar ao lado de Robin e do nosso filho. E foi lá que acabamos nos casando, três anos depois do nascimento de Damon, a 23 de maio de 1998, numa cerimônia simples em Wyoming's Newman Center, seguindo a formação católica de minha mulher. Antes, porém, tive

Robin e Damon em Wyoming, enquanto
eu estudava no NIH, em Washington.

de ir a Washington, pouco depois do nascimento de Damon, para concluir a pesquisa, e só então voltar a Wyoming e terminar minha formação.

Em Washington, esperando o trem numa estação de metrô, comecei uma longa conversa com um mecânico que consertava a máquina de venda de bilhetes. Eu elogiara suas tranças estilo rastafári, pensando que se tratava de uma opção religiosa. Há anos vinha pensando na possibilidade de deixar crescer tranças, mas me continha, por achar que talvez fosse desrespeitoso, pois eu não fazia parte dessa crença. Tampouco queria ser considerado vaidoso, nem um carneiro seguindo a multidão. Não era assim que eu queria viver.

Mas o sujeito disse que, para ele, usar tranças era uma maneira de prestar homenagem e mostrar respeito, apesar de não ser religioso. Isso ecoou bem em mim, assim como sua segurança e seu ar ponderado. Quando nos despedimos, já não éramos estranhos. Ali mesmo resolvi deixar crescer o cabelo. Isso serviria para me lembrar que eu podia ser eu mesmo e um homem consciente, não importando a aparência que os outros acham que o cientista deve ter. Serviria para me vincular tanto às minhas tradições quanto ao meu filho. Parecia algo acertado.

Eu estaria pensando em tudo isso e no futuro de Damon alguns meses depois, quando Louis Farrakhan discursou na Marcha de 1 Milhão, em 16 de outubro de 1995. Não pude comparecer, porque na época estava trabalhando em minha pesquisa em Wyoming, mas a assisti pela televisão enquanto cuidava de Damon. Eram centenas de milhares, talvez mais de 1 milhão de negros. Eram líderes, empresários, profissionais como Barack Obama (que esteve presente), a maioria de classe média, quase todos empregados. Era realmente inspirador.

No entanto, a retórica estava fortemente voltada para o trabalho, a responsabilidade, a independência e o sustento de nossas famílias. Não se apresentavam exigências ao Congresso, nenhuma delegação foi enviada poucas ruas adiante para se encontrar com nossos senadores e deputados. Estavam ali reunidas pessoas que tinham feito o que se esperava que fizéssemos – e não pessoas sem educação nem motivação –, e que ainda assim não chegaram lá. Tinham comprado a ideia da maioria, de que nós mesmos éramos o problema, de que eram nossa culpa coisas como a aplicação seletiva das leis de combate às drogas, a falta de verba nas escolas e as políticas viciadas de contratação, que a tantos prejudicavam. Eram homens que ainda insistiam em tentar se adaptar a um país que não queria reconhecer suas contribuições. Gente que ainda corria o risco de sofrer algo equivalente a uma batida policial em frente a um banco, apesar de ter um contracheque e um crachá de identificação como cientista da principal instituição governamental de pesquisa em saúde do mundo.

Eu fiquei furioso, mas entendi que era aquilo que meu filho logo deveria enfrentar. Um mundo em que, mesmo em situações as mais claras, alguém com nossa cor de pele ainda podia ser considerado "viciado" só porque se vestia de determinada maneira – ou, para usar a linguagem de uma onda mais antiga de histeria contra as drogas, um "negro viciado em cocaína". Tudo isso me fazia pensar de maneira muito mais crítica a respeito de minha pesquisa e sobre as drogas.

13. O comportamento dos sujeitos humanos

"Não é a heroína ou a cocaína que transformam alguém num viciado. É a necessidade de escapar de uma dura realidade."

SHIRLEY CHISHOLM

ROBERT ESTAVA SENTADO numa cama de hospital, tendo ao redor cerca de meia dúzia de pessoas. Era um *brother* alto e magro, de pele clara, com um cavanhaque e cabelos curtos, trinta e poucos anos. Encontrava-se num quarto de característica austeridade, com uma pequena janela e o habitual cenário hospitalar pálido e esterilizado. No centro do grupo estava a dra. Ellie McCance-Katz, que me havia recrutado para uma bolsa de pós-doutorado no Departamento de Psiquiatria da Universidade Yale.

Mulher baixa e forte, de cabelos castanhos, Ellie liderava a equipe. Uma enfermeira e outro médico acompanhavam a pressão arterial de Robert e outros sinais vitais. Uma assistente de pesquisa e eu também estávamos ali enquanto Robert recebia lentamente uma injeção intravenosa de cocaína. Era dezembro de 1997.

O trabalho de pós-doutoramento é um passo importante no treinamento científico, podendo, se as coisas andarem bem, levar à suprema realização acadêmica: o emprego de titular numa universidade respeitada. Meu pós-doutorado em Yale também foi minha primeira experiência de estudo sobre os efeitos das drogas psicoativas em seres humanos. Era empolgante chegar a esse ponto.

Com o tempo, eu passara a perceber as limitações da pesquisa com animais, que constituíra minha iniciação no terreno da neurociência. Por exemplo, existe um fenômeno constatado em animais, chamado sensibilização, que ocorre quando eles recebem drogas estimulantes como a cocaína. Em geral, quando alguma droga é reiteradamente administrada em ratos, eles se tornam tolerantes aos seus efeitos, sendo necessária uma dose mais alta para gerar a reação inicial. Entretanto, tratando-se de certos efeitos dos estimulantes, os animais na verdade se tornam mais sensíveis à droga, demonstrando reação mais intensa a uma dose menor que a inicial, o oposto da tolerância.

Nos seres humanos, considerava-se que essa sensibilização levava usuários viciados em estimulantes a se tornar mais paranoicos e ansiosos com o passar do tempo. Entretanto, esse resultado não é constatado sistematicamente em consumidores humanos de drogas, nem quando os estimulantes são usados com fins terapêuticos, o que dá a entender que não se trata de um efeito farmacológico importante no caso do homem. À medida que eu me aprofundava no estudo das drogas, pude constatar muitos fenômenos semelhantes que não se reproduziam. Tudo me levava a acreditar que, para descobrir o que realmente queria saber a respeito do uso de drogas, teria de estudá-lo muito atentamente em seres humanos.

Robert era um sujeito afável e bem-apessoado. Vestia-se bem, mas de maneira informal, não parecia particularmente magro ou doente, nada havia nele sugerindo um usuário de crack. Embora não soubéssemos que doses de droga ele estava recebendo, se era placebo, cocaína ou um composto relacionado à cocaína chamado cocaetileno, logo aprendi a distinguir quando ele recebia uma boa dose de droga. Nesses casos, ele só queria falar. Falava sem parar, às vezes contando como a cocaína lhe aumentava a percepção e a criatividade.

Nosso estudo tinha como objetivo comparar os efeitos da cocaína IV ao cocaetileno IV, um composto gerado no corpo quando cocaína e álcool são ingeridos ao mesmo tempo. Na época, havia a preocupação de que o cocaetileno fosse mais potente e mais perigoso para o coração e as artérias que a cocaína ingerida sozinha. Em condições sob estrito controle, queríamos descobrir se isso se aplicava quando a droga era administrada em pessoas saudáveis que costumavam usar cocaína e álcool juntos.

Admito que haverá quem questione a ética de fornecer drogas como cocaína e cocaetileno com objetivos de pesquisa. Ao longo de minha carreira, todavia, cheguei à conclusão de que não seria ético *deixar de realizar* esse tipo de pesquisa, pois ele tem proporcionado abundantes informações sobre os reais efeitos das drogas, e as constatações geram importantes implicações para as políticas públicas e o tratamento do vício em drogas. Com base nesse estudo, por exemplo, descobrimos que o receio quanto aos perigos oferecidos pelo cocaetileno não se apoiava nos fatos. Revelou-se que ele é menos potente que a cocaína.[1] Na verdade, tem menos efeitos em termos de elevar os batimentos cardíacos e a pressão arterial que a própria cocaína, e significa que provavelmente apresenta menos riscos de ataque cardíaco ou derrame.

Em 1997, quando comecei a trabalhar nessa pesquisa, eu mesmo ainda nutria muitas concepções equivocadas sobre as drogas. Tal como a ideia de que o cocaetileno representava uma nova e grave ameaça, minhas outras hipóteses foram refutadas pelos dados empíricos em meus estudos de pós-graduação e pós-doutorado. Antes eu fizera um estágio de pós-doutorado na Universidade da Califórnia, em São Francisco (UCSF), em 1996, logo depois da pós-graduação em Wyoming. Estava ansioso por começar a estudar usuários humanos de drogas e sabia que teria essa oportunidade na UCSF.

Mas na Califórnia eu não tive chance de observar pessoas ingerindo drogas no laboratório. Os pesquisadores com os quais trabalhava estavam voltados para a ânsia de consumir drogas que se supunha levar ao vício. Esses cientistas não estudavam os efeitos das drogas propriamente ditos, examinavam apenas o que os usuários relatavam a respeito de seu desejo de consumi-las. Logo descobri que a ânsia de consumo não era tão importante quanto se supunha. Esse foi mais um passo na evolução de minhas ideias sobre as drogas.

Os problemas relacionados à fissura começaram a ficar claros quando entrei em interação com pessoas em busca de ajuda a fim de combater o vício. Para tentar entender seu desejo de consumir drogas, eu me tornara um facilitador nas sessões de grupo obrigatórias para pacientes de um programa envolvendo a metadona. Quase de imediato, contudo, comecei a compreender que tinha muito mais em comum com eles do que esperava. Embora debatessem questões relativas às drogas, quando não eram consultados a esse respeito, a ânsia não era sua principal preocupação. Os verdadeiros problemas desses pacientes estavam relacionados sobretudo a coisas práticas, como o custo alto da habitação e outras necessidades essenciais. Isso era algo que eu experimentara pessoalmente ao iniciar o pós-doutorado.

Fora tão difícil para mim encontrar moradia ao alcance de meu orçamento na Bay Area que eu passara as primeiras semanas do pós-doutorado dormindo na sala da universidade. Essa foi uma das muitas frustrações desse período que às vezes me levavam a questionar seriamente meu desejo de forjar um futuro no terreno da ciência. O pós-doutorado é fundamental para a carreira de um cientista, mas ainda hoje representa uma remuneração de US$ 40 mil a US$ 50 mil por ano. Na época, ficava entre magros US$ 19 mil e US$ 24 mil. Eu entendia perfeitamente o que aqueles homens e mulheres em tratamento enfrentavam, tentando sobreviver sem muito dinheiro enquanto administram o trabalho e os relacionamentos. Até então eu achava que esses usuários de drogas seriam muito mais diferentes de mim do que de fato eram.

Pelo contrário, pude constatar que as pessoas viciadas não eram movidas apenas pelas drogas. Além disso, não eram mais antissociais ou criminosas que muitas outras com as quais eu crescera, e que em grande parte nem ficavam na doideira. Na verdade, o comportamento delas não era muito diferente do que eu mesmo adotava em meu meio, com meus amigos. Essas pessoas não pareciam totalmente dominadas pela ânsia de consumir drogas, elas buscavam recompensas através das drogas, da mesma forma como buscam sexo ou alimento. Comecei a compreender que seu comportamento relacionado às drogas não era assim tão especial, e a pensar que talvez sua compulsão para ingerir drogas obedecesse às mesmas regras que se aplicavam aos outros desejos humanos. A ideia de que o vício era uma espécie de "defeito de caráter" ou condição extrema que levava a atos completamente imprevisíveis e irracionais começava a parecer equivocada.

Ao ouvir palestras sobre vício ministradas por pesquisadores que estudavam animais, comecei a perceber que eles extrapolavam suas conclusões com base em situações extremas, de tal modo que se criava uma caricatura do vício. Um desses pesquisadores dizia que, deixando-se uma nota de US$ 100 numa sala, "você e eu não a pegaríamos", mas um viciado em drogas invariavelmente faria isso. Eles falavam dos seres humanos de uma maneira simplista, que, ironicamente, carecia das cuidadosas ressalvas sempre contempladas pelos debates no terreno da pesquisa com animais.

Depois também entendi como nossas imagens distorcidas do vício se manifestavam nas atitudes que os pesquisadores assumiam em relação aos participantes do estudo em Yale. A título de exemplo, as considerações de Robert sobre o fato de se sentir mais concentrado e criativo com a cocaína eram descartadas como bobagens induzidas pelo consumo de droga, embora estudos sobre o impacto da cocaína na capacidade de concentração demonstrem que ela pode aumentar o estado de alerta e a atenção, exatamente como ele alegava.

Outras experiências levaram-me a constatar semelhanças ainda maiores. David, operário da construção civil ítalo-americano, de 35 anos, também participou da pesquisa sobre o cocaetileno. Certa vez, relatou-me a experiência que teve no dia em que foi recrutado para participar do estudo. Ele vira num jornal alternativo local um anúncio solicitando usuários frequentes de cocaína para participar de uma experiência em que poderiam receber a droga. Essas pessoas precisavam ser saudáveis e estar dispostas a ficar no hospital durante duas semanas. Se aceitassem e permanecessem por todo o tempo, no fim do período receberiam US$ 1 mil.

Nós tínhamos entrevistado David e decidido que ele era adequado para participar. Providenciamos então um check-up para ele na clínica do Yale-New Haven Hospital. O prédio tinha um endereço estranho, 950 ½, ou algo assim. Ao deixar nossas instalações em busca desse curioso endereço, David viu vários carros de polícia estacionados por perto, e naturalmente ficou nervoso. Mas queria participar do estudo e possivelmente ganhar algum dinheiro, de modo que perseverou. Ao se aproximar do local onde supunha ficar o endereço, contudo, reparou que também havia policiais diante do prédio, e começou a achar que havíamos armado para ele, que seria detido ao entrar e perguntar sobre a pesquisa. Deu a volta no prédio algumas vezes, tentando imaginar o que fazer e se devia perguntar a alguém sobre aquele estranho endereço. Contudo, talvez uma simples pergunta sobre o número fosse o sinal para que a polícia o prendesse.

Do ponto de vista de alguém que não consome drogas ilegais, isso parece pura paranoia. Quando contei a história a outras pessoas que trabalhavam na pesquisa, elas acharam graça, confirmando a convicção de que a cocaína deixa os usuários paranoicos. Do ponto de vista de David, porém, não havia nada de irracional em seus temores. Ele estava envolvido numa atividade ilegal. A polícia de fato estava empenhada numa intensa guerra de combate às drogas. Dezenas de milhares de usuários de cocaína tinham sido presos. E todos nós víamos na televisão filmes ou programas em que pessoas em débito com a lei eram atraídas a algum lugar com promessas de recompensa, sendo detidas por algum crime cometido anteriormente.

David fora convidado a entrar num prédio do governo, a reconhecer que fazia uso de drogas, o que é um crime, e supostamente ser remunerado para ingerir uma substância ilegal. Sua preocupação era uma reação compreensível à experiência acumulada no ambiente cultural em que ela ocorria. Embora cocaína e maconha possam intensificar esse tipo de medo, qualquer pessoa que pratique uma atividade ilegal precisa ter cuidado se não quiser ser apanhada.

Ficou cada vez mais claro para mim que nossos próprios preconceitos sobre a utilização de drogas e nossas políticas punitivas em relação aos usuários faziam com que as pessoas que consomem drogas parecessem menos humanas e menos racionais. O comportamento dos usuários sempre foi explicado em função das drogas, em primeiro lugar, e não considerado à luz de outros fatores igualmente importantes do mundo social, como as leis relativas à toxicodependência.

A realidade é que quase todos nós às vezes nos vemos em situações nas quais insistimos em determinado comportamento, apesar das consequências negativas, exatamente como os viciados. A maioria das pessoas não é capaz de fazer dieta, muitas continuam a ingerir alimentos gordurosos e doces quando estão ganhando peso, ou passam por períodos de pesado consumo de álcool, ou persistem em maus relacionamentos, ignorando seus resultados negativos, o que vem a ser o mesmo padrão de comportamento constatado no vício em drogas. Sem dúvida, há casos extremos em que viciados cometem crimes absurdos, mas tampouco faltam crimes brutais planejados ou cometidos por pessoas sóbrias.

Eu pensava nos amigos e na família, na minha cidade de origem e no destino que os esperava enquanto eu abria caminho no universo acadêmico. Tinha em mente comportamentos impulsivos, não raramente encarados como atitudes ligadas ao álcool e outras drogas. Eu mesmo furtara em lojas, roubara baterias e vendera drogas. Contudo, embora não me faltassem defeitos, eu não tinha nenhum vício. Muitos de meus irmãos e primos também haviam cometido pequenos furtos na adolescência, mas também aqui a coisa, em geral, não tinha qualquer ligação com o fato de consumirem ou deixarem de consumir álcool ou outras drogas.

Na família mais próxima, três de minhas cinco irmãs tinham engravidado na adolescência. Uma delas, mais tarde, viria a beber muito (embora nunca deixasse de cumprir suas obrigações ocupacionais e familiares). Teve o primeiro filho aos dezenove anos, mas se casou com o pai da criança alguns meses depois do nascimento. Ainda hoje estão juntos. Todavia não foi ela a irmã que esfaqueou uma mulher numa briga por causa de homem, sendo mais tarde esfaqueada também em situação semelhante. A irmã que se envolveu nessas brigas não tem problemas de abuso de substâncias.

O marido de uma de minhas irmãs foi detido por envolvimento num tiroteio mortal, mas não condenado. Só que não se trata do cunhado que passou por um período de reabilitação por abuso de crack. E o contraparente que de fato tinha um problema com o crack? Conseguiu um emprego como encanador, tem uma casa duas vezes maior que a minha, é um pai e marido amoroso.

Onde estava, nesses casos, a ligação entre drogas e problemas comportamentais? Na minha família – e isso eu também já começava a entender pelas pesquisas –, o elo entre o vício e outras formas de comportamento disfuncional não era tão destacado quanto dão a entender os estereótipos. Em certos casos, o consumo de álcool ou seus efeitos exacerbavam a violência, por exemplo, quando meu pai espancava minha mãe. Alguns de meus primos tinham lutado contra o crack. Mas as drogas ilegais e o vício estavam longe de ser as maiores ameaças à nossa segurança e às nossas chances de sucesso. O número de casos em que as drogas ilícitas desempenhavam um papel pequeno ou nulo aparentemente era igual ou maior que o de situações nas quais seus efeitos farmacológicos pareciam ter influência. E se as viagens proporcionadas pelas drogas não explicavam esses comportamentos, para mim isso significava que a maneira de proceder relacionada à falta de drogas – vale dizer, a ânsia do consumo – estava ainda mais longe de nos permitir qualquer tipo de previsão.

Eu deixara minha posição de pós-doutorando em São Francisco desiludido com esse conceito de ânsia. Certos viciados decerto relatavam episódios de fissura, não restava a menor dúvida. Mas isso não servia para prever se eles teriam recaídas, de acordo com a maioria das pesquisas. Às vezes alguém relatava graves cenas de ânsia, mas não usava drogas; outras, uma pessoa usava drogas em situações que, segundo ela própria, não houvera nenhum episódio de ânsia. Parecia-me muito mais útil estudar as reais decisões das pessoas quanto a tomar drogas, em vez de focalizar tanto no que diziam a respeito do que queriam ou ansiavam em algum futuro hipotético. Por isso, reagi com entusiasmo quando a dra. McCance-Katz me convidou para fazer um pós-doutorado com ela em Yale.

Embora eu não viesse a estudar em Yale decisões relacionadas ao consumo de drogas, pelo menos, com a dra. McCance-Katz, pude observar o comportamento das pessoas sob a influência delas – e não apenas a avaliação que faziam do próprio desejo de consumir drogas. Isso me levou mais perto das experiências que queria realizar para entender os reais efeitos das drogas, e não nossas projeções a seu respeito.

Para encontrar candidatos a participar de nossa pesquisa em New Haven, também tive de entrevistar muitos usuários. Na época, eu nem estabelecia distinção entre uso de drogas e vício. Apesar do que começava a descobrir, ainda achava problemático o uso de uma substância ilegal, cujo consumo levaria ao vício. Eu não distinguia entre uso viciado, que interfere nas grandes funções da vida, como relacionamentos e trabalho, e uso controlado, que pode ser prazeroso e não destrutivo.

Como os viciados que estudava, eu era influenciado pelo meu meio social. Todo mundo ao meu redor, nesse campo dos estudos sobre o vício, comportava-se como se a utilização patológica fosse mais comum que o uso controlado. Essa é a impressão que formamos ao ler a literatura científica sem adotar uma visão crítica. Portanto, nessa época, quando entrevistava usuários cuja vida não parecia afetada pelo uso de drogas, eu achava que ainda não conseguia fazê-los ver que estavam em processo de negação. Depois de conversar com dezenas deles, contudo, comecei a pensar duas vezes. Talvez fosse eu o errado.

Voltei ao que aprendera sobre comportamento e a maneira como ele é afetado por punições e reforços, remontando a B.F. Skinner. Será que as drogas eram assim tão diferentes de outros prazeres e recompensas? Fui examinar os dados existentes a esse respeito. Nas pesquisas com animais, os gráficos representando o empenho de um animal em obter uma recompensa na forma de alimento ou droga eram quase idênticos: dando-se fácil acesso e proporcionando-lhe poucas alternativas, os animais decididamente irão comer muito alimento doce ou gorduroso, ou irão ingerir muita cocaína ou heroína. Entretanto, quanto mais tiverem de lutar por alguma recompensa – seja um prazer natural, como comida ou sexo, ou artificial, como drogas –, menos tenderão a buscá-la. Isso se aplica a um camundongo, um rato, um macaco ou um ser humano. Tanto nos seres humanos quanto em outros animais, essas reações variam em função da presença de reforços concorrentes.

Por exemplo, constatou-se, em diferentes estudos, que quando macacos *Rhesus* devem pressionar alavancas repetidas vezes para obter uma injeção de cocaína ou um alimento muito desejável (pedaços de banana), as reações variam tanto em termos de esforço quanto de dose. De forma bem compreensível, os macacos se empenham mais para conseguir uma dose mais alta de cocaína e mobilizam menos esforço por uma dose menor ou placebo. Também optam por quantidades maiores de banana, de preferência a doses menores de cocaína. Mesmo no caso de oferta das maiores doses de cocaína, esses animais não optam pela cocaína, dando preferência aos pedaços de banana, acima de 50% das vezes.[2] O comportamento vicioso obedece a regras e é determinado por situações, exatamente como outros tipos de comportamento, ele não é tão estranho ou especial quanto nos fazem crer.

Você irá argumentar: "Sim, tudo bem, isso quando se trata de uma droga como a cocaína, que não gera sintomas óbvios de abstinência. Mas o que dizer da heroína?" Com efeito, podemos constatar sintomas de abstinência física em usuários crônicos de opioides (como heroína ou morfina) que suspendem abruptamente o consumo. Os sintomas em geral começam cerca de doze a dezesseis horas depois da última dose e se assemelham aos de uma gastrenterite. Muitos de nós já tivemos esses sintomas em algum momento: náusea, vômitos, diarreia, dores e um terrível mal-estar. Ainda que esse estado seja muito desagradável, raramente põe a vida da pessoa em risco, embora se insinue, nos filmes, que a pessoa fica à beira da morte.

Na década de 1960, o vício em drogas era definido exclusivamente em função da presença de dependência física (síndrome de abstinência). Mais ou menos na mesma época, um grupo de pesquisadores começou a publicar constatações que questionavam essa visão dominante. Eles relatavam que: 1) macacos iniciavam e mantinham a pressão sobre as alavancas para obter opioides mesmo que não se criasse antes uma dependência física; e 2) macacos que tinham ingerido pequenas quantidades de uma droga sem nunca ter sintomas de abstinência podiam ser treinados para se empenhar muito a fim de conseguir injeções de opioides.[3] Mais recentemente, ficou demonstrado em pesquisas que a pressão exercida por macacos nas alavancas para conseguir injeções de heroína não corresponde ao momento de manifestação ou à gravidade de seus sintomas de abstinência.[4] Essas descobertas, paralelamente a outras, frisam a ideia de que a dependência física não é o principal motivo do uso continuado de drogas.

Comecei a juntar essas ideias quando tentava abrir caminho no mundo acadêmico e lidava com uma experiência pessoal das mais imprevisíveis em matéria de reforços e punições. Embora a carreira de pesquisador raramente seja apresentada dessa maneira quando tentamos atrair os jovens para a ciência, a realidade é que a área é muito competitiva, e muitas pessoas altamente qualificadas não obtêm empregos fixos nem sequer na indústria, onde sua capacitação poderia ser útil. Na UCSF, e ainda mais em Yale, fiquei frente a frente com o caráter feroz dessa competição, que às vezes podia ser bem desmoralizante.

A luta por status na academia era pior do que a que eu vira nas ruas ou na quadra de basquete, onde ao menos ficava claro quando as pessoas estavam competindo e qual o território disputado. No mundo universitário, ninguém dizia as coisas na sua frente, era tudo muito dissimulado e invariavelmente negado ou explicado como "equívoco" ou "falha de comunicação". Os homens não lutavam como homens, preferiam apunhalar pelas costas. Na verdade, no gueto as regras eram mais evidentes e mais fáceis de seguir. Uma das vantagens de minha formação, porém, era ter me tornado sensível aos indícios sociais, onde quer que os encontrasse. Aprendi os que eram usados no mundo acadêmico e pude empregá-los para vencer, mesmo num campo de batalha tão intrincado.

Decididamente, houve momentos em que cheguei perto de desistir, desanimado pelo salário baixo e a estafante carga de trabalho, sem qualquer garantia de recompensa. O trabalho na UCSF fora decepcionante. Como dizia James Baldwin, quem aprende muito bem um ofício acaba vendo seu lado feio, e foi o que me aconteceu a partir desse momento. Eu achava que a pesquisa que fazíamos sobre a ansiedade não era bem conduzida nem produtiva, que a ligação entre o que estávamos medindo e o que acontecia nos ambientes de uso de drogas no mundo real não era forte o suficiente para importar. Na época, a dra. McCance-Katz estava passando um período sabático na UCSF, e falei dessas preocupações com ela, o que levou àquele convite para fazer meu segundo pós-doutorado em Yale. Tampouco lá encontrei um caminho claro para essa meta tão fugidia: um emprego de verdade, uma posição permanente. Eu não estava certo de que algum dia seria capaz de sustentar minha família realizando o trabalho que eu amava. Agora, havia ocasiões em que o detestava. Em comparação, um emprego na Walmart já começava a me parecer interessante.

Para agravar as coisas, passados apenas alguns meses, fui informado de que a dra. McCance-Katz logo deixaria Yale, e isso significava que meu emprego também chegaria ao fim. O caráter perverso e sorrateiro da competição que enfrentei nesse pós-doutorado ia além de qualquer coisa que eu tivesse conhecido antes. Quando fiquei sabendo, por exemplo, que a dra. McCance-Katz trocaria Yale por outro lugar, encontrei-me com um membro importante do departamento, que me prometeu uma posição como professor. Depois, quando tentei informar-me dessa vaga, a pessoa alegou não se lembrar de nossa conversa anterior, dizendo que eu devia ter confundido as coisas.

Por sorte, foi nessa altura que conheci Herb Kleber, na época diretor da Divisão de Abuso de Substâncias do Departamento de Psiquiatria da Universidade Columbia. Eu tinha uma amiga que trabalhara com ele e dizia que seu programa em Columbia seria expandido. Ela nos apresentou durante uma conferência científica, e ele tentou me recrutar com a promessa de um cargo de professor. Fiquei empolgado com a ideia de trabalhar em Columbia, pois a mulher de Kleber, Marian Fischman, estudava administração de crack em seres humanos. Ela publicara uma dissertação no prestigiado *Journal of the American Medical Association* demonstrando que não havia qualquer distinção farmacológica entre crack e cocaína em pó.[5] Foi com grande expectativa que me preparei para comparecer à minha entrevista em Nova York.

Quando fui recebido por Marian, contudo, praticamente a primeira coisa que ela disse foi: "Não sei o que Herb lhe falou, mas não temos aqui uma vaga de professor. Podemos apenas lhe oferecer outro pós-doutorado." Considerando-se a amnésia que eu começava a constatar em Yale, acabei concordando em fazer o terceiro pós-doutorado em Columbia. Eu não sabia quando aquele limbo em matéria de emprego chegaria ao fim, nem até quando poderia suportá-lo. O certo era que eu não estava recebendo as recompensas esperadas da carreira científica.

De qualquer maneira, Marian prometeu que faria o possível para me ajudar a conseguir uma função permanente, e cumpriu a palavra. Foi em Columbia que eu obtive o emprego fixo e a titularidade. E, como suspeitava, comecei a constatar nas pesquisas que lá realizei que os seres humanos têm em relação à cocaína reações muito semelhantes àquelas que apresentam em outras experiências de reforço. Como qualquer um de nós, as pessoas viciadas em crack não são sensíveis só a um tipo de prazer, mas a muitos. Embora possa estreitar o foco e reduzir a capacidade de sentir prazer em experiências alheias às drogas, o vício grave não transforma a pessoa num ser incapaz de reagir a toda uma série de incentivos. Dei início ao trabalho de demonstração dessa tese no pós-doutorado em Columbia, tarefa em que estive envolvido de setembro de 1998 a junho de 1999.

No estudo que resumi sumariamente no Prefácio deste livro, usuários de cocaína podiam optar entre várias doses da droga e diferentes quanti-

O grupo de pesquisa de Marian Fischman quando cheguei a Columbia, em 1998. A partir da esquerda, Marian é a quinta pessoa de pé. Herb Kleber está sentado a meu lado.

dades de vales para trocar por dinheiro ou mercadorias.[6] Os participantes gastavam em média US$ 280 por semana nas ruas em cocaína, não eram usuários eventuais ou irregulares.

Nós procedíamos da seguinte maneira. Em primeiro lugar, recrutávamos usuários frequentes de crack mediante anúncios no *Village Voice* ou por recomendação de usuários que atendiam aos anúncios. Fazíamos uma triagem dos voluntários em função de problemas de saúde que impedissem, do ponto de vista ético, sua participação numa pesquisa com cocaína (por exemplo, doenças cardíacas). Também fazíamos um exame de urina que devia dar positivo para cocaína, embora não revelássemos que íamos confirmar a utilização da droga.

Os candidatos autorizados a participar eram remunerados para permanecer por duas a três semanas numa ala do Columbia-Presbyterian Hospital, no Harlem (hoje, New York-Presbyterian). Antes disso, naturalmente, tínhamos solicitado e recebido autorizações especiais para trabalhar com drogas ilegais em sujeitos humanos, e fomos liberados por um comitê de ética chamado Comissão Institucional de Avaliação (IRB, na sigla em inglês de Institutional Review Board). Recebíamos em seguida a cocaína de uma empresa farmacêutica, mantendo-a trancada na farmácia, com outras substâncias controladas, e recorrendo a procedimentos extremamente cautelosos para prestar contas de tudo.

Nos dias em que os participantes deviam fumar cocaína, cada um deles se sentava numa saleta com uma mesa e um computador, sendo observado através de um espelho. Uma enfermeira ficava por perto, acompanhando os sinais vitais e acendendo o cachimbo de crack nos casos em que havia opção pela droga. Quando fumavam crack, os participantes tinham os olhos vendados, para não ver o tamanho da pedra que recebiam. Não queríamos que eles tivessem indicações visuais que aumentassem ou diminuíssem suas expectativas quanto ao barato.

No início de cada dia, antes de fazer qualquer escolha, os participantes passavam por um teste de "amostragem". Isso significava que eram autorizados a experimentar a dose de cocaína que disponibilizávamos nesse dia e ver ou pegar os vales de dinheiro ou mercadorias oferecidos. Nem os pesquisadores nem os participantes sabiam se havia cocaína no cachimbo de crack ou apenas placebo. Depois de experimentar uma amostra da dose do dia, o usuário participava de cinco "testes de escolha", a intervalos de quinze minutos. Quando havia uma escolha a ser feita, uma imagem de dois quadrados aparecia na tela do computador, e o participante tinha de clicar na tecla esquerda (crack) ou direita (vale) do mouse para indicar sua preferência.

Para receber a droga ou o vale, os pesquisados precisavam pressionar a barra de espaço do teclado duzentas vezes. Nas quatro primeiras sessões, escolhiam entre um vale de US$ 5 e a dose de cocaína daquele dia; nas quatro últimas, tinham opção entre a dose e um vale de US$ 5 em mercadorias.

Mais uma vez, os resultados foram semelhantes aos obtidos na comparação entre diferentes recompensas presentes na bibliografia sobre pesquisas com animais e em testes com seres humanos. Havendo disponibilidade de doses maiores de cocaína, os usuários quase sempre escolhiam a cocaína, e não o vale de dinheiro ou as mercadorias. Até aí, a experiência convergia para a ideia de que o vício leva as pessoas a priorizar a droga. Mas o resto dos dados demolia essa tese, mostrando que muitas vezes os participantes ofereciam resistência a doses mais baixas. Não obstante a noção popular de que pessoas viciadas darão preferência a qualquer dose de droga a outra experiência – em especial quando já provaram o gosto da fissura –, não foi o que constatamos em laboratório. Mesmo num ambiente com drogas, as pessoas viciadas não são meros escravos da ânsia. Elas fazem escolhas racionais.

Era isso que acontecia, apesar de a alternativa, em cada escolha, ter valor máximo de US$ 5. No total, nossos pesquisados podiam ganhar até US$ 50 por dia, participando de duas sessões completas, o que era um valor significativo, considerando-se sua renda em geral baixa. Mas se a teoria de que "a primeira dose gera uma ânsia irresistível" estivesse certa, qualquer dose deveria ter um valor infinito no momento da escolha. Os usuários de cocaína não seriam capazes de enxergar os US$ 50, para além dos US$ 5, nem de pensar na dose específica, se fosse verdadeira a ideia de que os viciados ficam totalmente descontrolados depois que começam a usar a droga.

Em média, contudo, os pesquisados fumavam duas doses a menos de cocaína quando a alternativa era dinheiro, e não mercadorias.[7] Isso significava que o dinheiro vivo era 10% mais eficaz que os vales em produtos, no sentido de suprimir o uso de cocaína. O senso comum segundo o qual o comportamento viciado seria completamente irascível não explicava o resultado. Se os viciados em cocaína sempre queriam a droga, não importando o que acontecesse, não deveria haver diferença.

Como nossas constatações eram tão diversas daquilo que a maioria das pessoas ouvia falar a respeito das drogas, os críticos às vezes argumentavam que elas só serviam para demonstrar que esses usuários de crack estavam economizando dinheiro para comprar mais cocaína na rua. Mas isso nem sequer corrobora a visão convencional do vício, pois os viciados não seriam incapazes de resistir às drogas oferecidas e economizar para comprar drogas ou qualquer outra coisa depois? E por que haveria alguém de recusar cocaína farmacêutica pura, num contexto legal, para correr o risco de ser espancado na rua e adquirir drogas adulteradas ilegalmente no futuro? Isso é que seria irracional, segundo a lógica que encara o vício como algo que "sequestra" o cérebro e assume o controle da vontade, em benefício da busca imediata de drogas.

Por outro lado, como era de esperar, houve quem alegasse que os usuários por nós recrutados "não eram de fato viciados". Pessoas viciadas jamais teriam recusado crack oferecido gratuitamente, diziam. Se tivéssemos observado participantes com autênticos problemas de drogas, afirmavam, teríamos chegado a resultados muito diferentes. Mas o fato é que nossos pesquisados, com toda a evidência, tinham organizado sua vida em torno do crack. Não eram pessoas ricas, que dispunham de algumas centenas de dólares a mais por mês para gastar em cocaína; levavam uma vida instável, com poucos laços de família, ou nenhum. Muitos tinham sido condenados por crimes relacionados ao crack, e todos tiveram resultados positivos nos testes para cocaína, em várias oportunidades, ao longo do processo de seleção. Em sua maioria, sabiam onde conseguir a melhor e mais cara cocaína da cidade. Se não era vício "de verdade", o que seria?

Quanto mais eu estudava o uso de drogas em seres humanos, mais me convencia de que se tratava de um comportamento passível de mudanças, como qualquer outro. Por que, então, este parecia um problema tão difícil em bairros como aquele onde eu crescera – e por que os integrantes dessas comunidades raramente questionavam suas convicções a respeito das drogas? Um dos problemas principais é que as pessoas pobres contam com poucos "reforços concorrentes". Na verdade, o crack não é tão maravilhoso assim, nem tão superpoderoso em sua capacidade de recompensa. Ele alcançou popularidade no gueto (mais uma vez, muito menor do que se costuma apregoar) porque não havia muitas outras fontes de prazer nem propósitos ao alcance dessas pessoas, e também porque muitos na faixa de altíssimo risco já apresentavam doenças mentais anteriores que comprometiam suas escolhas.

Por isso, ainda que os meios de comunicação tenham insistido durante anos em que era iminente a expansão do crack para outras classes, a droga nunca chegou a "devastar" os subúrbios afluentes nem a conquistar percentuais significativos de jovens de classe média ou alta. Embora a proporção de pessoas viciadas em crack nos bairros pobres fosse baixa, sem dúvida era maior do que na classe média, exatamente como acontece com outros vícios, entre eles o álcool. O dinheiro às vezes é uma forma de afastar as pessoas das consequências. Além disso, traz consigo mais motivos para se abster. Alguém de status socioeconômico alto é obrigado a fazer coisas incompatíveis com o estado de intoxicação. Tornar-se um viciado equivale a renegar o próprio nicho social.

O status socioeconômico alto proporciona mais acesso a empregos e fontes alternativas de significado, propósito, poder e prazer, além de melhor acesso aos cuidados de saúde mental. As diferenças na prevalência dos problemas relacionados ao crack decorrem sobretudo das oportunidades econômicas, e não de propriedades particulares da droga. Embora os índices de utilização de drogas sejam semelhantes nas diferentes classes (não raro mais baixos entre os pobres), o vício – como a maioria das outras doenças – é um distúrbio decorrente da falta de oportunidades iguais. Como o câncer e as doenças cardíacas, ele concentra-se entre os pobres, que dispõem de muito menos acesso a dietas saudáveis e a atendimento médico constante.

Além disso, as pesquisas sobre reforços alternativos já demonstraram reiteradas vezes que eles podem ser eficazes na alteração do comportamento dos viciados. Esse tipo de tratamento é chamado gestão contingencial (GC). A ideia vem do behaviorismo básico: nossos atos são em grande medida determinados pelas recompensas que recebemos em nosso ambiente. Essas relações de causa e efeito, nas quais uma recompensa depende (é contingente) da pessoa que adota ou (no caso das drogas) deixa de adotar determinado comportamento, podem ser usadas para ajudar a modificar todos os tipos de hábito.

Na verdade, o motivo pelo qual queríamos em nosso estudo comparar as reações de usuários de crack aos vales de dinheiro e aos de mercadorias era entender que tipos de reforço contribuiriam mais para a recuperação. Hoje há toda uma literatura demonstrando que a oferta de reforços alternativos melhora os resultados do tratamento do vício. Ela é uma medida muito mais eficaz que recorrer a expedientes punitivos, como o encarceramento, que com frequência se revela menos útil, a longo prazo. Embora muitas pessoas parem de usar drogas ou pelo menos reduzam seu consumo quando presas, a prisão em si não oferece alternativas positivas para a substituição do consumo de drogas. Ao voltar a suas comunidades, os grandes usuários de drogas não estão mais preparados para encontrar trabalho, se sustentar e às suas famílias. Pelo contrário, com ficha criminal e um vazio no currículo, fica ainda mais difícil achar emprego.

Os tratamentos GC baseados em recompensas às vezes são polêmicos, pois se apresentam nos meios de comunicação como "pagar aos viciados para parar de usar drogas". Muitos acham que é injusto com aqueles que "fazem a coisa certa" (eximir-se de se drogar) remunerar os drogados para que se comportem da forma adequada. As recompensas financeiras são particularmente delicadas, pois os usuários poderiam comprar drogas com o dinheiro.

Mas eu penso de outra maneira, e vou explicar por quê. Na verdade, todos nós observamos como as pessoas reagem a recompensas em diferentes áreas da vida. Isso é algo que se pode ver com mais clareza na criação dos filhos. Por exemplo, se meus filhos querem um computador novo, espero que eles mantenham certo nível de rendimento escolar. Na maioria dos locais de trabalho, se o chefe oferece um aumento salarial para quem alcançar determinadas metas, os empregados darão o melhor de si a fim de chegar lá. Como o uso de drogas é governado pelos mesmos princípios que orientam as outras ações, o tratamento de GC recorre a essas ideias para mudar o comportamento dos viciados.

É importante ter em mente que o emprego de reforços alternativos num tratamento não o encarece, em certa medida por torná-lo mais eficaz. Quando as técnicas de gestão contingencial são aplicadas não só ao apoio da recuperação, mas também ao desenvolvimento de capacidades demandadas por empregadores, os custos são ainda mais reduzidos, pois o próprio trabalho gera valor – para não falar da redução da dependência de benefícios públicos.

Numa pesquisa aleatória, usuários de cocaína em busca de tratamento foram encaminhados para gestão contingencial associada a aconselhamento comportamental, ou então, de forma alternativa, para um tratamento tradicional de aconselhamento centrado em doze passos, envolvendo reuniões de grupos com este modelo, como os Alcoólicos Anônimos, e o seu esclarecimento quanto às etapas necessárias. Os pacientes da gestão contingencial recebiam vales de mercadorias sempre que apresentavam resultados de exame de urina livres de resíduos de drogas. Cinquenta e oito por cento dos participantes do grupo de GC concluíram o tratamento ambulatorial de 24 semanas, porcentagem que baixava para 11% no grupo dos doze passos. Em termos de abstinência, 68% alcançaram pelo menos oito semanas sem cocaína, contra apenas 11% das pessoas dos doze passos.[8] Após a suspensão das recompensas, as pessoas da GC não apresentaram maior probabilidade de recaída que as submetidas a outros tratamentos. Como é maior o número de pessoas que concluem um tratamento em GC, diminuem também as recaídas.

Mais de trinta pesquisas já foram realizadas no regime de gestão contingencial para tratamento de opioides, cocaína, álcool e múltiplas drogas.[9] Elas demonstram que a GC costuma dar melhor resultado que os métodos que não recorrem a ela, e que as recompensas maiores e oferecidas mais prontamente são mais eficazes que os incentivos menores e recebidos em tempo mais amplo. Isso também ficaria demonstrado por pesquisas sobre outros tipos de comportamento. Como vimos, o dinheiro, como reforço, é mais eficaz que as mercadorias.

A mais interessante pesquisa de GC realizada atualmente é uma iniciativa de Ken Silverman e seus colegas na Universidade Johns Hopkins. Eles desenvolveram um "local de trabalho terapêutico" no qual a GC é empregada para ajudar usuários de drogas no treinamento para empregos de manipulação de dados. Num dos estudos, por exemplo, constatou-se que o local de trabalho terapêutico quase duplicava os índices de abstinência de opioides e cocaína em viciadas grávidas ou após o parto, passando de 33% a 59%, em amostras de urina colhidas três vezes por semana.[10] O grupo de Silverman reproduziu essas descobertas várias vezes, entre diferentes populações de pessoas viciadas.

Embora sejam muitos os benefícios desse tipo de pesquisa, um dos mais importantes é que os comportamentos de ingestão de drogas dos participantes estão sendo substituídos por capacitação para empregos no mundo real. Dessa maneira, os programas acabam pagando os próprios custos ao ajudar pessoas até então fora do mercado de trabalho a se tornar trabalhadores produtivos. Quando se proporcionam reforços alternativos a alguém que não os tinha a seu alcance, os problemas das drogas podem ser superados.

No meu caso, em Columbia, no verão de 1999, finalmente recebi a recompensa que há tanto buscava: o emprego de professor numa das universidades de elite da Ivy League. Eu continuara trabalhando muitas horas, estudando os pacientes humanos com o mesmo empenho que antes dedicara à observação dos ratos (embora, felizmente, não precisasse operar ninguém). No New York State Psychiatric Institute, no *upper* Manhattan, eu ficava metido em meu escritório, analisando dados e pensando em minha pesquisa. Embora a sala, quase um cubículo, tivesse uma janela com vista deslumbrante para o rio Hudson, eu mantinha a persiana baixada. A única coisa que queria ver eram os dados ou documentos de pesquisa. A essa altura, eu estudava os efeitos da maconha e da metanfetamina, além do crack, e precisava me familiarizar com a literatura sobre essas drogas.

Como nossos pesquisados viviam ali mesmo o tempo todo, era praticamente o que eu também fazia, supervisionando os assistentes de laboratório e me certificando de que tudo andava conforme o previsto. Eu gostava de travar conhecimento com os participantes, o que não só contribuía para que as experiências se desenrolassem de forma mais natural, como me dava certa percepção de seu mundo, me propiciando melhor resultado científico. Hoje tento minimizar a influência de teorias ou estereótipos em minha visão dos usuários de drogas, especialmente quando estão diante de mim e posso colher meus próprios dados.

Minha orientadora, Marian, era um grande apoio, sempre preocupada em me fazer ver os progressos que alcançava e me mantendo informado das possibilidades que se apresentavam em termos de posição permanente no corpo docente. Ela me disse, no fim de 1998, que depois daquele período letivo eu receberia uma carta de oferta de emprego, para começar no dia 1º de julho. Fiquei muito orgulhoso, e mais ainda quando a carta afinal chegou, em papel timbrado de Columbia, com o convite: "Queremos que faça parte do corpo docente como professor-assistente de neurociência clínica." Este foi provavelmente o momento de maior orgulho da minha vida, no qual tive certeza de que poderia fazer carreira nessa coisa de ciência.

Eu não sabia que menos de um ano depois meu mundo voltaria a entrar em turbulência, quando descobri que tinha gerado um filho (agora já com dezesseis anos) quando eu próprio tinha dezesseis anos.

14. De volta para casa

"Se a relação entre pai e filho pudesse ser reduzida à biologia, o mundo inteiro resplandeceria na glória de pais e filhos."

James Baldwin

Em frente ao saguão dos Veteranos de Guerras no Exterior, em Hollywood, na Flórida, ouvi um rapaz vituperando em voz alta e aparentemente repetindo meu nome em meio aos xingamentos. Eu estava conversando com meu irmão menor, Ray, e alguns primos. Nós íamos ao funeral de Vovó. Era o dia 13 de outubro de 2004.

Eu tivera muitos êxitos profissionais desde que me tornara professor-assistente em Columbia, em 1999. Recebera uma bolsa de vários milhões de dólares no National Institute on Drug Abuse (Nida), o que me permitiu trabalhar como pesquisador independente num laboratório próprio. Tinha publicado cerca de vinte artigos e fui convidado a entrar para o Grupo de Trabalho de Pesquisadores e Estudiosos Afro-Americanos do Nida, que assessora o diretor do organismo em questões relacionadas a drogas envolvendo negros. Estava fazendo progressos em direção à titularidade.

No entanto, à medida que ascendia na carreira acadêmica, eu também me afastava cada vez mais de minha família. Resumindo, minhas realizações profissionais não eram acompanhadas por um crescimento afetivo. Sob muitos aspectos, eu não era emocionalmente diverso de quando saí de casa, ainda criança. Quando algo dava errado nos meus relacionamentos, minha principal reação consistia em ignorar, recalcar meus sentimentos ou me afastar da pessoa ou das pessoas envolvidas. Foi isso que fiz com minha família. Não surpreende, assim, que eles ficassem magoados com um comportamento meu que parecia esnobe, encarando o fato de eu me negar a passar mais tempo em sua companhia como prova de que me sentia superior a eles ou de que me envergonhava de seu estilo de vida.

Do meu ponto de vista, eu não sabia como transpor a defasagem intelectual e vivencial que nos separava. Não dispunha das ferramentas emocionais necessárias. Desde que entrara para a Força Aérea, ficara sempre mais difícil negociar as enormes diferenças entre o meu mundo e o deles. Cada novo passo em minha educação me afastava ainda mais, por força de circunstâncias fora de meu controle. Quanto mais eu tentava negociar o *mainstream*, mais tempo passava com professores brancos e menos me sentia capaz de me comunicar com minha família. A distância me paralisava.

Além disso, eu não queria admitir nem para mim mesmo que estava comendo o pão que o diabo amassou no mundo branco. Tentar aprender a linguagem e as normas culturais era mais difícil e exaustivo do que a minha persona machista seria capaz de reconhecer. Francamente, eu passava maus bocados e não tinha com quem conversar sobre a melhor maneira de enfrentar a coisa e ao mesmo tempo preservar meu senso de negritude. Na faculdade, eu tinha Jim Braye para me orientar, mas ele não tinha de lidar com um país branco na condição de professor/pesquisador negro, de tranças rastafári, com três dentes de ouro e empregado numa universidade da Ivy League.

Eu não me relacionava com ninguém no trabalho. Em casa, Robin fazia o possível para me ajudar a enfrentar a situação, mas, sendo branca, não conhecia certas realidades da experiência dos negros americanos. Eu também guardava para mim muitas de minhas preocupações, a fim de não magoar os sentimentos dela. Por exemplo, achava que não podia lhe dizer quando queria comparecer sozinho a eventos da comunidade, sabendo que os negros se autocensuram quando estão perto até dos brancos mais bem-intencionados.

Robin tampouco sabia muito bem da frequência com que eu tinha de sorrir e aguentar quando me ferrava por causa do racismo. Eu era o mais mal-remunerado do nosso programa de pós-doutorado em Columbia, apesar de ter concluído dois outros pós-doutorados, o que deveria me dar certa primazia. Minha mulher não entendia como eu não ficava ostensivamente indignado a cada insulto. Quase todos os negros sabem que se reagirem à maior parte dos insultos explícitos e oblíquos que recebem a cada dia, não só ficariam exaustos, como logo seriam tachados de hipersensíveis e, portanto, marginalizados. Manter-se cool é a melhor defesa.

Ainda assim, o sorriso falso e a aparência de serenidade acabam cansando. Havia dias em que eu não era capaz de guardar o comentário para mim e seguir em frente. Quando me sentia assim, todos os brancos eram inimigos. Para proteger Robin, eu não expressava claramente esse tipo de coisa e tentava reprimir os pensamentos e sentimentos nessa esfera, mas até isso começou a me exaurir. Eu me via aprisionado e tolhido por essas exigências conflitantes. Não podia me impedir de começar a me magoar com Robin, mesmo sabendo que não era culpa dela. Sei que ela sentia os efeitos dessa luta. Mas quando voltava para a Flórida, eu enfrentava desafios completamente diferentes. Tentava ao máximo não dar a aparência de paternalista, porém, até a forma como eu falava começou a parecer um insulto para minha família e meus amigos. Como tinha ampliado meu vocabulário e começara a me expressar do modo como o *mainstream* considera gramaticalmente correto, ficava mais difícil, a cada ano, acomodar de novo minha fala aos padrões da infância.

Deus sabe como tentei ser fluente no vernáculo das ruas e do *mainstream* para não ser considerado traidor. Procurei mostrar que era capaz, como diz Wideman em seu clássico livro de memórias *Brothers and Keepers*, de "comer as gatas, ... brigar, falar merda e conviver com os fodões". Mas agora minha fala normal não era mais a das ruas do sul da Flórida. Eu me sentia uma fraude tentando pronunciar as palavras do mesmo jeito que fazia quando era menino. Então, ficava mais ou menos calado, para não ser visto como impostor ou coisa pior, o que contribuía para tornar ainda mais difícil a conexão com irmãos e primos.

Eu interagia, mas não me conectava, com irmãos e primos com os quais já estivera no inferno. Na infância, eles tinham cuidado de mim, da minha segurança, davam-me trocados. Mas agora eu nem falava sua linguagem. Apesar de ter lido livros de autores negros mencionando fenômenos semelhantes, eu não conseguia abrir mão do orgulho e dizer: "Puxa, mano, maninha, primo... estou enfrentando dificuldades." Pelo contrário, passei a evitá-los, e os anos se passaram depressa. Irmãos, irmãs e primos agora eram avós, e meus sobrinhos e sobrinhas eram pais e mães.

Quando fui processado pela paternidade de Tobias, a lacuna que fora evitada com o lento afastamento abriu-se e se tornou aguda. Ela era mais pronunciada em minha irmã Joyce, a que fora mais próxima de mim na infância e que agora se mostrava mais convencida de que eu me achava

Foto com minha mãe (ajoelhada) e meus irmãos; ajoelhados, a partir da esquerda, Ray, Gary e eu; de pé, a partir da esquerda, Joyce, Patricia, Beverly, Brenda e Jackie.

"melhor" que o resto da família. Foi ela a irmã que mais expressou a mágoa e a dor de nossa separação. Também tinha opiniões muito claras sobre Tobias.

No começo neguei que ele fosse meu filho – era o que dizia a todo mundo. Eu não acreditava naquilo. Para piorar as coisas, Joyce insistia em que Tobias era meu filho muito antes que eu estivesse pronto para aceitar essa possibilidade. Falava que havia me visto com a mãe dele, o que não me parecia possível, pois ficáramos juntos apenas aquela vez.

– Que se foda, Carl Hart – dizia o jovem no estacionamento em frente aos Veteranos, agora com nitidez. Interrompi minha conversa para olhar e vi um *brother* de pele escura e tranças, bermudas jeans e camiseta. Tinha muitas tatuagens e vários dentes de ouro. Não se parecia com ninguém de minhas relações, mas era um adolescente ou um jovem adulto.

– Está falando comigo? – perguntei, preparando-me para entrar na briga. Meu irmão Ray puxou-me para o lado. Afinal, estávamos num velório.

– É o Tobias – disse Ray, tentando me acalmar. Ele observou que talvez eu entendesse por que alguém na situação do garoto estava furioso comigo. Eu só olhava. Não tinha a menor ideia de que ele estaria lá. Tenho certeza de que apareceu porque minha mãe e sua avó materna eram amigas, e ele ficara sabendo por elas que eu ia pintar. Ingenuamente, eu nem levara em conta a possibilidade de que ele fosse ao funeral de Vovó. Ray me segurou e Tobias deu no pé. Este foi o péssimo primeiro encontro que tive com meu filho.

Nessa época, eu já vinha pagando pensão alimentícia havia três ou quatro anos. O processo de paternidade fora resolvido quase imediatamente depois de eu receber os resultados do DNA. Eu ainda não sentia qualquer vínculo emocional ou psicológico com ele, e só tivera contato com sua mãe através da Justiça. Mas sentia enorme culpa pela maneira como havia conduzido a situação.

Tobias tomou o caso para si. No dia seguinte ao funeral, foi à casa de minha irmã Brenda, onde eu me hospedava, para pedir desculpas pelo seu comportamento. Apenas um pouquinho mais preparado para o encontro, comecei a conversar com ele, ou melhor, comecei a me observar ouvindo-o falar. Sentia-me tão dissociado de mim mesmo no trato com ele quanto com o resto da família.

Tobias tinha 21 anos nessa época e carregava seu filho, ainda bebê. Eu peguei o menininho e brinquei com ele, mas só depois, quando todo mundo começou a me provocar, é que caiu a ficha de que eu era avô e tinha meu neto no colo. Sorrir e interagir com o garoto era muito bom naquele momento.

Enquanto isso, Tobias e eu tentávamos nos aproximar, procurando descobrir como negociar algum tipo de conexão. Eu entendia os motivos de sua raiva. Lembrava-me de ter tentado desesperadamente passar mais tempo com meu pai quando eu era criança. Imaginava como me teria sentido se Carl sênior se negasse a reconhecer a paternidade e não quisesse me conhecer depois de obrigado a pagar pensão alimentícia.

Eu não achava que tivesse o direito de dizer muita coisa, de modo que ouvia, pensando que talvez pudesse aprender algo. Fiquei surpreso com o grau de felicidade demonstrado por Tobias pelo simples fato de falar comigo, apesar de meu comportamento cauteloso. Talvez eu fosse melhor ator do que pensava. Descobri que ele se tornara homofóbico e áspero, e também que sabia muito bem cuidar de si mesmo no mundo do qual eu mesmo vinha.

Expliquei-lhe que nem tomara conhecimento de sua vinda ao mundo. A mãe dele e eu mal nos havíamos falado na noite que passamos juntos, ou imediatamente depois. Muito menos havíamos nos comunicado nos meses seguintes a respeito da gravidez. De início ele reagiu na defensiva, dizendo:

– Caraca, está botando a culpa na minha mãe?

Eu recuei. Disse que éramos muito jovens e que não sabia o que ela pensava. Não queria botar a culpa nela. Ponderei que talvez sua mãe estivesse com medo. Foi então que ele me disse que ela lhe falara que seu pai era outro *brother*, um cara com quem ela saía em determinada época, quando Tobias era garoto. Aparentemente, também lhe haviam dito, ao menos uma vez, que seu verdadeiro pai morrera, de modo que ele ouvira algumas histórias conflitantes sobre a paternidade.

Eu não sabia muito bem como encarar essa informação. O melhor que eu tinha a fazer era dizer de novo que éramos muito jovens e que ele não devia ser muito duro com ela. Então mudei de assunto.

– E em que você está trabalhando? – perguntei.

E ele:

– Caralho, você sabe o que eu faço.

Eu não entendi muito bem. Talvez não quisesse entender.

– Estou na rua – respondeu Tobias, querendo dizer que estava traficando. Parecia me desafiar. Eu não sacava o que ele sabia sobre minha profissão ou minha área de interesse como pesquisador, mas percebia que estava tentando dizer que era forte e não precisava da ajuda de ninguém. Fiz então algumas perguntas para mostrar que estava entendendo, do tipo "Como vão os negócios? Está ganhando o suficiente para cumprir seu dever?". Ele assentiu.

Quando houve uma pausa constrangida, eu me vi lhe fazendo perguntas sobre sua educação e tentando enfatizar a importância de concluir o ensino médio, embora, lá no fundo, soubesse que àquela altura isso era apenas um paliativo para algo parecido com um câncer. Eu realmente não sabia o que dizer. Estava acostumado a ajudar pessoas ensinando a lidar com os problemas, e estava imbuído desse espírito em nossa conversa, querendo solucionar seus problemas para que tudo desse certo, o que naturalmente não era possível. Eu tinha à minha frente um jovem negro não educado, num mundo que não tinha lugar para ele – destino do qual eu mesmo só por pouco escapara.

De qualquer maneira, esses não eram conselhos que ele esperasse de mim, como acabei reconhecendo depois. Ele queria apenas falar com o pai, contar suas esperanças, seus sonhos, sua vida. Desejava que eu soubesse que ele seria um bom pai, que era uma boa pessoa. Ansiava por reconhecimento da parte do homem que o trouxera ao mundo, exatamente como eu o quisera de meu pai, na infância.

Enquanto isso, eu ainda me debatia com o fato de que Tobias era meu filho e estava no tipo de vida que eu mesmo podia ter enfrentado se tivesse ficado em Miami. Fiquei olhando para ele, mas nada via de mim, a não ser aquela atitude de desacato. Decerto eu reconhecia a mesma arrogância raivosa e a mesma desesperada necessidade de respeito. Não era o que eu queria, mas era assim.

Para dizer a verdade, eu não desejava olhar de muito perto. Na época, não queria pensar muito no outro rumo que minha vida podia ter tomado, ser forçado, mais uma vez, a contemplar as diferenças entre o lugar onde eu estava agora e a pessoa que eu era. Toda vez que voltava à casa de minha família, me via confrontado com a dureza dessa diferença. Ainda assim, conseguimos deixar abertas as linhas de comunicação.

À medida que eu conhecia Tobias, mais pensava nos reforços alternativos que meus outros filhos tiveram a seu alcance e que ele desconhecera ou não pudera experimentar. Percebi também que conhecê-lo fora muito chocante, em comparação com meus primeiros encontros com meus dois outros filhos. O nascimento de Damon fora uma das experiências mais comoventes, alegres e memoráveis de minha vida. Quando Malakai chegou, seis anos depois, eu sentia que começava a me apegar para valer a essa coisa de ser pai.

Embora os dois nascimentos fossem experiências inigualáveis para mim, pude perceber, trocando fraldas, correndo atrás de filhos pequenos que aprendiam a andar e – quando dei por mim – vendo-os jogar basquete e me perguntando quando me superariam, que não era em absoluto o vínculo biológico que fazia um pai. Era o cuidado, o repetitivo cuidado diário. Era estar presente e aprender com eles, ter uma vida juntos.

Conhecer Tobias, assim, teve o efeito de uma bofetada. Parecia que eu estava sendo responsabilizado por um menino de cuja criação não participara. Eu queria fazer a coisa certa, mas não conseguia deixar de me sentir trapaceado. Todo o aprendizado pelo qual ele havia passado, os reforços e punições que recebera nos anos decisivos de sua formação, nada disso tinha a ver comigo. Eu fora quase literalmente um doador de esperma involuntário, e no entanto aquele filho era sangue do meu sangue. As diferenças entre ele e meus outros filhos, entre minha infância e a dele, me deixavam confuso. Eu não podia deixar de pensar nessas diferenças à medida que, aos poucos, sabia mais sobre sua vida.

Ainda que não possa ter certeza, sugiro algumas hipóteses a respeito de algumas dessas diferenças mais importantes. Ao contrário de mim, meu filho Tobias nunca participou seriamente de esportes organizados nem chegou a se empenhar muito em jogos de rua. Ele não teve o prazer de desenvolver habilidades em alguma coisa pela prática, nem de se valer do fruto do trabalho árduo para vencer as competições públicas. Não contou com um pai como o meu, nem com irmãs mais velhas como as minhas, para estar a seu lado quando a mãe não podia fazê-lo. Sua mãe era ainda mais jovem e menos informada que MH quando eu nasci. Tobias não conheceu a verdadeira história do pai. Nem sequer teve o limitado sucesso acadêmico que eu experimentei com a matemática no ensino básico. Na verdade, não parece ter se empenhado em sua própria educação, largou tudo antes de concluir o ensino médio.

Tobias não teve uma Big Mama para enfatizar a importância de concluir os estudos, nem um sonho como o meu, de glória atlética, que me levou a me alistar na Força Aérea para não passar pela humilhação de não jogar ao menos no basquete universitário. Não passou por um treinamento militar nem teve a oportunidade de viajar e ver um mundo diferente daquele que conhece, no sul da Flórida. Não encontrou mentores para lhe ensinar história e consciência negras, homens de verdade, que lhe mostrassem o caminho para a descoberta de valores diferentes de comer menininhas (e de encarar as mulheres dessa maneira depreciativa) e ser admirado nas ruas. A defasagem entre nós dois parecia ainda maior que a que eu percebia entre mim e minha família em Miami. Pelo menos eu tinha uma história em comum com eles.

Quando o conheci, Tobias tinha tão pouco capital cultural do *mainstream* que dizia aos amigos que eu era "professor". Não entendia a diferença de status entre um professor de colégio e um professor universitário, muito menos a distinção entre um professor titular e um conferencista sem titularidade, ou entre uma faculdade da Ivy League e outra de prestígio menor. Da mesma forma como acontecera comigo na adolescência, ele estava completamente isolado do *mainstream*.

Eu não sabia como chegar até ele ou lhe proporcionar alternativas adequadas e úteis de reforço. Ele não é viciado em drogas, é um jovem negro sem diploma de ensino médio e com capacitações ocupacionais limitadas, num país que o considera um problema, não um recurso. No fim de 2012, o índice de desemprego de homens negros era de aproximadamente 14%, o dobro do percentual de homens brancos.[1] Esses problemas não encontram resposta na neuropsicofarmacologia que eu estudo.

Comecei a entender que teria de me pronunciar claramente se não quisesse que meu trabalho levasse as pessoas a conclusões equivocadas a respeito de drogas e das causas básicas das questões sociais.

15. O novo crack

> "Na verdade, existem duas coisas: a ciência e a opinião; a primeira gera conhecimento, a segunda, ignorância."
>
> Hipócrates

Numa tarde, em meados de 2005, recebi um telefonema do czar americano das drogas, o ONDCP, integrante do gabinete executivo da Presidência da República. De cara, pensei: "Caramba, lá vem problema!" Mas não era. Estavam telefonando para me convidar a participar de uma mesa-redonda sobre a metanfetamina. O objetivo, explicava meu interlocutor, era transmitir a jornalistas informações sobre os reais efeitos da droga, para que as reportagens fossem mais abalizadas. Os participantes seriam profissionais que escreviam para uma série de revistas e programas de TV. Aceitei com satisfação o convite, pois parecia algo diferente de experiências "educativas" anteriores do ONDCP. Estavam envolvidas as mesmas pessoas que, no fim da década de 1980, tinham criado para a TV pública a campanha (o Public Service Announcement, PSA) conhecida como "Seu cérebro com drogas é assim". Nela, um homem segura um ovo e diz: "Aqui está seu cérebro." Em seguida, pega uma frigideira e acrescenta: "Estas são as drogas." Ele quebra então o ovo, frita-o e prossegue: "Seu cérebro com drogas é assim." Finalmente, indaga: "Alguma pergunta?" Esse PSA é uma das publicidades antidrogas mais ridicularizadas de todos os tempos, por apresentar os efeitos das drogas de maneira simplista e inexata.[1]

Hoje, o slogan do ONDCP é: "Com base na ciência, pesquisas e provas para melhorar a saúde pública e a segurança nos Estados Unidos." Pensei então que um dos objetivos da mesa-redonda seria fornecer aos jornalistas informações baseadas em provas, e não casos que provocam medo. Além de mim, os participantes eram uma promotora federal assistente, um agente secreto de narcóticos e um "viciado" em metanfetamina. Como eu era um dos raros cientistas que estudavam os efeitos da metanfetamina em seres humanos, meu papel era resumir o estado atual dos conhecimentos científicos a respeito dessa droga. Comecei dizendo que a metanfetamina é empregada no tratamento do Transtorno de Déficit de Atenção e Hiperatividade (TDAH) e da narcolepsia, com a aprovação da Food and Drug Administration (FDA). Os demais participantes mostraram-se surpresos. Como podia essa droga terrível, de que tanto tinham ouvido falar, ser aprovada para alguma coisa? Apresentei então dados de minhas pesquisas demonstrando que a metanfetamina tinha os mesmos efeitos que o remédio Adderall (nome genérico: uma mistura de sais de anfetamina). A estrutura química das duas drogas é quase idêntica (ver Figura 2).

Isso também provocou surpresa na maioria dos presentes. Como a anfetamina, a metanfetamina aumenta a energia e a capacidade de atenção e concentração. Também reduz sensações subjetivas de cansaço e perturbações cognitivas provocadas por fadiga e/ou privação de sono. Ambas as drogas podem elevar a pressão arterial e o ritmo dos batimentos cardíacos. Expliquei que as Forças Armadas de vários países, inclusive o nosso, têm usado (e continuam a usar) anfetaminas desde a Segunda Guerra Mundial, exatamente por causa dessas propriedades.[2] A droga ajuda os soldados a combater melhor e por mais tempo.

Meus companheiros de mesa-redonda ficaram horrorizados, pois minha explanação contrastava radicalmente com as reportagens que se publicavam sobre metanfetamina.

FIGURA 2. Estrutura química da anfetamina (ingrediente ativo do Adderall), à esquerda, e da metanfetamina, à direita.

Em seguida, a promotora apresentou slides com várias crianças desgrenhadas, filhos de supostos fabricantes ilegais de metanfetamina. "São filhos da América", declarou, esperando provocar uma reação emocional de empatia. Seus comentários foram corroborados pelo agente de narcóticos, o qual declarou que a metanfetamina era diferente de qualquer outra droga com que já tivera contato em sua experiência de vinte anos no serviço público. Os dois afirmavam que a droga gerava vício mais grave que qualquer outra, inclusive o crack. O policial também advertiu que os consumidores de metanfetamina são tão violentos que não é possível detê-los nem com revólveres Taser. "Essas pessoas são verdadeiros animais", declarou, insistindo na necessidade de métodos mais intensivos para conter pessoas no barato de metanfetamina. O policial concluiu com uma história tão apavorante que arrancou um "Oh!" uníssono da plateia. Disse que a metanfetamina provoca um distúrbio cognitivo tão grave que pode levar os pais a decapitar os próprios filhos, e jurou que tinha testemunhado pessoalmente caso semelhante.

A julgar pela reação da plateia, os exemplos surtiram efeito. Todos queriam saber com insistência por que a polícia e a Justiça não faziam mais para tirar essa terrível droga das ruas. Como alguém, em plena posse de suas faculdades, podia ingerir substância química tão destrutiva? Nenhum dos jornalistas fez perguntas quanto à veracidade das histórias relatadas pela promotora e pelo agente de narcóticos, embora acabassem de ouvir informações contraditórias sobre a droga. A Terra voltava a ser plana. Meus pensamentos voaram em direção ao artigo de 1914 do *New York Times*, falando dos "viciados negros em cocaína" e da necessidade de as forças policiais do Sul do país trocarem seus revólveres por armas de calibre mais grosso, porque a cocaína conferia poderes sobre-humanos aos negros. Deixava-me perplexo o fato de os demais presentes não reconhecerem a maneira como os mitos sobre drogas são reciclados de geração em geração. Eu estava decepcionado, pois achara que aquela mesa-redonda seria diferente. Pensava que as provas fornecidas pela ciência informariam nossa visão sobre drogas. Mas, em vez disso, constatei que o encontro era semelhante a outros debates sobre o tema patrocinados pelo governo: um exercício de histeria e ignorância. Também estava com raiva porque sabia que esse tipo de histeria se voltava contra os usuários de metanfetamina, comprometendo sua disposição de buscar ajuda quando necessário.

O debate também me lembrou das alegações exageradas a respeito do crack duas décadas antes. Como já assinalei, acreditava-se que essa droga era tão viciante que haveria risco até para pessoas que a usassem pela primeira vez. Ela também fora relacionada à morte de dois jovens atletas promissores – Len Bias e Don Rogers –, embora depois ficasse claro que eles haviam consumido grandes quantidades de cocaína em pó, e não crack. A cocaína em pó era considerada uma droga recreativa para ricos.

Poucas pessoas perguntavam se a disparidade de sentenças judiciais relacionadas às duas formas de cocaína baseava-se em provas científicas. Em 1986, havia somente dois trabalhos acadêmicos publicados sobre a cocaína fumada. Ambos apresentavam certas limitações, o que de certa forma comprometia sua relevância nos debates sobre as políticas públicas para o setor. Por conseguinte, a lei que estabeleceu a proporção de cem para um entre as sentenças envolvendo crack e cocaína em pó, respectivamente, baseava-se apenas em relatos episódicos. Isso não é necessariamente algo ruim, desde que os legisladores entendam os limites dessa abordagem e se disponham a alterar a lei, em função de conhecimentos novos e mais completos.

No início da década de 1990, aumentou a preocupação quanto aos riscos oferecidos pelo crack, e muito dinheiro foi injetado na guerra contra essa droga. Não só se inflaram os orçamentos dos organismos de ordem pública, como foram destinadas mais verbas para a pesquisa. Agora os cientistas participavam do jogo da histeria em torno do crack. Em consequência, os dados científicos sobre ela aumentaram substancialmente em poucos anos. Como eu disse antes, esses dados demonstravam que as duas formas de cocaína tinham efeitos idênticos, e esses efeitos eram previsíveis: com o aumento das doses, crescem também os efeitos, trate-se de pressão arterial e batimentos cardíacos *ou* do potencial subjetivo de viciar e dar onda. As provas indicavam claramente que a proporção de cem para um exagerava os danos associados ao crack, e que a disparidade nas sentenças judiciais não se justificava cientificamente. Punir mais severamente os usuários de crack que os de cocaína em pó é equiparável a punir mais severamente os que são apanhados fumando maconha do que os que comem brownies sabor maconha.

Ao mesmo tempo, houve quem manifestasse preocupação com o fato de as leis sobre crack e cocaína em pó visarem desproporcionalmente aos negros. O Congresso instruiu a Comissão de Sentenças a publicar um relatório que examinasse as leis federais sobre cocaína. A comissão é o organismo federal responsável, entre outras coisas, pela redução das desproporções injustificadas nas sentenças. Em fevereiro de 1995, ela publicou seu relatório, tratando de: farmacologia, maneiras como as drogas são ingeridas, seu impacto social, distribuição e comercialização da cocaína, criminalidade e violência relacionadas à cocaína, história legislativa das penalidades relativas à cocaína e questões constitucionais, assim como dados referentes a crimes federais no terreno das drogas. Era um exame completo. Constatava-se que cerca de 90% das pessoas sentenciadas por crimes relacionados ao crack eram negras, embora a maioria dos usuários da droga fosse branca. Isso entrava em conflito com a percepção da maior parte das pessoas, pois o noticiário e os meios de comunicação populares quase sempre mostravam negros fumando crack. Em consequência dessas constatações, a comissão propôs ao Congresso uma emenda às normas de sentença, no sentido de igualar as penalidades para crimes relacionados à cocaína em pó e ao crack. Com isso, a relação crack/cocaína em pó passaria, de cem para um, a um para um. O Congresso aprovou, mas o presidente Bill Clinton promulgou uma lei vetando a emenda. Numa declaração, Clinton explicava os motivos de sua decisão: "Temos de mandar constantemente a nossos filhos a mensagem de que as drogas são ilegais, perigosas e podem custar a vida – e de que as penalidades pelo tráfico de drogas são severas." E prosseguia: "Não permitirei que os vendedores de drogas achem que esse negócio está mais fácil." Novos relatórios e recomendações da Comissão, em 1997, 2002 e 2007, tampouco lograram promover mudanças significativas nas leis sobre a cocaína.

Muitas personalidades de destaque criticaram o fato de os dirigentes nacionais não se disporem a eliminar a disparidade de sentenças relativas à cocaína. Em 1997, Michael S. Gelacak, então vice-presidente da Comissão de Sentenças, escreveu:

> O Congresso e a Comissão de Sentenças têm a responsabilidade de estabelecer padrões justos para a proteção do público. … Não tivemos êxito em nossa abordagem em relação às sentenças sobre o crack, e o resultado é um sério desequilíbrio nas sentenças. Não devemos perder de vista essa realidade. … A única e verdadeira solução para a injustiça é eliminá-la.

Dez anos depois, até o candidato presidencial Barack Obama juntava sua voz ao crescente coro de críticas:

> Não devemos deixar que as punições para o crack sejam muito mais severas que as punições para a cocaína em pó, quando a verdadeira diferença entre os dois é a cor da pele das pessoas que os utilizam. Os juízes acham errado, os republicanos acham errado, os democratas acham errado, e no entanto a medida foi aprovada por presidentes republicanos e democratas, porque ninguém se dispôs a lhes fazer frente no terreno político e a consertar as coisas. Isso acabará quando eu for presidente.[3]

No dia 3 de agosto de 2010, o presidente Obama assinou uma lei diminuindo, mas não eliminando, a disparidade de sentenças entre crimes relativos a crack e cocaína em pó. A nova lei reduzia a disparidade, de cem para um a dezoito para um.

Houve quem comemorasse essa mudança como passo significativo para pôr fim a um equívoco histórico. Mas não me incluo entre essas pessoas. Em 1964, quando lhe perguntaram se os Estados Unidos tinham avançado o suficiente na direção da igualdade racial, Malcolm X respondeu: "Se cravarem vinte centímetros de uma faca nas minhas costas e depois puxarem quinze centímetros, não houve progresso. … Progresso significa curar a ferida." Da mesma forma, considero que as diferenças nas sentenças deviam ser eliminadas, pois não há uma justificação científica para o tratamento diferenciado do crack e da cocaína em pó por parte da lei. Essa é a solução ética a ser adotada, à luz das provas e da alegação do ONDCP de que se baseia na ciência e nos elementos de prova.

Participando da mesa-redonda sobre a metanfetamina, eu me perguntava se os erros cometidos com o crack seriam repetidos no caso dessa droga. Decerto não faltavam indicações nesse sentido. Como acontecera com o crack em meados da década de 1980, considerava-se que os usuários da metanfetamina constituíam um número relativamente pequeno de indivíduos de um grupo menosprezado. Eram brancos, mas gays, pobres ou habitantes rurais. Em 2005, cerca de meio milhão de pessoas reconheceu ter feito uso da metanfetamina nos últimos trinta dias (indicação de "uso atual"). Este é um número baixo em comparação com os 15 milhões de pessoas que fumaram maconha no mesmo período.

Toda vez que uma "nova" droga é introduzida numa sociedade e um número relativamente pequeno de indivíduos marginalizados faz uso dela, histórias incríveis sobre os efeitos da droga se disseminam e são aceitas como verdadeiras. Isso acontece porque são poucas as pessoas com real experiência da droga para desmentir alegações duvidosas. Foi o que vimos na década de 1930, quando as autoridades diziam que a maconha tornava as pessoas psicóticas e as levava a cometer assassinatos. Esses argumentos muitas vezes não eram questionados, sendo tomados como fatos. Na verdade, foram um dos principais motivos da promulgação da lei federal que proibia a maconha (Marihuana Tax Act, de 1937). Na época, o uso de maconha limitava-se a um pequeno número entre minorias e "moderninhos". Hoje, como se sabe, se alguém disser que a maconha provoca loucura e leva a cometer crimes, não será levado a sério.

Outra semelhança com o "pavor do crack" da década de 1980 é o crescente número de reportagens e artigos sobre a metanfetamina na imprensa nacional. No dia 8 de agosto de 2005, a revista *Newsweek* publicou uma dramática matéria de capa intitulada "A epidemia de metanfetamina". Segundo a revista, o uso dessa droga tinha alcançado proporções epidêmicas. Mas não era isso que as provas indicavam. No auge da popularidade da metanfetamina, jamais chegou a haver mais de 1 milhão de usuários habituais da droga. Esse é um total consideravelmente menor que os 2,5 milhões de usuários de cocaína, os 4,4 milhões de usuários de opioides ilegais por prescrição, ou os 15 milhões de fumantes de maconha, no mesmo período. O número de usuários de metanfetamina nunca chegou perto de superar o de consumidores dessas outras drogas.[4]

A cobertura jornalística estava cheia de relatos de usuários desesperados enveredando pelo crime para financiar o consumo da droga "perigosamente viciante". O *New York Times* publicou uma matéria com o título de "Flagelo da droga cria um tipo específico de órfão", falando do aumento de ingressos nos orfanatos, aparentemente relacionado a registros de pais biológicos viciados que não podiam mais se reabilitar. O jornal citava um capitão da polícia segundo quem a metanfetamina "faz o crack parecer brincadeira de criança, tanto em termos do que provoca no corpo quanto da dificuldade de se livrar dela".[5] O artigo também afirmava: "Em virtude do alto grau de 'sexualização' dos usuários, as crianças com frequência são expostas a pornografia ou abusos sexuais, ou veem as mães se prostituindo."[6] O procurador-geral Alberto Gonzales considerou a metanfetamina "a droga mais perigosa dos Estados Unidos", e o presidente George W. Bush declarou 30 de novembro de 2006 o Dia Nacional da Consciência da Metanfetamina. Em 1986, o presidente Ronald Reagan declarara que todo o mês de outubro era o Mês da Consciência sobre o Crack. O paralelismo era assustador.

No fim do debate do ONDCP, fomos convidados a nos reunir com jornalistas em pequenos grupos para responder a perguntas que acaso restassem. Dezenas de repórteres acorreram ao encontro do oficial de polícia e da promotora. Queriam saber mais sobre práticas sexuais de homens gays que, induzidas pela metanfetamina, aumentariam os índices de HIV; a privação de sono dos usuários por vários dias consecutivos; comportamentos irracionais que a droga também provocava; e o fato de ela estragar os dentes. Embora alguns dos jornalistas estivessem ali apenas para cavar uma matéria eletrizante, tenho para mim que em sua maioria queriam se informar sobre a droga e, se necessário, advertir o público a respeito dos riscos. Não estavam preocupados em distinguir casos e provas. Acabavam de ouvir de uma promotora federal e de um policial que a droga era terrível. O governo convocara os dois como especialistas na questão. Portanto, não havia necessidade de distinguir fatos e ficção. Claro que as informações eram factuais, do contrário não teriam sido incluídas num debate patrocinado pelo governo, não é mesmo?

Fiquei pensando nessa e em outras questões ao voltar de metrô para meu laboratório. Por que meus dados divergiam tanto das histórias relatadas pelos outros participantes da mesa-redonda? Será que eu não estava sintonizado com a maneira como as pessoas utilizam as drogas no mundo real? "Talvez as doses por mim testadas fossem baixas demais", pensei. Eu tinha começado propositadamente com doses baixas, para garantir a segurança dos participantes. Àquela altura, a dose mais alta que utilizara fora de vinte miligramas, consideravelmente mais baixa que as supostamente usadas pelos viciados em metanfetamina. Talvez os indivíduos mencionados pela promotora e pelo policial recorressem a doses muito maiores que as testadas em meus estudos, o que poderia explicar as diferentes conclusões. Também pensei na maneira como a metanfetamina costuma ser usada fora do laboratório – cheirada, injetada ou fumada. Isso faz com que a droga chegue ao cérebro depressa, gerando efeitos mais intensos. Nos meus estudos, ela é engolida, tendo efeitos mais fracos. Considerando-se essas ressalvas, eu questionava se os dados coletados em minha pesquisa eram relevantes para a situação real. Achava que a histeria em torno da metanfetamina refletia, necessariamente, algo da realidade, e que os meus estudos, até então, não haviam captado isso.

Nos sete anos seguintes, tentei resolver essa questão. Investiguei a literatura existente para descobrir se alguém tinha estudado doses maiores de metanfetamina quando a droga era cheirada, fumada ou injetada. Não havia quase nada. Lembrei-me da famosa frase de José Martí, em seu ensaio "Sobre Oscar Wilde", de 1882: "O conhecimento de diferentes literaturas é a melhor maneira de se libertar da tirania de alguma delas." Então, investiguei também os estudos sobre animais da literatura científica, em busca de informações relevantes no caso do vício humano. Essas pesquisas mostravam que a droga provocava sérios danos a certas células do cérebro, gerando graves problemas de aprendizado e memória.

Caramba, achei! Finalmente eu encontrava dados que convergiam com as histórias populares sobre a metanfetamina. Examinando com mais atenção, todavia, ficou claro que os resultados em animais tinham sérias limitações, talvez não se aplicassem a seres humanos.

Para começar, as quantidades de metanfetamina administradas em animais são muito maiores que as ingeridas por viciados. Sendo aplicadas doses igualmente altas de cafeína ou nicotina em animais, observavam-se os mesmos graves efeitos tóxicos. Mas quando os animais recebiam doses de metanfetamina comparáveis às empregadas por seres humanos, os efeitos destrutivos não se apresentavam. Em minha pós-graduação, a ideia de que a metanfetamina danificava as células do cérebro era uma verdade inquestionável na pesquisa sobre drogas. Mas agora essa convicção devia sofrer uma ressalva, o que dificultava sua extrapolação para seres humanos.

Em seguida, examinei a literatura sobre os efeitos de longo prazo da metanfetamina nos viciados. Tratava-se de pessoas que tinham usado as drogas por muitos anos. Nesses estudos, viciados em metanfetamina em abstinência e um grupo de controle (geralmente não usuários de drogas) faziam um abrangente conjunto de testes cognitivos ao longo de várias horas, e os resultados eram comparados para determinar se o funcionamento cognitivo dos viciados em metanfetamina era normal. Naturalmente, normalidade é um conceito relativo, determinado não só pela comparação dos desempenhos do grupo de metanfetamina e do grupo de controle, mas também dos resultados do grupo de metanfetamina com os de um conjunto de dados normativos, levando em consideração a idade do indivíduo e seu nível educacional. Essas exigências são importantes porque nos permitem levar em conta a contribuição relativa da idade e da educação em termos dos resultados do indivíduo, a fim de ajustá-lo a essas variáveis. Simplificando, não seria adequado comparar os resultados de vocabulário de um adolescente de dezesseis anos que abandonou o ensino médio com os de um estudante do ensino universitário de 22 anos. O universitário deveria ter melhor desempenho que o adolescente que largou os estudos.

Sucessivos estudos constataram que os viciados em metanfetamina tinham sérios problemas cognitivos. Num deles, realizado por Sara Si-

Com meus colegas de laboratório numa comemoração de fim de ano.

mon e outros, as aparentes limitações eram tão graves que levaram à seguinte advertência:

> A campanha nacional contra as drogas precisa incorporar informações sobre os déficits cognitivos associados à metanfetamina. ... Os responsáveis judiciais e policiais e os profissionais da área médica precisam ter consciência de que os problemas de memória e de capacidade de manipular informações e mudar pontos de vista afetam a compreensão; ... os usuários que abusam da metanfetamina não têm dificuldades apenas com deduções, ... mas também podem ter déficits de compreensão; ... os problemas cognitivos associados ao [abuso de metanfetamina] devem ser divulgados.[7]

À medida que eu lia esse estudo e outros de maneira mais crítica, notava algo intrigante. Ainda que de fato os controles tivessem se saído melhor que os viciados em metanfetamina em alguns testes, o desempenho dos dois grupos não era diferente na maioria dos testes. Mais importante ainda, quando comparei os resultados cognitivos dos viciados em metanfetamina no estudo de Simon com os resultados de um conjunto de dados normativos mais amplo, nenhum dos resultados de usuários de metanfetamina estava fora do espectro normal.[8] Isso significava que o funcionamento cognitivo dos usuários de metanfetamina era normal. Isso deveria ter moderado as conclusões dos pesquisadores, impedindo-os de fazer advertências tão sombrias. Mais ainda, a literatura sobre metanfetamina estava cheia de conclusões injustificadas como essas. Por conseguinte, o aparente vínculo entre o vício em metanfetamina e o comprometimento cognitivo foi superdivulgado – numerosos artigos vieram a público em revistas científicas e na imprensa popular.

Os relatos sobre descobertas em imagens cerebrais revelaram-se particularmente enganosos. No dia 20 de julho de 2004, por exemplo, o *New York Times* publicou um artigo intitulado "É assim seu cérebro com metanfetamina: um 'incêndio florestal' de danos". Dizia a reportagem: "As pessoas que não quiserem esperar a idade avançada para ter o cérebro encolhido e a memória prejudicada dispõem agora de uma alternativa mais rápida: abusar da metanfetamina ... e ver as células cerebrais desaparecerem do dia para a noite." A conclusão baseava-se num estudo que usara imagens de ressonância magnética para comparar o tamanho do cérebro de viciados em metanfetamina com o de pessoas saudáveis que não faziam uso de drogas.[9]

Os pesquisadores também examinaram a correlação entre desempenho mnemônico e vários tamanhos estruturais de cérebro. Constataram que o giro cingulado direito e o hipocampo dos usuários de metanfetamina eram menores que os dos controles em 11 e 8%, respectivamente. O desempenho mnemônico de apenas *um* dos quatro testes estava relacionado ao tamanho do hipocampo (ou seja, indivíduos com hipocampo de maior volume apresentavam melhor desempenho). Por conseguinte, os pesquisadores concluíam: "O abuso crônico de metanfetamina provoca um padrão seletivo de deterioração cerebral que contribui para o comprometimento do desempenho mnemônico." Essa interpretação, assim como a que apareceu no artigo do *Times*, é inadequada por vários motivos.

Em primeiro lugar, as imagens cerebrais foram coletadas em apenas um momento, em ambos os grupos de participantes. Isso torna quase impossível determinar se o uso da metanfetamina provocou "deterioração cerebral", pois poderia haver diferenças entre os grupos mesmo antes de iniciado o uso da metanfetamina. Em segundo lugar, os participantes que não usavam drogas apresentavam níveis educacionais consideravelmente mais altos que os usuários de metanfetamina (15,2 versus 12,8 anos, respectivamente). Já se sabe que níveis educacionais mais elevados levam a melhor no desempenho mnemônico. Em terceiro lugar, não havia dados comparando os usuários de metanfetamina com os controles em nenhuma tarefa mnemônica. Isso por si só deveria impedir os pesquisadores de fazer afirmações a respeito de comprometimento do desempenho mnemônico causado por metanfetamina. Entretanto, a única constatação cognitiva significativa do ponto de vista estatístico era uma *correlação* do volume do hipocampo com o desempenho em uma das quatro tarefas. Essa descoberta é a base da alegação de que os usuários de metanfetamina tinham comprometimento de memória, pois se sabe que o hipocampo desempenha um papel na memória de longo prazo. Mas outras áreas do cérebro também estão envolvidas no processamento da memória de longo prazo. O tamanho dessas outras áreas não era diferente entre os grupos. Por fim, não está clara a importância das diferenças cerebrais no funcionamento cotidiano, pois uma diferença de 11% entre indivíduos, por exemplo, muito provavelmente estará no âmbito normal de tamanhos das estruturas cerebrais.

Esse exemplo não é o único. A literatura sobre imagens cerebrais dá frequente testemunho de uma tendência geral a caracterizar quaisquer diferenças cerebrais como disfunção causada pela metanfetamina (assim como outras drogas), embora essas diferenças se situem no intervalo normal de variabilidade humana.[10] Isso seria como comparar os cérebros de policiais com nível mais baixo de educação aos de professores universitários que concluíram o doutorado, para chegar à conclusão de que os policiais apresentam comprometimento cognitivo em consequência das eventuais diferenças constatadas. Esse tipo de pensamento simplista é a principal motivação por trás da ideia de que o vício em drogas é uma doença cerebral. Ele certamente não o é, a mesmo título que a doença de Parkinson ou o mal de Alzheimer. No caso desses distúrbios, é possível fazer previsões bastante acuradas sobre a doença em causa examinando o cérebro dos indivíduos afetados. Mas não estamos de modo algum tão perto de distinguir o cérebro de um viciado em drogas do cérebro de um não viciado.

Como a literatura da área não era tão informativa quanto eu havia esperado, solicitei e obtive uma bolsa para estudar doses mais altas de metanfetamina em indivíduos que a cheiravam. Essas pesquisas de laboratório detalhavam os efeitos imediatos e de curto prazo da droga em mensurações de funcionamento cognitivo, humor, sono, pressão arterial, batimentos cardíacos e potencial viciante. Testei doses de até cinquenta miligramas, na época as mais altas já testadas em seres humanos. Elas eram administradas em sistema de duplo-cego: os participantes da pesquisa não sabiam se recebiam placebo ou metanfetamina, e tampouco a equipe médica que acompanhava as sessões. Os pesquisados eram cuidadosamente selecionados, devendo estar em excelente condição médica. Todos eram viciados em metanfetamina e usavam mais de cem miligramas por semana. Eu queria me certificar de não os expor a um consumo maior da droga no laboratório do que fora dele. De maneira semelhante aos estudos de cocaína que eu realizara anteriormente, recrutávamos intencionalmente pessoas que não buscavam tratamento, pois achávamos que não seria ético dar metanfetamina a alguém que tentava parar de usá-la.

Na primeira experiência, fizemos com que os participantes cheirassem uma dose de metanfetamina, enquanto nossa equipe médica acompanhava atentamente seus sinais vitais durante 24 horas. Também os convidamos a fazer testes cognitivos e avaliar o próprio humor antes e várias horas depois da administração. As constatações batiam com os dados dos estudos anteriores, em que administrávamos as drogas por via oral.[11] Os participantes relatavam sentir-se mais eufóricos, e seu funcionamento cognitivo melhorou. Esses efeitos duraram cerca de quatro horas. A metanfetamina também provocou considerável aumento da pressão arterial (PA) e dos batimentos cardíacos, prolongando-se por até 24 horas. Os níveis máximos eram de aproximadamente 150/90 (PA) e 100 (batimentos por minuto). Embora esses aumentos fossem indubitavelmente significativos, estavam muito abaixo dos níveis alcançados quando a maioria das pessoas está empenhada em uma atividade vigorosa, como exercícios físicos. Outra constatação foi que a droga reduzia o tempo de sono dos participantes.[12] Por exemplo, quando tomavam placebo, eles dormiam aproximadamente oito horas. Mas quando era administrada a dose de cinquenta miligramas, tinham apenas seis horas de sono. Globalmente, os resultados indicavam que uma dose grande de metanfetamina cheirada causava os efeitos esperados. A droga não mantinha as pessoas alertas por dias consecutivos, não aumentava de maneira perigosa seus sinais vitais nem comprometia seu discernimento. Mais ou menos na mesma época, outros pesquisadores estudavam a metanfetamina injetada ou fumada, chegando a resultados semelhantes.[13]

Os dados humanos colhidos em laboratório divergiam dos relatos episódicos e de senso comum. Talvez eu não tivesse feito as perguntas certas. Uma das crenças mais disseminadas sobre a metanfetamina é que ela seria altamente viciante, mais que qualquer outra droga. Essa questão foi tratada na minha série seguinte de experiências. Numa delas, ofereci aos viciados a escolha entre uma dose forte de metanfetamina (cinquenta miligramas) e US$ 5 em dinheiro. Eles optaram pela droga em aproximadamente metade das oportunidades. Mas quando aumentei a oferta de dinheiro para US$ 20, eles raramente optaram pela droga.[14] Eu alcançara resultados semelhantes com viciados em crack em estudo anterior.[15] Deduzi daí que o potencial viciante da metanfetamina não era o que se afirmava, não era extraordinário. Meus resultados também demonstravam que os viciados em metanfetamina, assim como os viciados em crack, são capazes de tomar decisões racionais e efetivamente as tomam, mesmo diante da alternativa de ingerir ou não a droga, o que convergia com as conclusões da literatura de avaliação do funcionamento cognitivo dos usuários de metanfetamina, mas, como observado acima, só após exame atento.[16]

Ainda assim, a visão popular a respeito da metanfetamina não se alterou. Em sua maioria, os relatos nos meios de comunicação continuavam a dar ênfase a efeitos irrealistas e a exagerar os danos associados a ela. Por exemplo, em janeiro de 2010, a rede nacional de rádio NPR levou ao ar uma reportagem intitulada "Assim fica a sua cara com metanfetamina, garotada". A matéria focalizava um xerife da Califórnia que tentava impedir que os jovens experimentassem a droga. Com a ajuda de um profissional, ele desenvolveu um programa de computador que alterava digitalmente o rosto dos adolescentes a fim de mostrar como ficaria seis, doze e 36 meses depois de se aplicar regularmente. Os jovens viam a alteração das imagens, mudando de semblantes saudáveis e vibrantes para rostos marcados por cicatrizes, pele flácida e perda capilar. Eram informados de que esses eram os efeitos fisiológicos do uso de metanfetamina. Também lhes diziam que 90% dos indivíduos que a experimentavam uma vez ficavam "viciados". "Como era possível transmitir informações tão equivocadas a estudantes ingênuos, e ainda por cima reproduzi-las na NPR?", pensei eu.

Não há provas empíricas corroborando a alegação de que a metanfetamina causa danos à aparência física de alguém. Naturalmente, havíamos visto imagens de usuários com má aparência nos relatos dos meios de comunicação sobre a maneira como a droga está devastando alguma cidadezinha do interior. Também costumam circular as infames imagens da "boca de metanfetamina" (a extrema degradação dentária). Mas cabe lembrar que a metanfetamina e o Adderall são basicamente a mesma droga. Ambas reduzem o fluxo salivar, causando xerostomia (boca seca), um dos supostos mecanismos da "boca de metanfetamina". O Adderall e suas versões genéricas são usados diariamente e prescritos com frequência – todo ano estão entre as cem drogas mais prescritas nos Estados Unidos –, mas não há relatos publicados sobre má aparência ou problemas dentários associados a seu uso. As alterações físicas ocorridas nos dramáticos relatos sobre casos individuais antes e depois do uso de metanfetamina estão mais relacionadas a maus hábitos de sono, precariedade da higiene dental, má nutrição e práticas alimentares deficientes, assim como ao sensacionalismo dos meios de comunicação. Quanto ao poder viciante da metanfetamina, as melhores informações disponíveis demonstram claramente que a maioria das pessoas que experimenta a droga não se vicia.[17]

A mídia e o público em geral não eram os únicos apanhados na histeria da metanfetamina. Muitos cientistas também foram enganados. Entre 2006 e 2010, participei de uma comissão de avaliação de bolsas concedidas pelo National Institutes of Health. A comissão era formada por cerca de quarenta cientistas com diferentes capacitações. Uma de nossas principais tarefas era avaliar os méritos científicos de projetos de pesquisa apresentados por cientistas investigando o abuso de drogas. Com frequência examinávamos projetos solicitando verbas para o estudo de metanfetamina. Muitos deles argumentavam que ela causava danos cerebrais, enquanto outros focalizavam o comprometimento cognitivo. Todos pareciam aceitar que o uso dessa droga era destrutivo. Esses eram argumentos de peso para alguns dos membros da comissão, mas o problema era que não se apoiavam em provas, representando uma avaliação equivocada dos dados disponíveis. Não estou dizendo que os cientistas envolvidos faziam isso intencionalmente. Não creio que o fizessem. Mas acredito que entendiam muito bem a missão da instituição que fornecia as bolsas – o National Institute on Drug Abuse (Nida) –, e que isso influenciava sua decisão.

A missão do Nida é "assumir a liderança da conscientização do país quanto à importância dos conhecimentos científicos em relação *ao vício e abuso de drogas*". Estes são apenas aspectos limitados e negativos dos muitos efeitos das drogas. Naturalmente, substâncias como a metanfetamina têm outros efeitos, entre eles alguns positivos, como a melhora do desempenho cognitivo e do humor, mas isso não faz parte da missão do instituto. Os cientistas que solicitam verbas ao Nida sabem perfeitamente que devem enfatizar os danos provocados pelas drogas para obter financiamento. A situação é bem descrita na famosa frase de Upton Sinclair: "É difícil levar alguém a entender algo quando seu salário depende de não o entender."[18] Cabe lembrar também que o Nida financia mais de 90% das pesquisas sobre as principais questões envolvendo abuso de drogas. Isso representa que a esmagadora maioria das informações sobre o tema publicadas na literatura científica, nos manuais e na imprensa popular tende a enfatizar os aspectos negativos.

Não estou querendo dizer que as consequências negativas do uso de drogas não devem ser o foco de pesquisas financiadas pelo Nida. Investigar os aspectos patológicos do consumo de drogas é importantíssimo para desenvolver tratamentos eficazes do vício. Mas a atenção desproporcional hoje concedida aos danos tende a nos atrelar a uma perspectiva distorcida, contribuindo para uma situação na qual certas drogas são consideradas um mal absoluto, e em que o uso de qualquer delas é visto como algo mórbido. Tenho enfatizado neste livro que a maioria das pessoas que usa qualquer substância ilegal faz isso sem problemas. Não se trata de uma aprovação da legalização das drogas. É apenas um fato. O foco quase exclusivo nos efeitos negativos também colaborou para uma situação em que deparamos com a meta indesejável e irrealista de eliminar certos tipos de consumo a qualquer custo. Com demasiada frequência o preço é pago sobretudo por grupos marginalizados. Já está bem documentado que certas comunidades minoritárias foram particularmente afetadas por nosso empenho em nos livrar de certas drogas. O custo humano dessa abordagem equivocada é incalculável, pois centenas de milhares de homens e mulheres, inclusive membros de minha família, estão na prisão por causa disso.

Na tentativa de chamar atenção para as interpretações equivocadas que assolam a literatura científica sobre a metanfetamina, escrevi uma resenha crítica avaliando mais de cinquenta estudos que passaram pelo crivo da própria comunidade científica a respeito dos efeitos de curto e longo prazo da droga sobre o cérebro e o funcionamento cognitivo.[19] Cheguei à conclusão de que a esmagadora maioria dos viciados em metanfetamina estava dentro do espectro normal, em ambas as mensurações. Apesar disso, há uma aparente propensão a interpretar quaisquer diferenças cognitivas e/ou cerebrais como anomalias significativas do ponto de vista clínico.

Antes da publicação num periódico científico, toda pesquisa deve ser examinada anonimamente por especialistas no campo. Essas avaliações com frequência são cruéis. Às vezes questionam a capacidade intelectual do autor para o trabalho científico. Assim, ao receber as análises de meu artigo, eu esperava críticas duras, pois na verdade estava questionando todo um conjunto de pesquisas. Para minha surpresa, os comentários dos avaliadores eram extremamente elogiosos:

> Trata-se de um resumo abrangente e extremamente bem-escrito. O dr. Hart e seus colegas decerto desafiam o statu quo e devem ser aplaudidos por produzir um estudo instigante e assumir uma posição que sem dúvida será considerada impopular. ... A mensagem que enunciam, em suma, é de advertência a esse campo.

Ainda é cedo para conhecer o impacto que o estudo terá no campo, mas, pouco depois de sua publicação, a revista *Scientific American* o focalizava num artigo questionando se a histeria em torno da metanfetamina não estaria limitando a disponibilidade de remédios eficazes.[20]

Tudo isso me levou a refletir ainda mais sobre as consequências de apresentar informações tendenciosas, exageradas ou enganosas ao público. Como educador, preocupava-me a perda de credibilidade junto a muitos jovens, que, em consequência disso, poderiam rejeitar outras informações sobre drogas originadas em fontes "oficiais", mesmo sendo corretas. Sem dúvida, isso tem contribuído para muitos acidentes relacionados a drogas que poderiam ter sido evitados. Lembrei-me das alegações distorcidas a respeito do crack e do fato de terem levado a chocantes manifestações de discriminação racial.

Na "era do crack", eu ainda não sabia das coisas, era ignorante. Mas a ignorância não podia ser usada como desculpa no caso que agora se apresentava, o da metanfetamina. Eu já sabia. Tinha publicado as conclusões de minha pesquisa em algumas das melhores revistas científicas e fora coautor de um dos manuais mais vendidos sobre drogas. Todo semestre, meu curso sobre drogas e comportamento era um dos mais procurados na graduação em Columbia. Ainda assim, vozes como a minha raramente eram incluídas em debates nacionais sobre a educação a respeito das drogas ou as políticas públicas nesse terreno. Minha voz não era incluída porque eu tinha sérias dúvidas quanto à conveniência de me expor dessa maneira. Eu sabia que alguns diriam que eu tinha algum plano em mente, insinuando que talvez não fosse tão objetivo assim. Essa é uma das piores críticas que podem ser feitas a um cientista. Outros tentariam me tachar de imprudente, distorcendo meus pontos de vista para afirmar que eu preconizava a total legalização das drogas.

No fim das contas, ficou claro que eu tinha de assumir posição fora dos limites do mundo acadêmico. Comecei a fazer conferências em centros comunitários, na Associação Cristã de Moços, em eventos promovidos por estudantes, bares e cafés, em museus ou em qualquer outro lugar onde fosse convidado a falar. Conversava com estudantes e seus pais sobre os efeitos reais das drogas e as maneiras de diminuir os danos a elas associados. Dava palestras em outras universidades sobre a maneira absurda como o país lida com as drogas e a tendenciosidade que começava a constatar nas indagações que fazíamos a respeito dessas substâncias no mundo da ciência.

Uma pergunta muitas vezes feita pelos pais era: "E as crianças? Não é melhor exagerar os problemas causados pelas drogas para manter nos-

Apresentando os resultados de minha pesquisa num congresso científico.

sos filhos longe delas?" Os negros raramente formulavam essa questão, quase sempre ela era feita por pais brancos. Eu tentava ser o mais paciente possível em minha resposta. Lembrava que também era um pai preocupado com três filhos – dois deles numa idade crítica quanto às drogas – e relatava ter educado os dois que desde cedo estiveram aos meus cuidados sem exagerar quando se tratava de falar sobre drogas. Explicava que, em mais de vinte anos de experiência de pesquisa, aprendi lições importantes, porém, talvez nenhuma mais que esta: os efeitos das drogas são previsíveis. Aumentando-se a dose, é maior o potencial dos efeitos tóxicos. Mas as interações dos meninos e homens negros com a polícia não são previsíveis. Eu me preocupava o tempo todo com a possibilidade muito concreta de que os meus próprios filhos entrassem na mira dos agentes da lei por "corresponderem à descrição" de um usuário de drogas ou por alguém achar que estavam sob efeito de drogas. Muitas vezes, nesses casos, o jovem negro acaba morto. Ramarley Graham e Trayvon Martin caíram ambos na suspeita de estar na posse de drogas ou sob sua influência.

Além de fazer mais conferências, fui convidado a participar de organizações não científicas. Fiquei particularmente intrigado com um convite para integrar o comitê diretor da principal organização americana dedicada à modificação das leis a respeito das drogas: a Drug Policy Alliance (DPA). Foi uma decisão difícil. Eu sabia que ficaria numa posição delicada diante daquele que havia me recrutado em Columbia, Herb Kleber. Herb fora o vice-czar das drogas entre 1989 e 1991, durante o mandato do presidente George H.W. Bush. Seus pontos de vista estavam em grande parte alinhados com os da maioria dos políticos que afirmam que as drogas são um mal absoluto e que devemos promover uns "Estados Unidos livres das drogas" a qualquer preço.

No espectro das possíveis políticas de drogas, a DPA não podia estar mais polarizada em relação à visão de Herb. Quando eu lhe disse que estudava a possibilidade de entrar para o comitê diretor da DPA, ele advertiu que não seria uma decisão sensata àquela altura de minha carreira, quando estava em pauta minha candidatura à titularidade. Para avaliar melhor minha decisão, conversei também com um eminente ex-membro negro do comitê da DPA. Ele me disse para tomar cuidado a fim de não ser usado em função da minha raça. Em sua visão, a DPA era uma organização branca, empenhada sobretudo na legalização da maconha, para que a meninada branca pudesse fumar sem medo de ser importunada pela polícia. Ponderei tudo isso, mas acabei aceitando o convite. Era a minha maneira de deixar bem claros meus pontos de vista sobre as equivocadas políticas de drogas no país, com seu alvo desproporcionalmente voltado para os negros. E também de me certificar de que o principal grupo empenhado na contestação das políticas de drogas fosse bem-informado sobre as melhores pesquisas científicas e tivesse acesso a elas.

Um dos lemas da DPA é promover "alternativas às atuais políticas voltadas para as drogas, inspiradas na *ciência*, na compreensão, na saúde e nos direitos humanos". Isso realmente me atraía, pois dava a entender que a organização compreendia a importância de recorrer à ciência para fundamentar as políticas relativas às substâncias ilegais e, em última análise, promover a saúde e os direitos humanos. Depois de cinco anos no comitê diretor da DPA, contudo, ficou óbvio que sua visão de ciência era um pouco diferente da minha. Eu achava, de forma ingênua, que as provas científicas haveriam de orientar o foco e as posições da DPA, como acontecia em minhas pesquisas. Na minha visão, se a DPA tivesse seguido os dados científicos, suas prioridades seriam bem diferentes. Em vez do foco predominante na legalização da maconha e no aumento do número de estados com programas de assistência médica nesse terreno, a grande prioridade seria uma educação pública sobre as drogas que não fosse tendenciosa, mas cientificamente informada.

As provas por mim aqui apresentadas indicam que a pessoa comum é incrivelmente ignorante a respeito das substâncias ilegais e de seu uso. Uma organização como a DPA poderia compensar um grande vazio de conhecimento se promovesse campanhas de educação a fim de elevar o nível intelectual no trato de questões relacionadas às drogas, que têm considerável peso na saúde pública. Por exemplo, como a maioria dos casos de overdose de heroína ocorre em combinação com outro sedativo – sobretudo álcool –, uma maciça campanha de comunicação advertindo os usuários a evitar a associação dessa droga com outros sedativos não só seria educativa, como poderia salvar vidas. Também reconheço que organismos governamentais como o ONDCP e o Nida deviam tomar a frente nesse sentido, mas eles evidenciam sua incapacidade ou falta de disposição em fazê-lo.

Vim a descobrir, contudo, que a DPA enfrentava as mesmas pressões e limitações encaradas por inúmeras outras organizações sem fins lucrativos: os doadores influenciam as prioridades. Por isso, nos últimos anos, a reforma das leis sobre a maconha tem sido o principal foco da DPA, muito embora a instituição venha desempenhando papel importante na denúncia de leis racistas na revista policial de pessoas em Nova York.

Por fim, como acontece no caso do ONDCP, o emprego da palavra *ciência* no slogan da DPA parece antes uma questão de conveniência que um compromisso com a verdade na orientação das posições e do foco da organização. Naturalmente, essa utilização ardilosa da linguagem é mais chocante no caso do ONDCP, por se tratar de um organismo governamental. Essas tristes constatações contribuíram para que eu me mostrasse mais agressivo na comissão e escrevesse este livro, na tentativa de educar a opinião pública a respeito das drogas.

16. Em busca da salvação

"Se a sociedade de hoje fecha os olhos às injustiças, tem-se a impressão de que elas são aprovadas pela maioria."

BARBARA JORDAN

"DEUS OFERECE A SALVAÇÃO, candidate-se através de Jesus Cristo", dizia um enorme outdoor em Sunrise Boulevard. Andando devagar na hora do rush, eu refletia sobre o que acabava de fazer. Estava me sentindo desmoralizado e decididamente precisava de alguma salvação, embora não seja muito religioso. No contexto das pesquisas para este livro, eu entrevistava parentes e velhos amigos no sul da Flórida e passara a última hora com meu primo Louie. Ele e eu compartilhávamos uma cama quando garotos, na casa de Big Mama. Ele era o gênio da matemática que eu admirava. Agora vivia num centro de reabilitação, à beira da autoestrada da Flórida, em Fort Lauderdale, e há quase trinta anos não nos víamos.

– E aí, cara, não está me reconhecendo? – perguntei ao sujeito magrelo à minha frente. Ele vestia uma camiseta regata e calças jeans grandes demais. A atendente tinha me apontado Louie, que estava conversando com outro residente do lado de fora.

– Big Jun – respondeu ele. Quando éramos garotos, Louie sempre me chamara de Lil' Carl ou Junior; agora eu era Big Jun. Fiquei surpreso que ele me reconhecesse, pois minha aparência tinha mudado muito nas três últimas décadas. A dele também. Louie tinha um pouco mais de 1,80 metro, mas pesava no máximo cinquenta quilos. O rosto estava tão macilento que quase dava para ver cada osso. Os poucos dentes que restavam pareciam prestes a desaparecer. Fiquei chocado, abalado e profundamente triste, mas demonstrei alegria em vê-lo, pois não queria magoá-lo. Ao longo dos anos, eu me tornara um mestre em matéria de ocultar as emoções, embora essa capacidade viesse a ser seriamente testada durante a redação deste livro.

Nós tocamos as mãos, trocamos aquele abraço de *brother* e, sem interrupção, Louie falou durante uma hora. Falou dos muitos crimes que cometera ao longo dos anos e da quantidade de dinheiro que havia roubado e juntado. Fiquei sabendo que tinha sido várias vezes espancado pela polícia. Ele se indagava se não devia ter se tornado informante da polícia: "Eu não contava nada. Talvez devesse ter começado a abrir a boca. No tribunal, não delatei ninguém. Eles não me deixavam voltar para casa, porque não tinha dado informações. Eu devia ter prestado depoimento contra eles."

O pensamento de Louie era desconexo e difícil de acompanhar. Ele saltava de um assunto para outro sem interrupção nem transição, e ficou andando pelo pequeno pátio o tempo todo em que eu estive ali. Seus movimentos involuntários repetitivos pareciam saídos de um manual sobre discinesia tardia provocada por ingestão de medicamentos antipsicóticos durante mais de duas décadas. Ainda que não se conheçam os detalhes, diz a lenda na família que ele começou a tomar esses remédios ao dar entrada numa emergência hospitalar depois de "reagir mal" a alguma droga comprada na rua. Quando foi mandado para a prisão, para ficar obediente e calmo, continuou a tomá-las – uma camisa de força química.

Na pós-graduação, aprendi muita coisa sobre antipsicóticos e seus usos. Eram as drogas empregadas para tratar esquizofrenia e doenças correlatas. A ideia simplista é que os comportamentos psicóticos, como os constatados na esquizofrenia, são causados pela superativação de células de dopamina no cérebro. As drogas antipsicóticas bloqueiam os receptores de dopamina, prevenindo com isso a excessiva atividade da dopamina. Em termos comportamentais, essas drogas acalmam as vozes na cabeça dos esquizofrênicos, reduzindo a paranoia e a agitação. O problema é que a geração mais velha desses medicamentos, o tipo prescrito para Louie, bloqueia tanto os receptores de dopamina que o cérebro compensa aumentando a densidade desses receptores. O cérebro torna-se hipersensível à dopamina, e depois de anos de tratamento a pessoa desenvolve discinesia tardia, tornando-se ainda mais sujeita a sintomas psicóticos. Em outras palavras, o tratamento dos sintomas psicóticos pode na verdade provocá-los. É uma armadilha.

A cada minuto que passava, a voz de Louie parecia mais um ruído de fundo, e eu sentia mais dor e desespero. Perguntava-me como aquilo podia ter acontecido, mas já sabia a resposta, pois sua história não era única. Eu tinha visto roteiros semelhantes com outros homens da família e amigos. Praticamente todos tinham sido apanhados pelo sistema, da primeira vez com uma acusação relacionada a drogas, ainda na adolescência ou com vinte e poucos anos, o que dava início a um círculo vicioso do qual não conseguiam escapar. O pior é que o círculo vicioso nem era novo. Cem anos atrás, no dia 29 de setembro de 1913, o *New York Times* publicava um artigo relatando que uma multidão de brancos tinha linchado e abatido a tiros, no Mississippi, dois jovens negros, um de dezoito e outro de vinte anos, porque eram suspeitos de ter iniciado "um reino de terror" sob influência da cocaína. No dia seguinte, o jornal informava que os 2 mil habitantes negros da cidade tinham sido obrigados a desfilar diante dos corpos cheios de balas dos dois rapazes, o que, segundo a reportagem, "surtiu um efeito incrivelmente apaziguador sobre a população negra". Dá para imaginar que sim.

Naturalmente, não linchamos mais ninguém por violar leis de combate às drogas. Hoje, os danos são muito menos visíveis e começam de maneira mais sutil. As capacitações educacionais e vocacionais que dão apoio às pessoas ao longo da vida em geral são adquiridas nos primeiros anos da idade adulta, do fim da adolescência até o fim da faixa dos vinte. Trata-se de um período crítico. Eu, por exemplo, passei a maior parte de minha vida de jovem adulto em salas de aula e laboratórios, aprendendo a pensar e a escrever. Essa formação permitiu-me sustentar financeiramente minha família, o que me dá um sentimento de valor e virilidade. Com isso, sinto-me integrado nesta sociedade e dou o melhor de mim para levar alguma contribuição a ela. Não importa se isso se traduz no pagamento de impostos, em prestação de algum serviço público ou outra forma qualquer. A questão é que a sociedade e eu nos beneficiamos do fato de eu estar integrado a ela.

Em contraste, são muitos os jovens negros com os quais cresci que não têm interesse real na sociedade nem estão incluídos nela. Eles não desenvolveram as devidas habilidades nem receberam o apoio necessário nesse período crítico. Pelo contrário, eram supervisionados por um sistema que aparentemente não entende a importância de integrar os homens negros à sociedade, ou não se importa com isso. Os que apoiam esse sistema, de modo irracional, insistem em focalizar na eliminação de certas drogas e se preocupam com aqueles que violam a legislação sobre essas substâncias, em particular os negros. A aplicação seletiva das leis sobre drogas parece ser usada como ferramenta de marginalização dos homens negros, para mantê-los no círculo vicioso de prisão e isolamento da sociedade como um todo.

Não estou querendo dizer que as infrações legais não devam ser sancionadas. São muitos os casos em que as sanções são apropriadas. Mas a penalidade não deve ser severa a ponto de o jovem punido não se recuperar e não se integrar à sociedade. Nesses casos, todos perdemos. A perda do jovem é óbvia. O público em geral vê-se privado da contribuição que uma pessoa integrada poderia dar. Sem essa integração à sociedade como um todo, muitos de meus amigos e parentes acham que não têm nada a perder. E, como observou James Baldwin, "a criação mais perigosa de qualquer sociedade é o homem que não tem nada a perder".[1]

Depois de conversar com minhas irmãs, vi que estávamos perdendo alguns de meus sobrinhos. Eles já estavam repetindo o ciclo de prisão-isolamento. O que eu poderia dizer-lhes? Diabos, eu nem sei o que dizer a meu filho Tobias. Ele passou algum tempo atrás das grades por um delito relacionado a drogas e não tem diploma de ensino médio. Tampouco tem um histórico de emprego ou qualquer perspectiva de trabalho. Nós tínhamos conversado recentemente, numa visita anterior, e ele me atualizou sobre os últimos acontecimentos de sua vida. Fiquei sabendo, mais do que desejaria, de todos os detalhes do drama bebê-mamãe.

– Cara, elas sempre estão querendo alguma merda – queixou-se ele, referindo-se às dificuldades no trato com as três diferentes mães de seus filhos. Ao mesmo tempo, mostrava-se extremamente orgulhoso de ser pai de cinco crianças. Era seu distintivo de honra, algo que os homens "de verdade" fazem, embora estivesse desempregado. E a menos que haja uma mudança radical nessa sociedade, suas chances de conseguir um emprego honrado são quase nulas, pois esses fatos não podem ser negados: ele é um homem negro que foi condenado por envolvimento com drogas e não tem grande capacitação para o mercado. Como Louie, também caiu na armadilha.

Don Habibi, meu antigo orientador na Universidade da Carolina do Norte, em Wilmington, gostava de dizer: "Depois que a gente sabe, não pode mais deixar de saber." Houve um período em que eu não tinha consciência das forças que impediam Tobias e as pessoas como ele de ter o direito de competir na sociedade. Essa época ficou para trás. Hoje entendo que as cartas estão marcadas contra eles. Por isso, muitas vezes fico desanimado e tenso quando me perguntam o que dizer a alguém na situação de Tobias. Reconheço que não posso desistir dele nem da sociedade. Da última vez em que nos encontramos, voltei a estimulá-lo a concluir o colégio e a conseguir um emprego. Contei-lhe sobre meu irmão Gary, que também abandonou a escola e se meteu no tráfico de cocaína, mas depois acabou se formando na faculdade e é dono de uma empresa multimilionária. Não lhe contei que Gary nunca tinha sido condenado por um crime, nem que tinha apenas um filho quando começou a dar uma virada. Essa contextualização poderia dificultar as coisas para Tobias. Afinal, eu estava tentando convencê-lo, e a mim mesmo, de que ele também seria capaz.

Durante a jornada de Gary, eu lhe dera um exemplar de *Makes Me Wanna Holler*, de Nathan McCall. Foi o primeiro livro que ele leu do início ao fim. E o achou de grande ajuda. Assim, comprei um exemplar para Tobias, sugerindo que o lesse para conversarmos a respeito. Também comprei para ele o CD *Survival*, de Bob Marley, imprimi as letras e pedi que ouvisse com particular atenção a faixa "Ambush in the Night". Expliquei que essa canção fala, de uma maneira muito tocante, da predisposição do sistema contra pessoas como ele, e que é bom saber que às vezes alguém o entende. Mas ainda parecia insuficiente para o que ele enfrentava. Parecia que eu estava dando um Band-Aid a uma pessoa baleada, que sangra intensamente, quando todo mundo sabe que é preciso chamar um cirurgião para remover a bala e permitir que o cara se cure.

Uma compensação do fato de estar escrevendo este livro era ter a oportunidade de consertar as relações de família, danificadas por anos de silêncio e distância. Em várias oportunidades, eu me encontrei sozinho com MH e Carl para conhecê-los como gente, e não apenas como pais. Estou convencido de que foi de MH que herdei meu senso de humor meio perverso. Ela costumava zombar dos netos: "Malik quer ser bandido e não sabe como. Não é homem o bastante nem para mijar direito. Melhor que sossegue esse traseiro de uma vez." Eu sempre ria muito quando nos encontrávamos. Ela também me ajudou a me manter em contato com pessoas do meu passado. "Lembra-se de Lil' Mama?", perguntava. Invariavelmente, eu dizia que não. MH então prosseguia: "Ela mandou um beijo para você e também mandou lhe lembrar que o livrou de levar muitas palmadas." E eu respondia: "Sim, claro, agora estou lembrando, Lil' Mama."

Meu trato com Carl também era valioso, mas centrava-se basicamente nos esportes. Ele perguntava sempre se eu continuava a torcer pelos times profissionais de Miami. "O que você acha dos Heat?" Eu não tinha coragem de dizer que nunca tinha torcido pelos Heat. O Miami Heat entrou para a NBA no campeonato de 1988-89, quatro anos depois de eu ter deixado a área. Assim, nunca cheguei a desenvolver uma ligação emocional com o time, como fizera com os Dolphins. Mas tenho perfeita clareza de que foi Carl quem estimulou meu interesse pelo atletismo, e se não fosse o atletismo, este livro provavelmente nunca teria sido escrito. Meu envolvimento com o esporte no colégio exigia que eu mantivesse uma média de notas, o que assegurou também que eu me formasse. Carl e eu recordávamos a época em que fomos ver a luta entre Muhammad Ali e George Foreman, o chamado "Rumble in the Jungle" de 1974, em circuito fechado de televisão, no centro de convenções. Foi uma noite especial, e aquele dia se tornou uma data especial para nós. Fiquei sabendo também que ele se comunica regularmente com Tobias para dar conselhos e apoio, e que não bebe há quase vinte anos.

Nesses reencontros com meus pais, eu não podia deixar de pensar nos meus filhos pequenos e no tempo que não conseguia passar com eles. Damon estava com dezoito anos e se preparava para entrar na faculdade. Malakai tinha seis anos menos e frequentava um estabelecimento de ensino médio que cobra mensalidades comparáveis às de uma faculdade. O ambiente em que Robin e eu os criamos é completamente diferente daquele em que cresci, o que causa ansiedade e alívio. Às vezes acho que os mimamos demais. Será que seriam capazes de abrir caminho por conta própria se algo acontecesse a Robin e a mim? Meus irmãos e eu costumamos brincar sobre o fato de MH ter deixado claro muito cedo que tínhamos de enfrentar a vida sozinhos, especialmente se criássemos problemas com a lei. Ela costumava repetir sempre: "Se forem para a prisão, não me chamem." MH tem plena convicção de que a filosofia que pôs em prática na criação dos filhos é o motivo de eles terem alcançado sucesso na vida. Mas seus filhos têm uma visão diferente das coisas.

Robin e eu tivemos sorte de poder proteger nossos filhos das armadilhas enfrentadas por tantos outros meninos negros, inclusive Tobias e meus sobrinhos. Damon e Malakai não parecem carregar as feridas emocionais que eu trazia da infância. São ponderados e verbalmente expressivos, mesmo quando tomados de emoção. Ambos se envolveram no atletismo e nas artes desde muito pequenos. Os dois leram mais livros do que eu havia lido ao me formar na faculdade. Para eles, concluir os estudos universitários representa a expectativa mínima. Viajaram pelos Estados Unidos, visitaram países estrangeiros e sobretudo estão num processo de integração à sociedade. O que mais me agrada, todavia, é o fato de se mostrarem alegres e satisfeitos. Passam boa parte do tempo livre jogando juntos, rindo e brincando. Vendo o convívio de Damon e Malakai, costumo lembrar-me da época em que Louie e eu éramos garotos, subindo na enorme árvore do quintal de Big Mama. "Não suba demais", dizia Louie. Por ser mais velho, ele se sentia na obrigação de cuidar de mim, para eu não pisar num galho frágil e cair.

Depois de me despedir de Louie, sentei no carro e comecei a chorar, pois sentia como se tivesse deixado de cuidar dele como ele cuidava de

Outdoor: "Deus oferece a Salvação, candidate-se através de Jesus Cristo."

mim quando éramos garotos. Antes de escrever este livro, nunca mais tinha chorado. Mas agora, no carro, um rio de lágrimas descia dos meus olhos. Fiquei pensando em todos os outros Louie que não temos protegido. Pensei em todos os anos que passei longe de minha família na Flórida a fim de obter uma educação que não parece adequada para ajudá-los a resolver os problemas que enfrentam. As lágrimas continuavam a correr enquanto eu pensava no enorme potencial que Louie chegou a demonstrar. Doía-me profundamente que não tivéssemos ambos nos tornado cientistas. Passados vários minutos, consegui me recompor e dei partida no carro. Johnny Cash cantava no rádio: "Encontrarei a paz no vale, meu Senhor, eu Lhe peço..." Fui saindo devagar.

17. Uma política de drogas baseada em fatos, não em ficção

"Está na hora de os Estados Unidos fazerem o que é certo."

FANNIE LOU HAMER

"VOCÊ QUER DIZER, então, que devíamos legalizar drogas pesadas como cocaína, heroína e metanfetamina?" A pergunta era feita depois de uma apresentação minha para um grupo de pessoas bem-informadas, brancas e idosas de Nova York. Alguns eram profissionais liberais, neurologistas, psicólogos e assistentes sociais. Estavam todos reunidos num bar, num subsolo do Brooklyn, para ouvir minha exposição numa das reuniões mensais do seu "Clube Secreto da Ciência".

Mal-iluminada, a sala cheirava a álcool e estava lotada – várias pessoas não conseguiram entrar. Os corpos se aproximavam como se estivéssemos num salão popular de dança. Havia até quem cheirasse a maconha. De pé ali no palco profusamente iluminado – tão iluminado que tinha de usar óculos escuros –, eu não pude deixar de me lembrar de minha juventude, quando atuava como DJ em Miami, em ambientes semelhantes, só que na época o público era inteiramente negro. "Quero dizer que estou plenamente convencida de que a guerra às drogas foi um gigantesco fracasso. E inclusive apoio a legalização da maconha, mas *não* sou a favor da legalização das drogas pesadas", prosseguiu a mulher, com seus trinta e poucos anos, vestindo uma camiseta do Public Enemy.

Sua pergunta e seus comentários não me surpreenderam. Não era a primeira vez que uma das minhas exposições fora recebida com ceticismo ou incredulidade. Para ser honesto, eu acabara de dizer àquela plateia, na qual muita gente se orgulhava de sua capacidade de pensar criticamente, que a maior parte do tempo eles tinham sido iludidos ou desinformados sobre o que as drogas fazem ou deixam de fazer. Mobilizei uma montanha de dados científicos para questionar alguns dos supostos efeitos nocivos das "drogas pesadas" sobre o funcionamento do cérebro. Expliquei que há tempos vem sendo orquestrada uma tentativa de exagerar os riscos de drogas como cocaína, heroína e metanfetamina. Os mais empenhados nessa tentativa são os cientistas, os responsáveis pelo cumprimento da lei, os políticos e os meios de comunicação.

Apesar de reconhecer o potencial de abuso e dano dessas drogas, eu enfatizava que os dados científicos a seu respeito em geral eram malinterpretados, com uma ênfase deformada nos relatos episódicos. Explicava que essa situação não apenas estigmatizava de forma equivocada os que usam e abusam das drogas, como também levava à adoção de políticas erradas. Isso significaria que a legalização das drogas é a única alternativa viável quando examinamos as políticas de drogas a ser adotadas? Claro que não. A proibição de drogas, atualmente a política prevalecente no setor, e a legalização são polos opostos de um continuum. Há muitas alternativas entre os dois.

Uma delas é a descriminalização, que costuma ser confundida com legalização, embora não sejam a mesma coisa. E aqui está a principal diferença: na legalização, venda, compra, uso e posse de drogas são legais. As políticas que hoje adotamos de regulamentação do álcool e do tabaco, para os que têm idade permitida, são exemplos de legalização de drogas. Na descriminalização, por outro lado, a compra, o uso e a posse de drogas podem ser punidos por intimação judicial, exatamente como acontece com o tráfico. As drogas continuam a *não* ser legais, mas as infrações não levam a condenações penais – exatamente aquilo que tem impedido tantas pessoas de conseguir emprego, habitação, benefícios governamentais, tratamento, e assim por diante. Isso é crucial, quando levamos em conta o seguinte fato: todo ano, mais de 80% das detenções por delitos envolvendo drogas nos Estados Unidos dizem respeito à simples posse.[1] Mas a venda de drogas ilícitas continua a constituir um delito penal sob as leis de descriminalização.

A descriminalização das drogas não é um conceito novo. Na verdade, alguns estados, como a Califórnia e Massachusetts, já descriminalizaram a maconha. Embora certos detalhes variem de estado para estado, em geral essas leis estabelecem o seguinte: qualquer pessoa apanhada com menos de 28 gramas de maconha ou fumando em público pode ser punida com multa de US$ 100. Nenhum estado descriminalizou outras drogas ilegais. Caberia perguntar: por que não? Antes de responder, pode ser útil dar uma olhada na experiência portuguesa.

Em 2001, Portugal tomou a inédita medida de descriminalizar todas as drogas ilegais: cocaína, heroína, metanfetamina, metilenedioximetanfetamina de 3,4 (MDMA, também conhecido como ecstasy e molly), tudo. Eis como a coisa funciona lá. A compra, a posse e o uso de drogas recreativas para uso pessoal – em quantidades para suprimento de até dez dias – deixaram de ser delitos penais. Os usuários apanhados pela polícia com drogas recebem o equivalente a uma multa de trânsito, em vez de serem detidos e estigmatizados com um registro policial. Isso significa que são intimados a comparecer perante uma Comissão de Dissuasão do Vício em Drogas, em geral formada por um assistente social, um profissional da área médica, como psicólogo ou psiquiatra, e um advogado. Note-se a ausência de policiais.

A comissão foi criada para enfrentar um possível problema sanitário. A ideia é estimular os usuários a debater honestamente o consumo de drogas com profissionais que agirão como especialistas e conselheiros em matéria de saúde, e não como adversários. A pessoa senta-se à mesa com esses especialistas. Se eles acharem que ela não tem problema com as drogas, nada mais será exigido além do pagamento da multa. No caso de haver problema com as drogas, recomenda-se um tratamento – remetendo-se ao especialista indicado. Ainda assim, não é obrigatório que a pessoa se submeta ao tratamento. Os reincidentes – menos de 10% dos atendidos por ano – podem receber punições não penais, como suspensão da carteira de motorista ou proibição de passar por bairros conhecidos pela venda de drogas.

Como tem funcionado a descriminalização em Portugal? Globalmente, aumentaram os gastos de prevenção e tratamento, e diminuíram os de processo penal e prisão. O número de mortes provocadas por drogas diminuiu, assim como as taxas gerais de consumo de drogas, em especial entre os jovens (entre quinze e 24 anos). De maneira geral, os índices de uso de drogas em Portugal são semelhantes ou um pouco melhores que os de outros países da União Europeia.[2] Em outras palavras, a experiência portuguesa com a descriminalização pode ser considerada moderadamente bem-sucedida. Não, ela não pôs fim ao uso de drogas ilegais, o que seria uma expectativa irrealista. Os portugueses continuam a se drogar, como seus contemporâneos e todas as sociedades humanas antes deles. Mas, aparentemente, eles não têm o problema de estigmatizar, marginalizar e encarcerar proporções consideráveis de cidadãos por delitos sem gravidade relacionados a drogas. São esses alguns dos motivos pelos quais considero que a descriminalização deveria ser debatida como possível alternativa para os Estados Unidos.

"Mas então por que a descriminalização de todas as drogas ilegais não é uma possibilidade levada a sério em nosso país?", berrou um homem de idade indefinida, no centro da sala. O cabelo grisalho e as rugas do rosto davam a impressão de que tinha quarenta e muitos ou cinquenta e poucos anos, mas os jeans justos e os tênis Chuck Taylor Converse pareciam indicar que era muito mais jovem. Eu respondi: "Claro que a resposta varia conforme a pessoa convidada a responder. O exame de todas as possíveis respostas não caberia nesta conferência."

Nas páginas precedentes, contudo, tentei fornecer ao leitor informações capazes de permitir que ele analise a questão de modo mais crítico. Resumindo, nós temos medo demais dessas drogas e do que achamos que elas podem causar. Nossas atuais políticas para drogas baseiam-se, em grande medida, em ficção e desconhecimento. A farmacologia – ou, em outras palavras, os reais efeitos das drogas – já não desempenha papel tão relevante quando se estabelecem essas políticas. Dessa forma, fomos artificiosamente levados a crer que cocaína, heroína, metanfetamina ou qualquer outra droga em evidência são tão perigosas que o consumo ou posse, em qualquer nível, não podem ser tolerados e devem ser punidos com severidade. A descriminalização não se encaixa nessa perspectiva equivocada.

Para que ocorra um debate nacional sério sobre a descriminalização, é necessário em primeiro lugar que o público seja reeducado sobre as drogas, separando-se os verdadeiros riscos em potencial das invenções monstruosas ou cáusticas. Embora eu espere que este livro represente um passo significativo nessa direção, outras pessoas (por exemplo, os cientistas e os funcionários da área de saúde) também serão necessárias em nosso empenho de reeducação. Considerando-se o quanto estão arraigados certos mitos sobre as drogas, não devemos esperar mudanças a curto prazo, pois isso causaria desapontamento e frustração. Lembro-me aqui das palavras de meu querido amigo Ira Glasser, ex-diretor da União Americana de Liberdades Civis, quando lhe perguntaram quanto tempo ainda teremos de esperar por uma verdadeira reforma das políticas relativas às drogas. Ira respondeu: "A luta pela justiça não é uma corrida de velocidade, ... é uma maratona. Não dá para ver onde termina a trilha. Podemos apenas pegar o bastão e correr o mais rápido possível, com o maior esforço, até onde conseguirmos."

O comentário de Ira também me lembra que a reeducação do público a respeito de drogas irá exigir um esforço em equipe. Para começar, os cientistas que estudam as drogas ilegais podem ser de enorme ajuda nesse processo. Mas cabe lembrar também que os estudiosos não são todos iguais em sua capacidade de pensar de maneira crítica e racional sobre as drogas. Por exemplo, um pesquisador que estude os efeitos neurotóxicos (que causem danos às células do cérebro) da MDMA nos roedores não será necessariamente a pessoa mais indicada para educar o público quanto aos efeitos das drogas em seres humanos. Em suas experiências, esses pesquisadores costumam injetar em suas cobaias quantidades muito grandes de droga, várias vezes por dia, durante dias consecutivos. Em muitas experiências, o animal chega a receber dez vezes a quantidade de droga consumida por um ser humano. Não surpreenderia, assim, que a MDMA, ministrada em doses tão elevadas, causasse danos às células cerebrais. O surpreendente é que certos cientistas, com base nesses resultados, façam ao público advertências alarmantes de que a MDMA não deve ser usada nem uma vez, por causar danos ao cérebro. Com amigos assim, ninguém precisa de inimigos. Posso assegurar que, administrando-se doses igualmente excessivas de álcool ou nicotina a animais, seriam observados efeitos semelhantes ou ainda mais tóxicos. Essas constatações provavelmente não são relevantes no caso da utilização de drogas por seres humanos, pois consumimos doses bem mais baixas.

Tendo-se em conta a enorme quantidade de informações conflitantes, reconheço que pode ser difícil determinar quem é o especialista digno de crédito. Em suas tentativas de avaliar as informações disponíveis sobre drogas, talvez seja útil fazer algumas perguntas simples. Que quantidade de droga foi administrada aos animais – e acaso é semelhante às quantidades usadas por seres humanos? A droga foi injetada ou engolida – e os seres humanos usam drogas dessa maneira? Os animais receberam inicialmente quantidades menores da droga, permitindo-se o desenvolvimento de tolerância, que previne muitos efeitos tóxicos, ou desde o início receberam quantidades maiores? Os animais encontravam-se em isolamento ou em grupos?

Todos esses fatores influenciam os efeitos das drogas no cérebro e no comportamento. Você deve se mostrar cético quando os "especialistas" tentarem extrapolar dados coletados em animais de laboratório para seres humanos sem levar em conta esses fatores críticos.

O policial é outro profissional com frequência convocado a educar o público sobre drogas. Poucas iniciativas tiveram efeito mais pernicioso sobre a educação e a saúde públicas. De modo geral, os policiais são treinados para capturar criminosos, prevenir e detectar crimes, em nome da manutenção da ordem pública. Não são treinados em farmacologia e tampouco em psicologia ou qualquer outra ciência comportamental. Como frisei inúmeras vezes nestas páginas, os efeitos das drogas sobre o comportamento e a fisiologia humanos são determinados por uma complexa interação entre o usuário individual de drogas e seu meio. Sem o devido treinamento, é muito difícil tirar conclusões a respeito da maneira como determinada droga pode ter atuado sobre o comportamento de alguém.

É verdade que os policiais fazem muitas detenções ligadas a drogas, mas seria um erro presumir que, em decorrência disso, se tornam conhecedores dos efeitos das drogas. Ser perseguido ou detido pela polícia é uma situação aberrante. Esse simples fato, mesmo sem qualquer droga, pode causar no suspeito o aumento da paranoia e da ansiedade, o medo, uma reação violenta ou a fuga. Devemos ter em mente também que certas pessoas detidas por motivos relacionados a drogas apresentam distúrbios psiquiátricos preexistentes, ao passo que outras podem estar intoxicadas pelo uso de várias drogas, entre elas o álcool. Quando toda essa complexidade é acrescentada a uma situação já em si anormal, muitas vezes é difícil distinguir os resultados de determinada substância ilícita daqueles gerados por influências não relacionadas às drogas.

No entanto, em certas campanhas educativas públicas promovidas por instituições policiais, os comportamentos perturbadores são atribuídos de maneira acrítica a certos efeitos das drogas. Este é um dos principais veículos de perpetuação dos mitos relacionados a elas. A questão é que os policiais encarregados da manutenção da ordem pública não estão qualificados para servir de especialistas em educação só porque fazem detenções que acaso envolvam drogas.

Tanto os cientistas que estudam a toxicidade em animais quanto os policiais que prendem usuários e traficantes muitas vezes têm uma visão limitada da complexidade das ideias que aqui apresentei. Ninguém cuja experiência profissional esteja voltada para um único aspecto do uso de drogas ilícitas pode ser considerado especialista, no sentido de ser capaz de imaginar todas as consequências previstas e imprevistas da persistência, em nossa atual política, de tratar o uso de drogas ilícitas como uma questão penal.

Os meios de comunicação são outra importante fonte de desinformação sobre as drogas. Ao longo deste livro, dei muitos exemplos de como a mídia costuma insuflar a histeria em relação a elas. Fica parecendo que surge uma "nova droga mortal" quase a cada ano. E invariavelmente se entrevista algum policial ou político, alertando dos riscos que essa droga apresenta para seus filhos. (Naturalmente, não deveria ser um policial nem um político eleito o profissional convocado para educar a opinião pública sobre os possíveis efeitos das drogas.) Em geral, depois de passada a histeria, descobrimos que a substância em questão não era tão perigosa quanto se dizia. Na verdade, nem sequer era nova. Mas, a essa altura, novas leis foram promulgadas, impondo penalidades mais duras pela posse e distribuição da suposta droga nova e perigosa. Não sou otimista quanto à possibilidade de que os meios de comunicação venham em breve a mudar sua maneira de informar sobre o tema. As reportagens sobre drogas são *sexy*, e o sexo serve para vender qualquer coisa, de jornais a documentários.

Cabe lembrar, todavia, que os cientistas já estudaram quase todas as drogas populares de recreação em seres humanos. Aprendemos muito sobre as condições em que há maior probabilidade de ocorrerem efeitos positivos ou negativos. Infelizmente, esse conhecimento não é levado ao público, basicamente pela crença irracional de que pode incitar alguém a começar a fazer uso de drogas. À luz do fato de que já existem mais de 20 milhões de americanos consumindo substâncias ilegais com regularidade, parece que uma abordagem racional – voltada para a redução dos danos relacionados às drogas – consistiria em compartilhar o que aprendemos com os usuários e aqueles que estão em posição de ajudar a mantê-los seguros. Caso contrário, estaremos prestando um grande desserviço à sociedade.

Se fosse maior o número de pessoas conscientes de alguns fatos simples que aprendemos, aumentariam muito a segurança e a saúde do público. Em primeiro lugar, os usuários inexperientes seriam desencorajados a tomar drogas da maneira como fazem os experientes. Estes últimos tendem a ingeri-las do modo que elas chegam mais depressa ao cérebro, ou seja, fumando ou por injeção intravenosa. Como o fumo e a injeção intravenosa geram efeitos mais fortes, a probabilidade de consequências danosas aumenta. Em contrapartida, tomar uma droga pela boca em geral é mais seguro, por dois motivos: o estômago pode ser lavado, em casos de overdose, o que não é possível com overdoses fumadas ou injetadas; uma parte da droga é decomposta antes de chegar ao cérebro, o que diminui o efeito.

Em segundo lugar, é preciso enfatizar a necessidade de hábitos saudáveis de sono para todos os usuários de drogas, pois uma privação prolongada de sono pode causar deterioração do funcionamento mental. Em casos graves, mesmo sem drogas, também podem ocorrer alucinações e paranoia. Como as anfetaminas e a cocaína reduzem a fadiga e compensam a redução do desempenho, certas pessoas podem ingerir reiteradamente essas drogas para diminuir problemas relacionados à perda de sono. Trata-se de uma abordagem absurda. Um dos efeitos mais constantes dos estimulantes é a perturbação do sono, e o uso reiterado pode exacerbar a insônia. Tendo em vista o papel vital que o sono desempenha no funcionamento saudável, os usuários regulares de estimulantes devem tomar cuidado com a duração de seu sono e evitar o uso de drogas perto da hora de dormir.

Finalmente, certas combinações de drogas devem ser evitadas, pois aumentam o risco de overdose. As combinações heroína-álcool e oxicodona-diazepam são dois casos muito disseminados. Embora, teoricamente, seja possível morrer de overdose de qualquer dessas drogas sozinha, em termos práticos, isso é extremamente raro. Todo ano ocorrem nos Estados Unidos vários milhares de mortes nas quais se menciona a presença de combinações de substâncias ilegais. Em quase todas as mortes por overdose envolvendo algum opioide, por exemplo, está presente outra droga. Na maioria das vezes, o álcool. É preciso tomar cuidado na combinação de duas drogas ou de qualquer droga com álcool.

"Obrigado por sua atenção e pelas perguntas e comentários pertinentes", disse eu ao me despedir dos membros do Clube Secreto da Ciência. Mas antes que eu descesse do palco, dezenas de pessoas acorriam ao meu redor. Algumas tinham perguntas a fazer, enquanto outras queriam compartilhar suas histórias, buscar conselhos ou apenas agradecer. Lembrei-me da época em que costumava observar meu cunhado e mentor na função de DJ, Richard "Silky Slim", dizendo muito habilmente a cada pessoa que sua opinião era importante. Infelizmente, Silk não veio a se tornar o homem do show-business, como todos pensávamos. Na verdade, foi condenado por um crime relacionado a drogas, tendo cumprido pena de mais de uma década em prisão federal.

Desde que foi libertado, ele e eu conversamos muito sobre suas experiências no sistema penal e a injustiça de nossas atuais políticas relativas às drogas. Para ser honesto, sua história é uma das que mais me motivam a dar o melhor de mim a fim de mudar a maneira como regulamentamos as drogas ilegais debatidas neste livro. Sempre que escrevo algo relevante nessa matéria, mando-lhe um exemplar. Eis aqui uma recente mensagem de texto que recebi dele, em resposta a um artigo que publiquei propondo a eliminação das disparidades de sentenças entre a cocaína em pó e o crack:[3] "E aí, *brother* Carl, artigo do caralho que você escreveu. Meu coração disparou de novo só de pensar na injustiça que sofri. Obrigado, cara, foi lindo! Deus te abençoe." Espero sinceramente que meu empenho ajude a impedir muitos dos erros de políticas cometidos no passado.

Notas

1. De onde venho (p.19-29)

1. J.C. Anthony, L.A. Warner e R.C. Kessler, "Comparative epidemiology of dependence on tobacco, alcohol, controlled substances, and inhalants: basic findings from the National Comorbidity Survey", *Experimental and Clinical Psychopharmacology*, n.2, 1994, p.244-68; L.A. Warner et al., "Prevalence and correlates of drug use and dependence in the United States. Results from the National Comorbidity Survey", *Archives of General Psychiatry*, v.52, n.3, mar 1995, p.219-29; M.S. O'Brien e J.C. Anthony, "Extramedical stimulant dependence among recent initiates", *Drug and Alcohol Dependence*, n.104, 2009, p.147-55; Substance Abuse and Mental Health Services Administration, *Results from the 2011 National Survey on Drug Use and Health: Summary of National Findings*, NSDUH series H-44, HHS publication n.SMA 12-4713 (Rockville, MD: Substance Abuse and Mental Health Services Administration, 2012).
2. Gwendolyn Mink, *Poverty in the United States: An Encyclopedia of History, Politics, and Policy*, Santa Barbara, CA, ABC-CLIO, 2004, v.1, p.187.
3. Linda Swanson, "Racial/ethnic minorities in rural areas: progress and stagnation", U.S. Department of Agriculture Economic Research Service, AER731, ago 1996; disponível em: http://www.ers.usda.gov/publications/aer-agricultural-economic-report/aer731.aspx. Ver também Manning Marable, *How Capitalism Underdeveloped Black America*, Londres, Pluto Press, 1983, p.45.
4. Substance Abuse and Mental Health Services Administration, Office of Applied Studies, *Results from the 2004 National Survey on Drug Use and Health: National Findings*, DHHS publication n.SMA 05-4062, NSDUH series H-28, 2005; disponível em: http://www.oas.samhsa.gov/p0000016.htm#2k4.
5. Thomas P. Bonczar, "Prevalence of imprisonment in the U.S. population, 1974-2001", U.S. Department of Justice, Bureau of Justice Statistics Special Report, NCJ 197976, ago 2003; disponível em: www.policyalmanac.org/crime/archive/prisoners_in_US_ pop.pdf.

2. Antes e depois (p.30-50)

1. B.A. Pan, M.L. Rowe, J.D. Singer e C.E. Snow, "Maternal correlates of growth in toddler vocabulary production in low-income families", *Child Development*, v.76, n.4, jul-ago 2005, p.763-82; disponível em: http://www.ncbi.nlm.nih.gov/pubmed/18300434; M.L. Rowe, "Child-directed speech: relation to socioeconomic status, knowledge

of child development and child vocabulary skill", *Journal of Child Language*, v.35, n.1, fev 2008, p.185-205; disponível em: http://www.ncbi.nlm.nih.gov/pubmed/16026495; M.L. Rowe e S. Goldin-Meadow, "Differences in early gesture explain SES disparities in child vocabulary size at school entry", *Science*, n.323, fev 2009, p.951-3; disponível em: http://www.ncbi.nlm.nih.gov/pubmed/19213922.
2. P.K. Piff et al., "Having less, giving more: the influence of social class on prosocial behavior", *Journal of Personality and Social Psychology*, v.99, n.5, nov 2010, p.771-84; M.W. Kraus, S. Côté e D. Keltner, "Social class, contextualism, and empathic accuracy", *Psychological Science*, v.21, n.11, nov 2010, p.1716-23.

3. Big Mama (p.51-71)

1. D.K. Ginther et al., "Race, ethnicity, and NIH research awards", *Science*, n.333, 2011, p.1015-9.
2. C.M. Mueller e C.S. Dweck, "Praise for intelligence can undermine children's motivation and performance", *Journal of Personality and Social Psychology*, v.75, n.1, jul 1998, p.33-52.

4. Educação sexual (p.72-88)

1. R.A. Wise, "The neurobiology of craving: implications for the understanding and treatment of addiction", *Journal of Abnormal Psychology*, n.97, 1988, p.118-32; G.F. Koob, "Drugs of abuse: anatomy, pharmacology and function of reward pathways", *Trends Pharmacological Sciences*, n.13, 1992, p.177-84.
2. J. Olds e P. Milner, "Positive reinforcement produced by electrical stimulation of the septal area and other regions of rat brain", *Journal of Comparative and Physiological Psychology*, n.46, 1954, p.419-27.
3. C. Hart e C. Ksir, "Nicotine effects on dopamine clearance in rat nucleus accumbens", *Journal of Neurochemistry*, n.66, 1996, p.216-21; C. Ksir et al., "Nicotine enhances dopamine clearance in rat nucleus accumbens", *Progress in Neuro-Psychopharmacology and Biological Psychiatry*, n.19, 1995, p.151-6.
4. W.A. Cass et al., "Differences in dopamine clearance and diffusion in rat striatum and nucleus accumbens following systemic cocaine administration", *Journal of Neurochemistry*, n.59, 1992, p.259-66.
5. J. Zhu et al., "Nicotine increases dopamine clearance in medial prefrontal cortex in rats raised in an enriched environment", *Journal of Neurochemistry*, n.103, 2007, p.2575-88; J. Zhu, M.T. Bardo e L.P. Dwoskin, "Distinct effects of enriched environment on dopamine clearance in nucleus accumbens shell and core following systemic nicotine administration", *Synapse*, n.67, 2013, p.57-67.
6. G.F. Koob, "Drugs of abuse: anatomy, pharmacology and function of reward pathways".

7. L. Hechtman e B. Greenfield, "Long-term use of stimulants in children with attention deficit hyperactivity disorder: safety, efficacy, and long-term outcome", *Paediatric Drugs*, vol.5, n.12, 2003, p.787-94.

5. Rap e recompensas (p.89-105)

1. H.R. White e M.E. Bates, "Cessation from cocaine use", *Addiction*, v.90, n.7, jul 1995, p.947-57.
2. A.J. Heinz et al., "Marriage and relationship closeness as predictors of cocaine and heroin use", *Addictive Behaviors*, v.34, n.3, mar 2009, p.258-63.
3. M.D. Resnick et al., "Protecting adolescents from harm: findings from the National Longitudinal Study on Adolescent Health", *Journal of the American Medical Association*, v.278, n.10, 1997, p.823-32.
4. B.K. Alexander, R.B. Coambs e P.F. Hadaway, "The effect of housing and gender on morphine self-administration in rats", *Psychopharmacology*, n.58, 1978, p.175-9; P.F. Hadaway et al., "The effect of housing and gender on preference for morphine-sucrose solutions in rats", *Psychopharmacology*, n.66, 1979, p.87-91.
5. C. Chauvet et al., "Effects of environmental enrichment on the incubation of cocaine craving", *Neuropharmacology*, n.63, 2012, p.635-41; M.D. Puhl et al., "Environmental enrichment protects against the acquisition of cocaine self-administration in adult male rats, but does not eliminate avoidance of a drug-associated saccharin cue", *Behavioural Pharmacology*, n.23, 2012, p.43-53; D.J. Stairs, E.D. Klein e M.T. Bardo, "Effects of environment enrichment on extinction and reinstatement of amphetamine self-administration and sucrose-maintained responding", *Behavioural Pharmacology*, n.17, 2006, p.597-604.
6. M.E. Carroll, S.T. Lac e S.L. Nygaard, "A concurrently available nondrug reinforcer prevents the acquisition or decreases the maintenance of cocaine-reinforced behavior", *Pychopharmacology* (Berlim), v.97, n.1, 1989, p.23-9.
7. M. Lenoir et al., "Intense sweetness surpasses cocaine reward", *PLoS One*, v.2, n.8, ago 2007, p.e698.
8. M.A. Nader e W.L. Woolverton, "Effects of increasing the magnitude of an alternative reinforcer on drug choice in a discrete-trials choice procedure", *Psychopharmacology* (Berlim), v.105, n.2, 1991, p.169-74.
9. S.T. Higgins, W.K. Bickel e J.R. Hughes, "Influence of an alternative reinforcer on human cocaine self-administration", *Life Sciences*, v.55, n.3, 1994, p.179-87.

6. Drogas e armas (p.106-27)

1. National Household Survey on Drug Use and Health, 2010; disponível em: http://www.samhsa.gov/data/NSDUH/2k10Results/Web/HTML/2k10Results.htm#7.1.5.

2. Christopher J. Mumola e Jennifer C. Karberg, U.S. Department of Justice, Office of Justice Programs, Bureau of Justice Statistics Special Report, Drug Use and Dependence, State and Federal Prisoners, 2004.
3. Ibid.
4. P.J. Goldstein, H.H. Brownstein, P.J. Ryan e P.A. Bellucci, "Crack and homicide in New York City: a case study in the epidemiology of violence", in Craig Reinarman e Harry G. Levine (orgs.), *Crack in America: Demon Drugs and Social Justice*, Berkeley, University of California Press, 1997, p.113-30.
5. S.R. Dube et al., "Childhood abuse, neglect, and household dysfunction and the risk of illicit drug use: the adverse childhood experiences study", *Pediatrics*, v.111, n.3, mar 2003, p.564-72; disponível em: http://pediatrics.aappublications.org/content/111/3/564.long.

7. Escolhas e oportunidades (p.128-43)

1. Anna Aizer e Joseph J. Doyle Jr., "Juvenile incarceration and adult outcomes: evidence from randomly-assigned judges", National Bureau of Economic Research, fev 2011.
2. U. Gatti, R.E. Tremblay e F. Vitaro, "Iatrogenic effect of juvenile justice", *Journal of Child Psychology and Psychiatry*, n.50, 2009, p.991-8.
3. T.J. Dishion, F. McCord e J. Poulin, "When interventions harm: peer groups and problem behavior", *American Psychologist*, n. 54, 1999, p.755-61.
4. Campaign for Youth Justice, "Critical condition: African American youth in the criminal justice system", 25 set 2008, p.1; disponível em: http://www.campaignforyouthjustice.org.
5. Ibid., p.16, 27.

8. Treinamento básico (p.144-67)

1. Jeffrey Haas, *The Assassination of Fred Hampton: How the FBI and the Chicago Police Murdered a Black Panther*, Chicago, Lawrence Hill Books, 2009.
2. R. Balko, "Overkill: the rise of paramilitary police raids in America", Livro Branco, 2006.
3. Office of National Drug Control Policy, *National Drug Control Strategy: Data Supplement 2011*, 2012; disponível em: http://www.whitehouse.gov/sites/default/files/ondcp/policy-and-research/2011_data_supplement.pdf.
4. Craig Reinarman e Harry G. Levine (orgs.), *Crack in America: Demon Drugs and Social Justice*, Berkeley, University of California Press, 1997, p.19.
5. Edith Fairman Cooper, *The Emergence of Crack Cocaine Abuse*, Nova York, Novinka Books, 2002, p.49.
6. L.D. Johnston et al., *Monitoring the Future: National Survey Results on Drug Use, 1975-2011*, v.1, *Secondary School Students*, Ann Arbor, Institute for Social Research, Universidade de Michigan, 2012.

9. "Nosso lar é onde está o ódio" (p.168-92)

1. M. Daly e M. Wilson, "Competitiveness, risk taking, and violence: the young male syndrome", *Ethology and Sociobiology*, n.6, 1985, p.59-73.
2. L.D. Johnston et al., *Monitoring the Future: National Survey Results on Drug Use, 1975-2011*, v.1, *Secondary School Students*, Ann Arbor, Institute for Social Research, Universidade de Michigan, 2012.
3. Sudhir Venkatesh, *Gang Leader for a Day: A Rogue Sociologist Takes to the Streets*, Nova York, Penguin Press, 2008; Sudhir Venkatesh, *Off the Books: The Underground Economy of the Urban Poor*, Cambridge, MA, Harvard University Press, 2006.
4. Apud *Newsweek*, 16 jun 1986.
5. Associated Press, "Browns safety dies of cardiac arrest", *New York Times*, 28 jun 1986; disponível em: http://www.nytimes.com/1986/06/28/sports/browns-safety-dies-of-cardiac-arrest.html.
6. Lynn Norment, "Charles Rangel: the front-line general in the war on drugs", *Ebony*, mar 1989.
7. African American Members of the United States Congress: 1870-2008, *Congressional Record*, HR 5484; disponível em: http://thomas.loc.gov/cgi-bin/bdquery/z?d099:H.R.5484.
8. U.S. Sentencing Commission, Report to the Congress: Cocaine and Federal Sentencing Policy, mai 2007, p.16.

10. O labirinto (p.193-213)

1. Roberta Spalter-Roth, Olga V. Mayorova e Jean H. Shin, "The impact of cross-race mentoring for 'Ideal' and 'Alternative' PhD careers in Sociology", American Sociological Association, Department of Research and Development, ago 2011.

12. Ainda e sempre um neguinho (p.231-44)

1. E.H. Williams, "Negro cocaine fiends are a new Southern menace", *New York Times*, 8 fev 1914.
2. Ibid.
3. Ibid.
4. David Musto, *The American Disease: Origins of Narcotic Control*, ed. ampl., Nova York, Oxford University Press, 1987.
5. Ibid.

13. O comportamento dos sujeitos humanos (p.245-65)

1. C.L. Hart et al., "Comparison of intravenous cocaethylene and cocaine in humans", *Psychopharmacology*, n.149, 2000, p.153-62.

2. M.A. Nader e W.L. Woolverton, "Effects of increasing the magnitude of an alternative reinforcer on drug choice in a discrete-trials choice procedure", *Psychopharmacology*, v.105, n.2, 1991, p.169-74; M.A. Nader e W.L. Woolverton, "Effects of increasing the response requirement on choice between cocaine and food in Rhesus monkeys", *Psychopharmacology*, n.108, 1992, p.295-300.
3. C.L. Hart e C. Ksir, *Drugs, Society, and Human Behavior*, 15ª ed., Nova York, McGraw-Hill, 2012.
4. L.R. Gerak, R. Galici e C.P. France, "Self-administration of heroin and cocaine in morphine-dependent and morphine-withdrawn Rhesus monkeys", *Psychopharmacology*, n.204, 2009, p.403-11.
5. D.K. Hatsukami e M.W. Fischman, "Crack cocaine and cocaine hydrochloride: are the differences myth or reality?", *JAMA: The Journal of the American Medical Association*, v.276, n.19, 1996, p.1580-8.
6. C.L. Hart et al., "Alternative reinforcers differentially modify cocaine self-administration by humans", *Behavioural Pharmacology*, n.11, 2000, p.87-91.
7. Ibid.
8. S.T. Higgins et al., "Achieving cocaine abstinence with a behavioral approach", *American Journal of Psychiatry*, v.150, n.5, mai 1993, p.763-9.
9. M. Stitzer e N. Petry, "Contingency management for treatment of substance abuse", *Annual Review of Clinical Psychology*, n.2, 2006, p.411-34.
10. K. Silverman et al., "A reinforcement-based therapeutic workplace for the treatment of drug abuse: six-month abstinence outcomes", *Experimental and Clinical Psychopharmacology*, v.9, n.1, fev 2001, p.14-23.

14. **De volta para casa** (p.266-75)

1. Bureau of Labor Statistics, U.S. Department of Labor.

15. **O novo crack** (p.276-98)

1. C.L. Hart e C. Ksir, *Drugs, Society, and Human Behavior*, 15ª ed., Nova York, McGraw-Hill, 2012.
2. J.A. Caldwell e J.L. Caldwell, "Fatigue in military aviation: an overview of U.S. Military-Approved Pharmacological Countermeasures", *Aviation, Space and Environmental Medicine*, v.76, n.7, supl., 2005, p.C39-51.
3. Observações do senador Barack Obama na convenção da Universidade Howard, 28 set 2007.
4. Substance Abuse and Mental Health Services Administration, *Results from the 2011 National Survey on Drug Use and Health: Summary of National Findings*, NSDUH series H-44, HHS publication, n.(SMA) 12-4713, Rockville, MD, Substance Abuse and Mental Health Services Administration, 2012.

5. Fox Butterfield, "Home drug-making laboratories expose children to toxic fallout", *New York Times*, 23 fev 2004; disponível em: http://www.nytimes.com/2004/02/23/us/home-drug-making-laboratories-expose-children-to-toxic-fallout. html?pagewanted=all&src=pm.
6. Kate Zernike, "A drug scourge creates its own form of orphan", *New York Times*, 11 jul 2005; disponível em: https://www.nytimes.com/2005/07/11/national/11meth. html?pagewanted=2&sq=methamphetamine%20scourge&st=cse&scp=1.
7. S.L. Simon et al., "A comparison of patterns of methamphetamine and cocaine use", *Journal of Addictive Diseases*, n.21, 2002, p.35-44.
8. C.L. Hart et al., "Is cognitive functioning impaired in methamphetamine users? A critical review", *Neuropsychopharmacology*, n.37, 2012, p.586-608.
9. P.M. Thompson et al., "Structural abnormalities in the brains of human subjects who use methamphetamine", *Journal of Neuroscience*, n.24, 2004, p.6028-36.
10. Hart et al., "Is cognitive functioning impaired in methamphetamine users?".
11. C.L. Hart et al., "Acute physiological and behavioral effects of intranasal methamphetamine in humans", *Neuropsychopharmacology*, n.33, 2008, p.1847-55.
12. A. Perez et al., "Residual effects of intranasal methamphetamine on sleep, mood, performance", *Drug and Alcohol Dependence*, n.94, 2008, p.258-62.
13. B.A. Johnson et al., "Effects of isradipine on methamphetamine-induced changes in attentional and perceptual-motor skills of cognition", *Psychopharmacology*, n.178, 2005, p.296-302; B.A. Johnson et al., "Effects of topiramate on methamphetamine-induced changes in attentional and perceptual-motor skills of cognition in recently abstinent methamphetamine-dependent individuals", *Progress in Neuro-Psychopharmacology and Biological Psychiatry*, n.3, 2007, p.123-30; D.S. Harris et al., "The bioavailability of intranasal and smoked methamphetamine", *Clinical Pharmacology and Therapeutics*, n.74, 2003, p.475-86.
14. M.G. Kirkpatrick et al., "Comparison of intranasal methamphetamine and *d*-amphetamine self-administration by humans", *Addiction*, n.107, 2012, p.783-91.
15. C.L. Hart et al., "Alternative reinforcers differentially modify cocaine self-administration by humans", *Behavioural Pharmacology*, n.11, 2000, p.87-91.
16. Hart et al., "Is cognitive functioning impaired in methamphetamine users?".
17. M.S. O'Brien e J.C. Anthony, "Extra-medical stimulant dependence among recent initiates", *Drug and Alcohol Dependence*, n.104, 2009, p.147-55.
18. Upton Sinclair, *I, Candidate for Governor: And How I Got Licked*, Berkeley, University of California Press, 1934, p.109.
19. Hart et al., "Is cognitive functioning impaired in methamphetamine users?".
20. G. Stix, "Meth hype could undermine good medicine", *Scientific American*, 27 dez 2011.

16. Em busca da salvação (p.299-306)

1. James Baldwin, *The Fire Next Time*, Nova York, Dial Press, 1963.

17. Uma política de drogas baseada em fatos, não em ficção (p.307-16)

1. Disponível em: http://www.fbi.gov/about-us/cjis/ucr/crime-in-the-u.s/2010/crime-in-the-u.s.-2010/persons-arrested.
2. C.E. Hughes e A. Stevens, "A resounding success or a disastrous failure: re-examining the interpretation of evidence on the portuguese decriminalisation of illicit drugs", *Drug and Alcohol Review*, n.31, 2012, p.101-13.
3. C. Hart, "Remove the knife and heal the wound: no more crack/powder disparities", *Huffington Post*, 26 jul 2012; disponível em: http://www.huffingtonpost.com/carl-l-hart/crack-cocaine-sentencing_b_1707105.html.

Agradecimentos

Agradeço a duas pessoas que ajudaram na gestação deste livro por um caminho que se revelou mais difícil do que eu inicialmente pensara: Claire Wachtel e Maia Szalavitz. Claire foi muito além de sua responsabilidade editorial, desempenhando vários papéis. Obrigado por me tratar como um escritor e por ser minha caixa de ressonância, minha psicóloga e amiga. Sem sua orientação sutil, mas perspicaz e firme, este livro poderia ser de leitura superficial e entediante. Maia, o seu profissionalismo não tem igual. Você me manteve nos prazos, apesar de meu empenho em me atrasar e evitar tratar de questões pessoais difíceis nestas páginas. Também sou profundamente grato por me ensinar a escrever uma história interessante. Isso não é algo que se ensine na maioria dos programas educacionais de ciências.

Melissa e Marc Gerald, claro que sem o empenho de vocês este projeto não se teria realizado. Quando eu trabalhava numa comissão de concessão de bolsas do NIH com Melissa, ela me sugeriu, numa noite em que jantávamos juntos, que encontrasse seu irmão, agente literário, para falarmos sobre a possibilidade de eu escrever um livro. Achei que ela estava sendo gentil ao acolher minhas ideias um tanto fora do comum. Afinal (e por isso lhe sou grato), Marc concordou com ela e envidou os melhores esforços da Agency Group para que o projeto fosse concluído. Sasha Raskin, meu coagente, obrigado pela paciência com minhas infindáveis perguntas sobre o processo editorial.

Sinto-me grato por ter um lar intelectual na Universidade Columbia, nos departamentos de Psicologia e Psiquiatria e no Institute for Research in African-American Studies, onde me instruo com alguns dos mais talentosos pensadores. Tenho enorme débito de gratidão com meus muitos coautores, colegas e alunos. Essas pessoas gastaram seu tempo para me ensinar sobre drogas, ciência e vida. As discussões e debates em que nos envolvemos contribuíram para moldar várias das ideias expostas neste livro. Tenho particular dívida de gratidão para com Charles Ksir, James Rose, Fredrick Harris, Robert Krauss, Norma Graham, Lynn Paltrow, Rae Silver, Catalina Saldaña e Susie Swithers. Algumas dessas pessoas chegaram inclusive a ler e a manifestar suas reações aos primeiros esboços do manuscrito.

À minha família, obrigado a todos vocês pelo apoio e por me permitirem compartilhar suas histórias. O estímulo inicial de Robin representou grande parte do combustível que me ajudou a persistir em algumas das etapas inevitavelmente difíceis do processo. Teria sido impossível escrever este livro sem as vívidas lembranças de Jackie, Brenda, Beverly, Patricia, Joyce, Gary e Ray. Além disso, a capacidade de Ray de encontrar obscuros artigos de jornal sobre os Carver Ranches e nossos amigos de infância é realmente espantosa. Suas pesquisas me ajudaram a contar uma história mais fértil.

Finalmente, estaria me omitindo se não agradecesse a alguns programas governamentais por sua contribuição para meu desenvolvimento físico e intelectual, sem o qual este livro talvez não tivesse sido escrito: Aid to Families with Dependent Children (o Estado previdenciário à antiga), National Institute on Drug Abuse's Supplemental Grant for Minorities in Biomedical and Behavioral Research e National Institute of Mental Health – Society for Neuroscience Predoctoral Minority Fellowship. Nos últimos anos, certos programas voltados para a correção de antigos padrões americanos de discriminação racial têm sido atacados. Sem esses programas, contudo, duvido seriamente que eu tivesse me tornado o cientista, educador e cidadão contribuinte que sou.

1ª EDIÇÃO [2014] 5 reimpressões

ESTA OBRA FOI COMPOSTA POR MARI TABOADA EM DANTE PRO E
IMPRESSA EM OFSETE PELA GRÁFICA PAYM SOBRE PAPEL PÓLEN SOFT
DA SUZANO S.A. PARA A EDITORA SCHWARCZ EM MAIO DE 2021

A marca FSC® é a garantia de que a madeira utilizada na fabricação do papel deste livro provém de florestas que foram gerenciadas de maneira ambientalmente correta, socialmente justa e economicamente viável, além de outras fontes de origem controlada.